贵州篇

筑牢“两江”上游绿屏障

主编　黄涛
副主编　黎明　黄羽

长江经济带生态保护与绿色发展研究丛书

熊文　总主编

长江出版社
CHANGJIANG PRESS

图书在版编目（CIP）数据

长江经济带生态保护与绿色发展研究丛书．贵州篇 ：筑牢“两江”上游绿屏障 /
熊文总主编 ；黄涛主编 ；黎明，黄羽副主编．
—武汉 ：长江出版社，2022.10
ISBN 978-7-5492-8525-9
Ⅰ．①长… Ⅱ．①熊… ②黄… ③黎… ④黄… Ⅲ．①长江经济带－生态环境保护－研究
②长江经济带－绿色经济－经济发展－研究③生态环境建设－研究－贵州
④绿色经济－区域经济发展－研究－贵州 Ⅳ．① X321.25 ② F127.5

中国版本图书馆 CIP 数据核字 (2022) 第 179128 号

长江经济带生态保护与绿色发展研究丛书．贵州篇 ：筑牢“两江”上游绿屏障
CHANGJIANGJINGJIDAISHENGTAIBAOHUYULÜSEFAZHANYANJIUCONGSHU
GUIZHOUPIAN：ZHULAO“LIANGJIANG”SHANGYOULÜPINGZHANG
总主编 熊文　本书主编 黄涛　副主编 黎明 黄羽

责任编辑： 郑雨蝶
装帧设计： 刘斯佳
出版发行： 长江出版社
地　　址： 武汉市江岸区解放大道 1863 号
邮　　编： 430010
网　　址： http://www.cjpress.com.cn
电　　话： 027-82926557（总编室）
027-82926806（市场营销部）
经　　销： 各地新华书店
印　　刷： 武汉市首壹印务有限公司
规　　格： 787mm×1092mm
开　　本： 16
印　　张： 18.75
彩　　页： 8
字　　数： 280 千字
版　　次： 2022 年 10 月第 1 版
印　　次： 2022 年 10 月第 1 次
书　　号： ISBN 978-7-5492-8525-9
定　　价： 96.00 元

前 言

在中国版图上，有这样一片区域，形似巨龙，日夜奔腾，浩浩荡荡，这就是中国第一大河，也是世界第三长河——长江。

长江全长6300余km，滋养了古老的中华文明；流域面积达180万km^2，哺育着超1/3的中国人口；两岸风光旖旎，江山如画；历史遗迹绵延千年，熠熠生辉。长江是中华民族的自豪，更是中华民族生生不息的象征。

不仅如此，长江以水为纽带，承东启西、接南济北、通江达海，一条黄金水道，串联起沿江11个省（直辖市），支撑起全国超40%的经济总量，是中国经济社会发展的大动脉。

一直以来，习近平总书记深深牵挂着长江，竭力谋划着让长江永葆生机活力的发展之道。

2016年1月5日，重庆，在推动长江经济带发展座谈会上，习近平总书记发出长江大保护的最强音："当前和今后相当长一个时期，要把修复长江生态环境摆在压倒性位置，共抓大保护、不搞大开发。"从巴山蜀水到江南水乡，生态优先、绿色发展的理念生根发芽。

2018年4月26日，武汉，在深入推动长江经济带发展座谈会上，习近平总书记强调正确把握"五大关系"，以"钉钉子"精神做好生态修复、环境保护、绿色发展"三篇文章"，推动长江经济带科学发展、有序发展、高质量发展，引领全国高质量发展，擘画出新时代中国发展新坐标。

2020年11月14日，南京，在全面推动长江经济带发展座谈会上，习近平总书记指出，要坚定不移地贯彻新发展理念，推动长江经济带高质量发展，谱写生态优先绿色发展新篇章，打造区域协调发展新样板，构筑高水平对外开放新高地，塑造创新驱动发展新优势，绘就山水人城和谐相融新画卷，使长江经济带成为我国生态优先绿色发展主战场、畅通国内国际双循环主动脉、引领经济高质量发展主力军。

伴随着党中央的强力号召，长江经济带的发展从“推动”“深入推动”走向“全面推动”，沿长江11省（直辖市）密集出台了一系列推动经济发展的新政策、新举措。短短几年，一个引领中国经济高质量发展的生力军正在崛起。

可是，与长江经济带蓬勃发展形成鲜明反差的是，全面系统研究长江经济带生态保护与绿色发展的专著却鲜见。为推动长江经济带绿色崛起，我们萌生了编纂“长江经济带生态保护与绿色发展研究”系列丛书的想法。通过该系列丛书的梳理，我们希望完成三个“任务”：

第一，系统梳理、深度展现在长江经济带发展大战略中，沿江11省（直辖市）在新时代绿色崛起中发挥的作用和取得的成绩，总结各省（直辖市）经济发展中的经验和启示，充分发挥领先城市经济发展的示范引领作用，为整个经济带的全面发展提供借鉴。

第二，认真总结、深刻剖析在长江经济带发展过程中，沿江11省（直辖市）经济发展存在的问题，系统梳理长江经济带绿色绩效评价体系，期待为破解长江经济带经济发展的资源环境约束难题、探寻长江经济带绿色经济绩效的提升路径、增强长江经济带发展统筹度和整体性、协调性、可持续性提供全新视角。

第三，有针对性地提出长江经济带未来发展的政策建议和战略对策，助力长江经济带形成生态更优美、交通更顺畅、经济更协调、市场更统一、机制更科学的黄金经济带，为中国经济统筹发展提供新的支撑。

这是我们第一次系统梳理长江经济带的发展，也是我们第一次完整地总结长江沿江11省（直辖市）的发展脉络。

我们欣喜地看到，伴随着三次推动长江经济带发展座谈会的召开，长江沿线11省（直辖市）均有针对性地出台了各省（直辖市）长江经济带发展的具体措施和规划。上海提出，要举全市之力坚定不移推进崇明世界级生态岛建设，努力把崇明岛打造成长三角城市群和长江经济带生态环境大保护的重要标志。湖北强调，要正确把握“五大关系”，用好长江经济带发展“辩证法”，做好生态修复、环境保护、绿色发展“三篇大文章”。地处长江上游的重庆表示，要强化“上游意识”，担起“上游责任”，体现“上游水平”，将重庆打造成内陆开放高地和山清水秀美丽之地。诸如此类，沿江各省都努力争当推动长江经济带高质量发展的排头兵。

我们也欣喜地看到，《长江上游地区省际协商合作机制实施细则》《长三角地区一体化发展三年行动计划（2018—2020年）》等覆盖全域的长江经济带省际协商合作机制逐步建立，共抓大保护的合力正在形成。

我们更欣喜地看到，在以城市群为依托的区域发展战略指引下，在长江三角洲城市群、长江中游城市群、成渝城市群、黔中城市群、滇中城市群等区域城市群的强力带动辐射影响之下，一批城市正迅速崛起。在党中央和沿江各省（直辖市）共同努力下，长江经济带正释放出前所未有的巨大经济活力。虽成效显著，但挑战犹存。在该系列丛书的梳理中，我们也发现了长江经济带发展过程中存在的问题：生态环境保护的形势依然严峻、生态环境压力正持续加大、绿色产业转型压力依旧巨大。为此，我们寻找了德国莱茵河治理、澳大利亚猎人河排污权交易、美国饮用水水源保护区生态补偿、美国“双岸”经济带的产业合作等多个国外绿色发展案例，希望为国内长江经济带城市绿色发展提供借鉴。

编　者

长江黄金水道

前言

本书为《长江经济带生态保护与绿色发展研究丛书》之贵州篇分册，由湖北工业大学黄涛担任主编，湖北工业大学黎明、黄羽任副主编。本册共分七章，第一章梳理了贵州省绿色发展整体框架、主要任务与制度体系，明确了贵州省在长江经济带绿色发展中的战略定位。第二章全面分析了贵州省经济社会发展概况、生态环境保护现状及绿色发展整体水平，展示了贵州省在绿色发展中取得的成果。第三章从主体功能区划空间管控、主体功能区、生态保护红线规划与保障措施等四个方面剖析了贵州省绿色发展存在的生态环境约束。第四章系统分析了贵州省绿色发展战略举措，从绿色产业主导、环境保护、能源可持续发展等三个方面展现了贵州作为。第五章针对贵州省典型绿色区域规划、乌江流域生态规划进行了分析研究。第六章总结了国外典型城市绿色发展经验，分析了对贵州省绿色发展借鉴作用。第七章研究提出了贵州省绿色发展政策建议与实施途径。

本书在撰写过程中，湖北工业大学长江经济带大保护研究中心、经济与管理学院、流域生态文明研究中心等单位领导精心组织编撰，同时长江经济带高质量发展智库联盟、湖北省长江水生态保护研究院、水环境污染监测先进技术与装备国家工程研究中心、河湖生态修复及藻类利用湖北省重点实验室、长江水资源保护科学研究所、江苏河海环境科学研究院有限公司、无锡德林海环保科技股份有限公司等单位相关专家大力指导与帮助，长江出版社高水平编辑团队为本书出版付出了辛勤劳动，在此一并致谢。

由于水平有限和时间仓促，书中缺点、错误在所难免，敬请专家和读者批评指正。

编 者

目录

第一章　贵州省在长江经济带绿色发展中战略定位……………………1

第一节　贵州省在长江经济带中的重要地位……………………………1

一、长江经济带空间布局……………………………………………2

二、生态优先的绿色发展战略………………………………………4

三、贵州在长江经济带中的定位……………………………………5

四、生态文明发展目标………………………………………………6

五、发展和生态兼具的贵州创新……………………………………6

六、绿色发展建设目标………………………………………………7

第二节　贵州省绿色发展的整体框架……………………………………8

一、以“五个绿色”为主要内容……………………………………9

二、以“五个结合”为外延路径……………………………………11

三、以“五场战役”为行动先导……………………………………12

第三节　贵州绿色发展的实践探索………………………………………14

一、开展绿色发展建设制度创新试验………………………………14

二、开展促进绿色发展制度创新试验………………………………17

三、开展生态脱贫制度创新试验……………………………………18

四、开展生态文明大数据建设制度创新试验………………………20

第四节　贵州省绿色发展的制度体系……………………………………24

一、探索推进生态保护和责任追究的体制机制……………………24

二、探索推进绿色发展的体制机制…………………………………27

三、推进生态文明法治化建设…………………………………… 28
四、推进生态文明环境损坏赔偿制度建设………………………… 29
五、建立生态文明国际交流合作机制………………………………… 30
六、推进生态与其他领域融合发展机制……………………………… 30

第二章　贵州省生态环境保护与绿色发展现状………………33

第一节　贵州省经济社会发展概况……………………………… 33
一、综合概述……………………………………………………… 34
二、农业和乡村振兴……………………………………………… 35
三、工业和建筑业………………………………………………… 36
四、固定资产投资………………………………………………… 39
五、市场消费……………………………………………………… 40
六、对外经济……………………………………………………… 41
七、交通运输……………………………………………………… 41
八、邮政通信……………………………………………………… 42
九、财政和金融…………………………………………………… 42
十、人民生活和社会保障………………………………………… 43
十一、旅游和文化………………………………………………… 45
十二、教育和科技………………………………………………… 46
十三、卫生和体育………………………………………………… 46
十四、生态建设和环境…………………………………………… 46
第二节　贵州省生态环境保护现状……………………………… 47
一、水环境质量…………………………………………………… 48
二、空气环境质量………………………………………………… 51
三、生态环境质量………………………………………………… 53
四、声环境质量…………………………………………………… 53

五、辐射环境…………………………………………………………………… 54
六、突发环境事件………………………………………………………………… 55
第三节　贵州省绿色发展整体水平测评………………………………………… 55
一、中国绿色 GDP 绩效评估报告 ……………………………………………… 55
二、中国区域绿色发展指数报告………………………………………………… 61

第三章　贵州省绿色发展生态环境约束……………………………………70

第一节　主体功能区划空间管控………………………………………………… 70
一、主要目标……………………………………………………………………… 70
二、战略任务……………………………………………………………………… 71
三、主体功能区划分……………………………………………………………… 73
第二节　主体功能区……………………………………………………………… 74
一、国家级重点开发区域………………………………………………………… 75
二、省级重点开发区域…………………………………………………………… 78
三、限制开发区域（农产品主产区）…………………………………………… 80
四、限制开发区域（重点生态功能区）………………………………………… 84
五、禁止开发区域………………………………………………………………… 88
第三节　生态保护红线规划……………………………………………………… 93
一、生态保护红线面积…………………………………………………………… 93
二、生态保护红线格局…………………………………………………………… 93
三、主要类型和分布范围………………………………………………………… 94
第四节　保障措施………………………………………………………………… 95
一、财政政策……………………………………………………………………… 95
二、投资政策……………………………………………………………………… 96
三、产业政策……………………………………………………………………… 97
四、土地政策……………………………………………………………………… 98

五、农业政策…………………………………………………………………… 98
六、人口政策…………………………………………………………………… 99
七、民族政策…………………………………………………………………… 100
八、环境政策…………………………………………………………………… 100

第四章 贵州省绿色发展战略举措……………………………………………102

第一节 绿色产业主导………………………………………………………… 102
一、总体要求…………………………………………………………………… 102
二、主要目标…………………………………………………………………… 102
三、重点任务…………………………………………………………………… 103
四、保障措施…………………………………………………………………… 106
第二节 加强环境保护 ………………………………………………………… 107
一、现状与形势………………………………………………………………… 107
二、总体目标…………………………………………………………………… 115
三、构建国土空间规划管控体系……………………………………………… 116
四、构建服务高质量发展的自然资源支撑体系……………………………… 123
五、构建重要生态系统保护修复体系………………………………………… 128
六、构建自然资源保护和高效利用体系……………………………………… 133
七、构建自然资源治理现代化的基础保障体系……………………………… 140
八、规划实施保障……………………………………………………………… 144
第三节 能源可持续发展 ……………………………………………………… 145
一、贵州省"十三五"规划指标完成情况…………………………………… 145
二、发展机遇与面临的挑战…………………………………………………… 147
三、发展目标…………………………………………………………………… 149
四、重点任务…………………………………………………………………… 150
五、保障措施…………………………………………………………………… 155

第五章 贵州省区域绿色发展……157

第一节 典型绿色区域规划……157
一、贵阳市绿色发展……157
二、遵义市绿色发展……171
三、六盘水市绿色发展……178
四、安顺市绿色发展……187
第二节 乌江流域生态规划……196
一、环境保护现状……197
二、主要环境问题……198
三、环境压力分析……199
四、规划任务……201

第六章 城市绿色发展的经验借鉴……212

第一节 典型城市绿色发展的经验借鉴……212
一、美国匹兹堡绿色发展的经验借鉴……212
二、丹麦哥本哈根绿色发展的经验借鉴……214
三、日本北九州绿色发展的经验借鉴……215
第二节 国外经验对贵州省绿色发展的启示……216
一、清洁化的企业生产方式……216
二、高端化的产业发展方向……217
三、多元化的产业结构性保障……218
四、改善城市生活环境……218
五、健全城市服务能力……219
六、提升城市文化内涵……219

第七章 政策建议与实施途径……221

第一节 绿色发展战略对策……221

一、“十三五”期间取得成就……221

二、主要目标……225

三、优化国土空间开发保护格局……227

四、筑牢长江珠江上游生态安全屏障……231

五、推动绿色低碳循环经济体系建设……240

六、着力构建现代环境综合治理体系……258

七、加快推进生态产品价值转化……268

八、积极践行绿色生活方式……273

九、完善生态文明制度体系……277

第二节 保障措施……282

一、坚持生态优先绿色发展……282

二、增强高质量发展支撑能力……283

三、加大重点领域改革力度……285

四、营造高质量发展良好环境……286

参考文献……288

第一章　贵州省在长江经济带绿色发展中战略定位

第一节　贵州省在长江经济带中的重要地位

推动长江经济带发展，是党中央、国务院主动适应把握引领经济发展新常态，科学谋划中国经济新棋局，作出的既利当前又惠长远的重大决策部署，对于实现“两个一百年”奋斗目标和中华民族伟大复兴的中国梦，具有重大现实意义和深远历史意义。

2013 年 7 月，习近平总书记在武汉调研时指出，长江流域要加强合作，发挥内河航运作用，把全流域打造成黄金水道。2014 年 12 月，习近平总书记作出重要批示，强调长江通道是我国国土空间开发最重要的东西轴线，在区域发展总体格局中具有重要战略地位，建设长江经济带要坚持一盘棋思想，理顺体制机制，加强统筹协调，更好发挥长江黄金水道作用，为全国统筹发展提供新的支撑。2016 年 1 月，习近平总书记在重庆召开推动长江经济带发展座谈会并发表重要讲话，全面深刻阐述了长江经济带发展战略的重大意义、推进思路和重点任务。此后，习近平总书记又多次发表重要讲话，强调推动长江经济带发展必须走生态优先、绿色发展之路，涉及长江的一切经济活动都要以不破坏生态环境为前提，共抓大保护、不搞大开发，共同努力把长江经济带建成生态更优美、交通更顺畅、经济更协调、市场更统一、机制更科学的黄金经济带。李克强总理多次强调，让长江经济带这条“巨龙”舞得更好，关乎当前和长远发展的全局，要结合规划纲要制定，依靠改革创新，实现重点突破，保护好生态环境，将生态工程建设与航道建设、产业转移衔接起来，打造绿色生态廊道，下决心解决长江航运瓶颈问题，充分利用黄金水道航运能力，构筑综合立体交通走廊，带动中上游腹地发展，引导产业由东向西梯度转移，形成新的区域增长极，为中国经济持续健康发展提供有力支撑。

长江经济带覆盖上海、江苏、浙江、安徽、江西、湖北、湖南、重庆、四川、云南、贵州等11省市，面积约205万平方千米，占全国的21%，人口和经济总量均超过全国的40%，生态地位重要、综合实力较强、发展潜力巨大。目前，长江经济带发展面临诸多亟待解决的困难和问题，主要是生态环境状况形势严峻、长江水道存在瓶颈制约、区域发展不平衡问题突出、产业转型升级任务艰巨、区域合作机制尚不健全等。

推动长江经济带发展，有利于走出一条生态优先、绿色发展之路，让中华民族母亲河永葆生机活力，真正使黄金水道产生黄金效益；有利于挖掘中上游广阔腹地蕴含的巨大内需潜力，促进经济增长空间从沿海向沿江内陆拓展，形成上中下游优势互补、协作互动格局，缩小东中西部发展差距；有利于打破行政分割和市场壁垒，推动经济要素有序自由流动、资源高效配置、市场统一融合，促进区域经济协同发展；有利于优化沿江产业结构和城镇化布局，建设陆海双向对外开放新走廊，培育国际经济合作竞争新优势，促进经济提质增效升级，对于实现“两个一百年”奋斗目标和中华民族伟大复兴的中国梦，具有重大现实意义和深远历史意义。

一、长江经济带空间布局

空间布局是落实长江经济带功能定位及各项任务的载体，也是长江经济带规划的重点，经反复研究论证，形成了“生态优先、流域互动、集约发展”的思路，提出了“一轴、两翼、三极、多点”的格局。

“一轴”是指以长江黄金水道为依托，发挥上海、武汉、重庆的核心作用，以沿江主要城镇为节点，构建沿江绿色发展轴。突出生态环境保护，统筹推进综合立体交通走廊建设、产业和城镇布局优化、对内对外开放合作，引导人口经济要素向资源环境承载能力较强的地区集聚，推动经济由沿海溯江而上梯度发展，实现上中下游协调发展。

“两翼”是指发挥长江主轴线的辐射带动作用，向南北两侧腹地延伸拓展，提升南北两翼支撑力。南翼以沪瑞运输通道为依托，北翼以沪蓉运输通道为依托，促进交通互联互通，加强长江重要支流保护，增强省会城市、重要节点城市人口和产业集聚能力，夯实长江经济带的发展基础。

“三极”是指以长江三角洲城市群、长江中游城市群、成渝城市群为主体，发挥辐射带动作用，打造长江经济带三大增长极。长江三角洲城市群。充分发挥上海国际大都市龙头作用，提升南京、杭州、合肥都市区国际化水平，以建设世界级城市群为目标，在科技进步、制度创新、产业升级、绿色发展等方面发挥引领作用，加快形成国际竞争新优势。长江中游城市群。增强武汉、长沙、南昌中心城市功能，促进三大城市组团之间的资源优势互补、产业分工协作、城市互动合作，加强湖泊、湿地和耕地保护，提升城市群综合竞争力和对外开放水平。成渝城市群。提升重庆、成都中心城市功能和国际化水平，发挥双引擎带动和支撑作用，推进资源整合与一体发展，推进经济发展与生态环境相协调。

“多点”是指发挥三大城市群以外地级城市的支撑作用，以资源环境承载力为基础，不断完善城市功能，发展优势产业，建设特色城市，加强与中心城市的经济联系与互动，带动地区经济发展。

图 1–1　长江经济带示意图

资料来源：中国政府网

二、生态优先的绿色发展战略

长江拥有独特的生态系统，是我国重要的生态宝库。目前，沿江工业发展各自为政，沿岸重化工业高密度布局，环境污染隐患日趋增多。长江流域生态环境保护和经济发展的矛盾日益严重，发展的可持续性面临严峻挑战，再按照老路走下去必然是“山穷水尽”。习近平总书记对长江经济带发展多次明确指出，推动长江经济带发展，要从中华民族长远利益考虑，牢固树立和贯彻新发展理念，把修复长江生态环境摆在压倒性位置，在保护的前提下发展，实现经济发展与资源环境相适应。长江经济带发展的基本思路就是生态优先、绿色发展，而不是鼓励新一轮的大干快上。这是长江经济带战略区别于其他战略最重要的要求，是制定规划的出发点和立足点。

把保护和修复长江生态环境摆在首要位置，共抓大保护，不搞大开发，全面落实主体功能区规划，明确生态功能分区，划定生态保护红线、水资源开发利用红线和水功能区限制纳污红线，强化水质跨界断面考核，推动协同治理，严格保护一江清水，努力建成上中下游相协调、人与自然相和谐的绿色生态廊道。重点要做好四方面工作：一是保护和改善水环境，重点是严格治理工业污染、严格处置城镇污水垃圾、严格控制农业面源污染、严格防控船舶污染。二是保护和修复水生态，重点是妥善处理江河湖泊关系、强化水生生物多样性保护、加强沿江森林保护和生态修复。三是有效保护和合理利用水资源，重点是加强水源地特别是饮用水源地保护、优化水资源配置、建设节水型社会、建立健全防洪减灾体系。四是有序利用长江岸线资源，重点是合理划分岸线功能、有序利用岸线资源。

长江生态环境保护是一项系统工程，涉及面广，必须打破行政区划界限和壁垒，有效利用市场机制，更好发挥政府作用，加强环境污染联防联控，推动建立地区间、上下游生态补偿机制，加快形成生态环境联防联治、流域管理统筹协调的区域协调发展新机制。一是建立负面清单管理制度。按照全国主体功能区规划要求，建立生态环境硬约束机制，明确各地区环境容量，制定负面清单，强化日常监测和监管，严格落实党政领导干部生态环境损害责任追究问责制度。对不符合要求占用岸线、河段、土地和布局的产业，必须无条件退出。二是加强环境污染联防联控。完善长江环境污染联防联控机制和预警应急体系，推行环境信息共享，建立健全跨部门、跨区域、跨流域突发环境事件应急响应机制。建立环评会商、联合执法、信息共享、预警应急的区域联动机制，研究建立生态修复、环境保护、绿色发展的指标体系。三是建立长江生态保护补偿机制。通过生态补偿机制等方式，激发沿江省市保护生态环境的内在动力。依托重点生态功能区开展生态补偿示范区建设，实行分类分级的补偿政策。按照“谁受益谁补偿”的原则，探索上中下游开发地区、受益地区与生态保护地区进行横向生态补偿。四是开展生态文明先行示范区建设。全面贯彻大力推进生态文明建设要求，以制度建设为核心任务、以可复制可推广为基本要求，全面推动资源节约、环境保护和生态治理工作，探索人与自然和谐发展有效模式。

三、贵州在长江经济带中的定位

（一）长江珠江上游绿色发展建设示范区

完善空间规划体系和自然生态空间用途管制制度，建立健全自然资源资产产权制度，全面推行河长制，划定并严守生态保护红线、水资源开发利用控制红线、用水效率控制红线和水功能区限制纳污红线，完善流域生态保护补偿机制，创新跨区域生态保护与环境治理联动机制，加快构建有利于守住生态底线的制度体系。

（二）西部地区绿色发展示范区

建立矿产资源绿色化开发机制，健全绿色发展市场机制和绿色金融制度，开展生态文明大数据共享和应用，完善生态旅游融合发展机制，加快构建培育激发绿色发展新动能的制度体系。

（三）生态脱贫攻坚示范区

完善生态保护区域财力支持机制、森林生态保护补偿机制和面向建档立卡贫困人口购买护林服务机制，深化资源变资产、资金变股金、农民变股东“三变”改革，推进生态产业化、产业生态化发展，加快构建绿色发展与大扶贫深度融合、百姓富与生态美有机统一的制度体系。

（四）生态文明法治建设示范区

加强涉及生态环境的地方性法规和政府规章的立改废释，推动省域环境资源保护司法机构全覆盖，完善行政执法与刑事司法协调联动机制，加快构建与生态文明建设相适应的地方生态环境法规体系和环境资源司法保护体系。

（五）生态文明国际交流合作示范区

深化生态文明贵阳国际论坛机制，充分发挥其引领生态文明建设和应对气候变化、服务国家外交大局、助推地方绿色发展、普及生态文明理念的重要作用，加快构建以生态文明为主题的国际交流合作机制。

四、生态文明发展目标

到2018年，贵州省生态文明体制改革取得重要进展，在部分重点领域形成一批可复制可推广的生态文明制度成果。到2020年，全面建立产权清晰、多元参与、激励约束并重、系统完整的生态文明制度体系，建成以绿色为底色、生产生活生态空间和谐为基本内涵、全域为覆盖范围、以人为本为根本目的的“多彩贵州公园省”。通过试验区建设，在国土空间开发保护、自然资源资产产权体系、自然资源资产管理体制、生态环境治理和监督、生态文明法治建设、生态文明绩效评价考核和责任追究等领域形成一批可在全国复制推广的重大制度成果，在生态脱贫攻坚、生态文明大数据、生态旅游、生态文明国际交流合作等领域创造出一批典型经验，在推进生态文明领域治理体系和治理能力现代化方面走在全国前列，为全国生态文明建设提供有效制度供给。

五、发展和生态兼具的贵州创新

习近平总书记对贵州生态文明建设特别关心、格外关注，先后多次指示贵州，“扎实推进生态文明建设”“守住发展和生态两条底线，培植后发优势，奋力后发赶超，走出一条有别于东部、不同于西部其他省份的发展新路”，“开创百姓富、生态美的多彩贵州新未来”。习近平总书记对贵州的这些重要指示，为贵州加强生态文明建设指明了前进方向、提供了强大动力，是做好贵州各项工作的根本遵循。贵州要牢记嘱托、感恩奋进，把发展和生态两条底线守牢守好，这就要求把生态文明建设放在战略全局的位置，深入贯彻习近平生态文明思想，完成国家生态文明试验区建设任务。

党的十九大提出要“强化举措推进西部大开发形成新格局”，党中央出台了《关于新时代推进西部大开发形成新格局的指导意见》，提出要围绕抓重点、补短板、强弱项，更加注重抓好大保护。良好的生态环境、区位优势和交通枢纽地位，是贵州后发赶超的优势，绿色发展战略行动将更好地促进贵州把资源优势、生态优势转化为经济发展优势，实现经济洼地向经济高地的跨越，为国家新一轮西部大开发建立生态文明建设与经济高质量发展样板和标杆，成为新一轮西部大开发形成新格局中重要的支撑极。

贵州是全国脱贫攻坚的主战场，打赢脱贫攻坚战既是贵州发展的历史性机遇，是光荣使命，也是严峻考验。截至2018年底，贵州尚有155万农村贫困人口，这些贫困群众大多分布在石漠化程度深、水土流失严重、生态环境恶劣的高寒深山区石山区。既要让这155万贫困群众脱贫致富奔小康，又要保护好良好的生态环境，实现百姓福和生态美的有机统一，必须要大力实施绿色发展战略行动，积极发展生态产业，将绿水青山变成金山银山。

绿色发展是满足人民美好生活需要、提升群众获得感幸福感安全感的现实要求。生态环境建设事关党的使命宗旨、事关人民幸福生活、事关民族永续发展。随着社会发展和人民生活水平不断提高，人民群众从“求生存”到“求生态”，从“盼温饱”到“盼环保”，对水、空气、食品等的安全性和环境、生态的舒适性等期盼越多、标准越高、要求越严，生态环境更加决定着人民群众的幸福指数。到2020年，贵州要与全国同步全面建成小康社会，必须不断满足人民群众对优美生态环境的需要，提供更多优质生态产品与美化、绿化、净化的生产生活空间，使美丽环境、优美生态成为勤劳贵州人民幸福生活的新增长点和多彩贵州美丽形象的新亮点。

六、绿色发展建设目标

（一）生产空间集约高效

推动生产空间开发从外延扩张转向优化结构，从严控制新增建设用地总量，提高国土单位面积投资强度和产出效率。国土空间开发强度控制在4.2%以内，建设用地总规模控制在74.4万公顷以内。推动产业全面向园区聚集。

（二）生活空间宜居适度

引导人口向城镇集中，优化城镇布局，划定城市开发边界。城市空间面积占全省国土总面积控制在1.2%以内，城镇绿色建筑占新建建筑的比例达50%，县城以上城镇污水处理率、生活垃圾无害化处理率分别达93%以上和90%以上。推动农村居民点适度集中、集约布局，农村居民点面积占全省国土总面积控制在1.9%以内，70%以上行政村达到绿色村庄标准，90%以上行政村的生活垃圾得到有效治理。

（三）生态空间山清水秀

逐步扩大绿色自然生态空间，增强生态产品供给能力。全省森林覆盖率达60%，森林面积扩大到10.56万平方千米，草原综合植被盖度达到88%，水土流失治理率达23%以上，河流、湖泊、湿地面积逐步增加，八大水系（乌江、沅水、都柳江、牛栏江—横江、南盘江、北盘江、红水河、赤水河）水质优良率保持在92%以上，出境断面水质优良比例保持在90%以上，重要江河湖泊水功能区水质达标率达86%，地级市全部达到环境空气质量二级标准，县级以上城市空气质量优良天数比例保持在95%以上，生物多样性保护工程取得重要进展。

第二节　贵州省绿色发展的整体框架

地处长江上游的贵州，全力构筑长江上游生态屏障。长江上游南岸最长支流、贵州母亲河乌江，通过多措并举的流域治理，水质从2015年的劣V类达到2017年的Ⅲ类水质标准，一泓清水描绘了贵州坚持“生态优先、绿色发展”，推动长江经济带发展，落实“共抓大保护、不搞大开发”的生态画卷。

自被列为首批三个国家生态文明试验区之一以来，贵州相继得到了中央一系列的重大政策支持，这也为贵州在新的起点上推动绿色发展奠定了坚实的基础，提供了无穷的原动力。以短期治标为出发点，长期治本为落脚点，标本兼治为行动要义，贵州不断加大对全省生态文明建设的统筹领导力度，全面系统地加强顶层设计，有条不紊地安排部署国家生态文明试验区建设。通过顶层设计筹划蓝图和系统谋划构建支柱，初步形成了以“五个绿色”“五个结合”“五场战役”为主要内容和特色的绿色发展路线。

一、以“五个绿色”为主要内容

绿色发展战略行动是涵盖经济社会全面发展的基础性、前瞻性建设行动，贵州结合国家要求、生态文明建设的理论要求与省情实际，将绿色发展战略行动的内容具体化为经济、家园、制度、屏障、文化等五个绿色。第一是发展以四型产业为主的绿色经济。以“生态产业化、产业生态化”为指导方针，引导具有技术含量、就业容量和环境质量的四型绿色产业加快发展、逐步壮大，加快建立及完善具有自身特色的绿色产业体系（见表 1-1）。第二是打造以山水城市、绿色小镇及美丽乡村为主题的绿色家园。将绿色理念全面贯穿、融合于家园建设之中，加快城乡建设中的建筑绿色化进程。第三是完善以生态优先绿色发展为导向的绿色制度。不断完善绿色发展的市场规则、管控机制和绿色发展的指标体系，加快构建符合贵州实际、具有贵州特色的地方性法规，推动生态文明立法、执法、司法相统一。第四是以打好生态建设和污染治理为抓手筑牢绿色发展。一方面大力猛攻污染防治的“突围战”，另一方面坚持不懈地打好生态建设的攻坚战，以确保全省的森林覆盖率在 2020 年达到 60% 以上。第五是培育多层次全方位进生活人思想的绿色文化。设立“贵州生态日”，深入开展绿色生活行动，推动绿色低碳出行，支持各地方、各部门开展特色鲜明的环保模范城市、园林城市、卫生城市以及绿色企业、绿色学校、绿色社区、绿色家庭等绿色创建活动。

其中生态利用型产业，主要是可持续综合开发、利用、经营自然生态资源的产业，突出在资源环境承载能力范围内，利用贵州省宜人气候、秀美山水、丰富动植物等生态资源，包括山地旅游业、大健康医药产业、现代山地特色高效农业、林业产业、饮用水产业等 5 种产业，具体有温泉旅游及温泉资源综合开发、苗药产品开发和应用、饮用天然矿泉水等 137 个条目。

循环高效型产业，主要是体现循环经济要求，发展资源利用率高、废物最终处置量小的产业，突出在生产、流通、消费等过程中，大力推进减量化、再利用、资源化。包括原材料精深加工产业、绿色轻工业、再生资源产业等3种产业，具体有再生资源回收与综合利用产业化、尾矿废渣等资源综合利用、重复用水技术应用等142个条目。

低碳清洁型产业，主要是能源高效利用、污染排放小的产业，注重以良好的生态和气候条件，吸引亲生态、低排碳的产业资本、人才、技术向贵州省聚集。包括大数据信息产业、清洁能源产业、新能源汽车产业、新型建筑建材产业、民族特色文化产业等5种产业，具体有新能源汽车整车制造、电动车充电桩建设、新型墙体和屋面材料开发与生产等77个条目。

环境治理型产业，主要是高效、优质、可持续推进污染防治、环境改善的产业，坚持污染者付费、治理者收益原则，利用市场化手段，走产业化发展道路。包括节能环保服务业、节能环保装备制造业等2种产业，具体有矿山生态恢复工程、膜技术处理关键技术开发、高效除尘烟气脱硫脱硝等大气污染控制技术等44个条目。

表1–1 贵州四型产业主要内容

贵州四型产业	主要内容
生态利用性产业	山地旅游业
	大健康医药产业
	现代山体特色高效农业
	林业产业
	饮用水产业
循环高效型产业	原材料精深加工产业
	绿色轻工业
	再生资源产业
低碳清洁型产业	大数据信息产业
	清洁能源产业
	新能源汽车产业
	民族特色产业，新型建筑建材产业
环境治理型产业	节能环保服务业
	节能环保装备制造业

二、以“五个结合”为外延路径

贵州提出要突出“生态 +”，把绿色理念贯穿经济社会发展各方面和全过程，做到立足生态抓生态，又跳出生态抓生态，实现生态与各方面工作的互促共进。将绿色发展与大扶贫有机结合，实现百姓富生态美有机统一；绿色发展与大数据有机结合，实现传统产业数据化转型升级高质高效低污染发展，实现环境监测智能化，使预警更为科学灵敏；将绿色发展与大旅游有机结合，使生态建设与旅游互相支撑；将绿色发展与大健康有机结合，让绿色与健康相伴相随；将绿色发展与大开放有机结合，让绿色更加开放，一体推进国家生态文明试验区和国家内陆开放型经济试验区，达到“1+1>2”的效果。

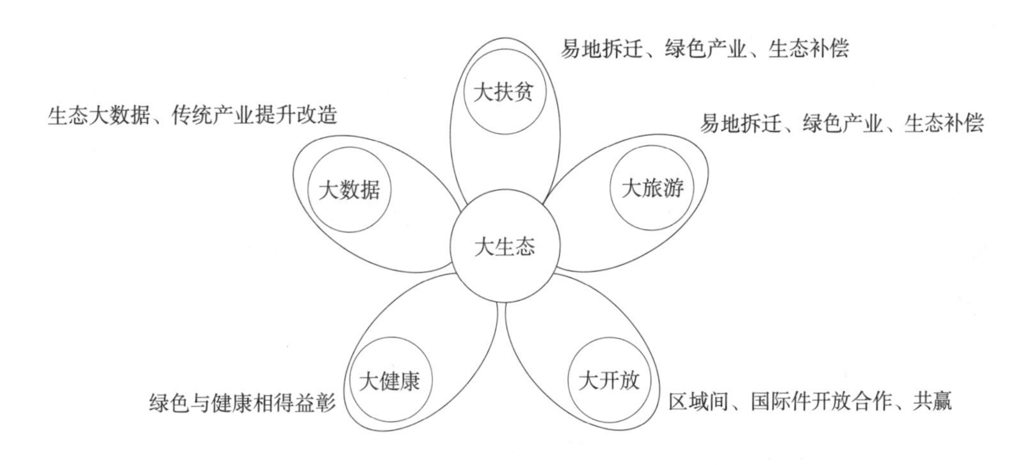

图 1–2　绿色发展与大扶贫、大数据、大旅游、大健康、大开放五个结合示意

主要包括，绿色发展与大扶贫相结合。实施易地扶贫搬迁，对迁出地进行土地复垦或修复，探索形成了易地扶贫搬迁“贵州模式”。率先实施生态扶贫十大工程，开展单株碳汇精准扶贫试点，探索“互联网 + 生态建设 + 精准扶贫”的扶贫新模式。

绿色发展与大数据相结合。运用大数据手段改造提升传统产业，推动大数据和实体经济深度融合。2016 年以来，实施“千企改造”企业 4875 户、项目 6872 个，完成投资 4326 亿元。

绿色发展与大旅游相结合。贵州省成为西南地区唯一的“国家全域旅游示范省”，世界自然遗产地达 4 处，数量居全国第一位。2021 年，全省接待游客 6.44 亿人次，实现旅游总收入 6642 亿元。在疫情常态化下，贵州旅游的增长方式发生了改变。2021 年，由于贵州旅游收入增速远远快于游客量增速，作为旅游价格洼地的贵州游客平均消费水平得到提升，游客人均花费突破 1000 元。

绿色发展与大健康相结合。促进绿色与健康相得益彰。2020 年全省大健康产业增加值达到 1827.64 亿元，2015—2020 年年均增长 32.3%。

绿色发展与大开放相结合。与云南、四川共同设立赤水河流域横向生态保护补偿基金。与重庆、四川、云南共同建立长江上游四省市生态环境联防联控、基础设施互联互通、公共服务共建共享机制、长江上游地区省际协商机制以及赤水河乌江流域跨区域生态保护检察协作机制。与重庆建立绿色产业、绿色金融等领域务实合作机制。

通过试验区建设，贵州省发展和生态两条底线越守越好、越守越牢。2021 年，全年全省地区生产总值 19586.42 亿元，比上年增长 8.1%，两年平均增长 6.3%；同时生态环境持续向好，森林覆盖率达到 57.3%，比 2012 年提高 8.3 个百分点，年均增长 1.82 个百分点，增幅居全国前列；县级以上城市空气质量优良天数比例达 98.4%，集中式饮用水源地水质达标率、河流出境断面水质优良率均达到 100%。公众对贵州生态环境满意度居全国第二位。

三、以“五场战役”为行动先导

随着贵州经济社会的持续高速发展，污染已逐渐成为贵州实施绿色发展战略行动面临的主要问题，贵州以最大的决心打好污染防治攻坚战，提出了坚决打赢蓝天保卫战役、碧水保卫战役、净土保卫战役、固废治理战役、乡村环境整治战役等“五场战役”，让生态文明建设成果既能得到广大人民群众的肯定认可，也能在历史长河中经得起检验。

表 1–2　五场战役主要内容

污染治理的五场战役	主要内容
蓝天保卫战	扬尘污染治理
	工业企业大气污染综合治理
	散烧燃煤治理

续表

污染治理的五场战役	主要内容
碧水保卫战役	城市黑臭水体攻坚
	饮用水水源地保护攻坚
	双十工程
	百千万清河行动
	零网箱生态鱼渔业发展
	协同打好长江经济带水生态修复攻坚战
	城乡污水处理设施建设
净土保卫战役	土壤污染防治与修复
	工业企业污染防治
	医疗废物及其他污染防治
	垃圾污染防治
固废治理战役	重点抓好磷化工企业以渣定产治理
乡村环境整治战役	推进农村人居环境治理
	加快解决农村的垃圾、污水、厕所问题

守住“天蓝”底线，打好“蓝天保卫战役”。拥有中国最多世界自然遗产是贵州省最亮丽的品牌。贵州省将通过抓好扬尘治理、机动车排气污染治理、工业企业大气污染综合治理、重污染燃料治理、餐饮油烟治理等，确保环境空气质量优良率保持在95%以上，以持续优良的环境空气质量来增强群众幸福感。特别是在抓好工业企业大气污染综合治理中，将着重加快磷煤化工、水泥、焦化等重点行业稳定达标治理，建立“一厂一档”台账，重点加强双流、永温、金中片区企业大气污染物排放监控，强化无组织排放管理，集中整治“散乱污”企业。

守住“水清”底线，打好“碧水保卫战役”。水是生命之源、生存之基。贵州省将下狠劲、采取超常规措施治理好、管理好、保护好水资源，通过扎实推进水源地保护、工业污染防治、城市黑臭水体治理、水生态环境保护修复，还全省人民清水绿岸、鱼翔浅底的美好景象，确保全省地表水水质优良率高于93.75%，集中式饮用水水源地水质100%达标，稳定在Ⅲ类以上标准。

守住“地洁”底线，打好“净土保卫战役”。贵州省将扎实开展土壤状况调查、严格落实土壤污染风险防控、切实加强未污染土壤资源保护、严格管控已污染土地用途，通过全面实施土壤污染防治行动计划，按照“保护优先、风险管控”方针，围绕“土十条”，突出重点区域、行业和污染物，有效管控农用地和城市建设用地土壤环境风险，确保全县农用地和建设用地土壤环境安全，让群众吃得放心、住得安心。

守住“治废”底线，打好“固废治理战役”。固废不仅占用土地，还会造成粉尘、大气、土壤、地表水、地下水污染，同时还容易造成滑坡、失稳失重垮塌等灾害，危害极大。开阳最大的固废物隐患，主要存在于矿山企业，废矿废渣方量都很大，一旦发生污染或安全事故，后果难以想象。贵州省把治废作为一项重要工作，通过深入抓好工业渣场污染治理、工业固体废物综合利用、固体废物风险管控，治理和利用并重，减少固废污染，加快变废为宝。

守住“美丽”底线，打好“乡村环境整治战役”。以乡村振兴战略为统揽，以建设富美乡村为导向，贵州省全面实施农村人居环境整治、农村生活污水治理、农村生活垃圾治理、农业面源污染治理、畜禽养殖污染治理，集中力量、不留死角，加强村容村貌整治，持续改善农村生产生活条件，坚决打赢农村环境整治“阵地战”。

第三节　贵州绿色发展的实践探索

一、开展绿色发展建设制度创新试验

（一）健全空间规划体系和用途管制制度

以主体功能区规划为基础统筹各类空间性规划，推进省级空间性规划多规合一。在六盘水市、三都县、雷山县等地开展市县多规合一试点，深入推进荔波、册亨国家主体功能区建设试点示范，加快构建以市县级行政区为单元，由空间规划、用途管制、差异化绩效考核等构成的空间治理体系，2021 年出台贵州省全域土地综合整治试点工作指南。研究建立自然生态空间用途管制制度、资源环境承载能力监测预警制度，推动建立覆盖全省国土空间的监测系统，动态监测国土空间变化，2021 年 11 月 1 日起施行贵州省自然生态空间用途管制实施办法，有效期 5 年。开展生态保护红线勘界定标和环境功能区划工作，在生态保护红线内严禁不符合主体功能定位、

土地利用总体规划、城乡规划的各类开发活动，严禁任意改变用途，确保生态保护红线功能不降低、面积不减少、性质不改变，建立健全严守生态保护红线的执法监督、考核评价、监测监管和责任追究等制度。坚持最严格耕地保护制度，全面划定永久基本农田并实行特殊保护，任何单位和个人不得擅自占用或改变用途，2020 年完成永久基本农田落地块、明责任、设标志、建表册、入图库等工作，实行动态监测。划定城镇开发边界，开展城市设计、生态修复和城市修补工作。出台全省“十四五”土地整治规划，统筹安排土地整治和高标准农田建设。强化节约集约用地激励约束机制，落实单位地区生产总值建设用地使用面积下降目标，健全城镇建设用地总量控制管理机制。

（二）开展自然资源统一确权登记

2017 年在赤水市、绥阳县、六盘水市钟山区、普定县、思南县开展自然资源统一确权登记试点，制定贵州省自然资源统一确权登记试点实施方案，在不动产登记的基础上，建立统一的自然资源登记体系。初步摸清试点地区水流、森林、山岭、草原、荒地和探明储量的矿产资源等自然资源权属、位置、面积等信息，2020 年全面建立全省自然资源统一确权登记制度。

（三）建立健全自然资源资产管理体制

2017 年制定贵州省自然资源资产管理体制改革实施方案，开展国家自然资源资产管理体制改革试点，除中央直接行使所有权的外，将分散在国土资源、水利、农业、林业等部门的全民所有自然资源资产所有者职责剥离，整合组建贵州省国有自然资源资产管理机构，经贵州省政府授权，承担全民所有自然资源资产所有者职责。探索不同层级政府行使全民所有自然资源资产所有权的实现形式，贵州省政府代理行使所有权的全民所有自然资源资产，由贵州省国有自然资源资产管理机构设置派出机构直接管理。选择遵义市、黔东南州作为试点，受贵州省政府委托承担所辖行政区域内全民所有自然资源资产所有权的部分管理工作。县乡政府原则上不再承担全民所有自然资源资产所有者职责。

（四）健全山林保护制度

健全水土流失和石漠化治理机制，创新政府资金投入方式，调动社会资金投入水土流失、石漠化治理。按照谁治理、谁受益的原则，赋予社会投资人对治理成果的管理权、处置权、收益权，形成水土流失、石漠化综合治理和管理长效机制。完善森林生态保护补偿机制，实行省级公益林与国家级公益林补偿联动、分类补偿与分档补助相结合的森林生态效益补偿机制；逐步提高生态公益林补偿标准，力争到2020年实现省级公益林与国家级公益林生态效益补偿标准并轨。严格执行矿产资源开发利用、土地复垦、矿山环境恢复治理“三案合一”，切实做好水土流失预防和治理。

（五）完善大气环境保护制度

制定严于国家标准的空气污染物排放标准，实施燃煤火电、水泥、钢铁、化工等重点行业大气污染物特别排放限值。以贵阳市、安顺市、遵义市为重点，建立黔中地区大气污染联防联控机制，完善重污染天气监测、预警和应急响应体系。2018年制定县级以上城市限制燃煤区和禁止燃煤区划定方案，尽快实现城区“无煤化”。建立更加严格的机动车环保联动监测机制。实行县（市、区）政府所在地大气环境质量排名发布制度和对大气环境质量未达标或严重下降地方政府主要负责人约谈制度。完善控制污染物排放许可制度，实施企事业单位排污许可证管理，实现污染源全面达标排放。

（六）健全水资源环境保护制度

全面推行河长制，落实河湖管护主体、责任和经费，并聘请水利、环保专家、社会组织负责人等担任河湖民间义务监督员。实行水资源消耗总量和强度双控行动。以工业园区污水、垃圾处理设施为重点，落实污水垃圾处理收费制度，全面建立以县为单位第三方治理的新机制。完善地方水质量标准体系，制定地方性水污染排放标准。建立水资源、水环境承载能力监测评价体系，到2020年完成市（州）、县（市、区、特区）区域水资源、水环境承载能力现状评价。建立健全地下水开采利用管控制度，编制地面沉降区等区域地下水压采方案，到2020年对年用地下水5万立方米以上的用水户实现监控全覆盖。建立流域内县（市、区）、重点企业参与的联席会议制度，构建风险预警防控体系，建立突发环境事件水量水质综合调度机制。编制一般工业固体废物贮存、处置等公共渣场选址规划，强化渣场渗滤液污染防范。编制养殖水域滩涂规划，全面实行养殖证制度，规范发展渔业养殖。

制定出台贵州省健全生态保护补偿机制的实施意见，逐步在省域范围内推广覆盖八大流域、统一规范的流域生态保护补偿制度。开展西江跨地区生态保护补偿试点。

（七）完善土壤环境保护制度

以农用地和重点行业企业用地为重点，开展土壤污染状况详查。实施农用地分类管理，制定实施受污染耕地安全利用方案，降低农产品超标风险，强化对严格管控类耕地的用途管理，依法划定特定农产品禁止生产区域。对受污染地块实施建设用地准入管理，防范人居环境风险。建立贵州省耕地土壤环境质量类别划定分类清单、建设用地污染地块名录及其开发利用的负面清单。建立土壤环境质量状况定期调查制度、土壤环境质量信息发布制度、土壤污染治理及风险管控制度，健全土壤环境应急能力和预警体系。鼓励土壤污染第三方治理，建立政府出政策、社会出资金、企业出技术的土壤污染治理与修复市场机制。

二、开展促进绿色发展制度创新试验

（一）健全矿产资源绿色化开发机制

完善矿产资源有偿使用制度，全面推行矿业权招拍挂出让，加快全省统一的矿业权交易平台建设。建立矿产开发利用水平调查评估制度和矿产资源集约开发机制。完善资源循环利用制度，建立健全资源产出率统计体系。2017年出台贵州省全面推进绿色矿山建设的实施意见及相关考核办法。

（二）建立绿色发展引导机制

2017年制定绿色制造三年专项行动计划，完善绿色制造政策支持体系，建设一批绿色企业、绿色园区。建立健全生态文明建设标准体系。制定节能环保产业发展实施方案，健全提升技术装备供给水平、创新节能环保服务模式、培育壮大节能环保市场主体、激发市场需求、规范优化市场环境的支持政策。建设国家军民融合创新示范区，鼓励军工企业发展节能环保装备产业。建立以绿色生态为导向的农业补贴制度。健全绿色农产品市场体系，建立经营联合体，编制绿色优质农产品目录。建立林业剩余物综合利用示范机制，推动林业剩余物生物质能气、热、电联产应用。完善绿色建筑评价标识管理办法，严格执行绿色建筑标准。建立装配式建筑推广使用机制。推行垃圾分类收集处置，推动贵阳市、遵义市、贵安新区制定并公布垃圾分类工作方案，鼓励其他市（州）中心城市、县城开展垃圾分类。建立和完善水泥窑协同处置城市垃圾运行机制，推行水泥窑协同处置城市垃圾。

（三）完善促进绿色发展市场机制

2017 年出台培育环境治理和生态保护市场主体实施意见，对排污不达标企业实施强制委托限期第三方治理。2017 年实行碳排放权交易制度，积极探索林业碳汇参与碳排放交易市场的交易规则、交易模式。建立健全排污权有偿使用和交易制度，逐步推行企事业单位污染物排放总量控制、通过排污权交易获得减排收益的机制，2017 年建成排污权交易管理信息系统。推进农业水价综合改革，开展水权交易试点，制定水权交易管理办法。研究成立贵州省生态文明建设投资集团公司。

（四）建立健全绿色金融制度

积极推动贵安新区绿色金融改革创新，鼓励支持金融机构设立绿色金融事业部。创新绿色金融产品和服务，加大绿色信贷发放力度，完善绿色信贷支持制度，明确贷款人的尽职免责要求和环境保护法律责任。稳妥有序探索发展基于排污权等环境权益的融资工具，拓宽企业绿色融资渠道。引导符合条件的企业发行绿色债券。推动中小型绿色企业发行绿色集合债，探索发行绿色资产支持票据和绿色项目收益票据等。健全绿色保险机制。依法建立强制性环境污染责任保险制度，选择环境风险高、环境污染事件较为集中的区域，深入开展环境污染强制责任保险试点。鼓励保险机构探索发展环境污染责任险、森林保险、农牧业灾害保险等产品。

三、开展生态脱贫制度创新试验

（一）健全易地搬迁脱贫攻坚机制

对住在生存条件恶劣、生态环境脆弱、自然灾害频发等地区的农村贫困人口，利用城乡建设用地增减挂钩政策支持易地扶贫搬迁，建立健全易地扶贫搬迁后续保障机制。对迁出区进行生态修复，实现保护生态和稳定脱贫双赢；通过统筹就业、就学、就医，衔接低保、医保、养老，建设经营性公司、小型农场、公共服务站，探索集体经营、社区管理、群众动员组织的机制，确保贫困群众搬得出、稳得住、能致富。

（二）完善生态建设脱贫攻坚机制

支持贵州自主探索通过赎买以及与其他资产进行置换等方式，将国家级和省级自然保护区、国家森林公园等重点生态区位内禁止采伐的非国有商品林调整为公益林，将零星分散且林地生产力较高的地方公益林调整为商品林，促进重点生态区位集中连片生态公益林质量提高、森林生态服务功能增强和林农收入稳步增长，实现社会得绿、林农得利。2018 年在国家级和省级自然保护区、毕节市公益林区内开展试点。以盘活林木、林地资源为核心，推进森林资源有序流转，推广经济林木所有权、林地经营权新型林权抵押贷款改革，拓宽贫困人口增收渠道。建立政府购买护林服务机制，引导建档立卡贫困人口参与提供护林服务，扩大森林资源管护体系对贫困人口的覆盖面，拓宽贫困人口就业和增收渠道。制定出台支持贫困山区发展光伏产业的政策措施，促进贫困农民增收致富。开展生物多样性保护与减贫试点工作，探索生物多样性保护与减贫协同推进模式。

（三）完善资产收益脱贫攻坚机制

推进开展贫困地区水电矿产资源开发资产收益扶贫改革试点，探索建立集体股权参与项目分红的资产收益扶贫长效机制。深入推广资源变资产、资金变股金、农民变股东“三变”改革经验，将符合条件的农村土地资源、集体所有森林资源、旅游文化资源通过存量折股、增量配股、土地使用权入股等多种方式，转变为企业、合作社或其他经济组织的股权，推动农村资产股份化、土地使用权股权化，盘活农村资源资产资金，让农民长期分享股权收益。

（四）完善农村环境基础设施建设机制

全面改善贫困地区群众生活条件。实施农村人居环境改善行动计划，整村整寨推进农村环境综合整治。探索建立县城周边农村生活垃圾村收镇运县处理、乡镇周边村收镇运片区处理、边远乡村就近就地处理的模式，到 2020 年实现 90% 以上行政村生活垃圾得到有效处理。通过城镇污水处理设施和服务向农村延伸、建设农村污水集中处理设施和分散处理设施，实现行政村生活污水处理设施全覆盖。2017 年制定贵州省培育发展农业面源污染治理、农村污水垃圾处理市场主体方案，探索多元化农村污水、垃圾处理等环境基础设施建设与运营机制，推动农村环境污染第三方治理。建立农村环境设施建管运协调机制，确保设施正常运营。逐步建立政府引导、村集体补贴相结合的环境公用设施管护经费分担机制。强化县乡两级政府的环境保护职责，加强环境监管能力建设。建立非物质文化遗产传承机制和历史文化遗产保护机制，加强传统村落和传统民居保护。

四、开展生态文明大数据建设制度创新试验

（一）建立生态文明大数据综合平台

建设生态文明大数据中心，推动生态文明相关数据资源向贵州集聚，定期发布生态文明建设“绿皮书”。打造长江经济带、泛珠三角区域生态文明数据存储和服务中心，为有关方面提供数据存储与处理服务。2017 年建成环保行政许可网上审批系统，健全环境监管数字化执法平台。2018 年完善全省污染源在线监控系统，2019 年基本建成覆盖全省的环境质量自动监测网络，2020 年建成覆盖环境监测、监控、监管、行政许可、行政处罚、政务办公、公众服务的贵州省生态环境大数据资源中心，实现生态环境质量、重大污染源、生态状况监测监控全覆盖。

（二）建立生态文明大数据资源共享机制

2018 年制定贵州省生态环境数据资源管理办法，建立生态环境数据协议共享机制和信息资源共享目录，明确数据采集、动态更新责任，推动生态环境监测、统计、审批、执法、应急、舆论等监管数据共享和有序开放，实现全省生态环境关联数据资源整合汇聚。

（三）创新生态文明大数据应用模式

建立环境数据与工商、税务、质检、认证等信息联动机制，支撑环境执法从被动响应向主动查究违法行为转变。建立固定污染源信息名录库，整合共享污染源排放信息；建立环境信用监管体系，对不同环境信用状况的企业进行分类监管；探索在环境管理中试行企业信用报告和信用承诺制度。

（四）开展生态旅游发展制度创新试验

1. 建立生态旅游开发保护统筹机制

制定贵州省生态旅游资源管理办法，建立旅游资源数据库，健全生态旅游开发与生态资源保护衔接机制，推动生态与旅游有效融合。完善旅游资源分级分类立档管理制度，对重点旅游景区景点资源和新发现的三级及以上旅游资源，由省进行统筹规划、开发、利用，禁止低水平重复建设景区景点，统筹做好旅游资源开发全过程保护，建立旅游资源保护情况通报制度。在重点生态功能区实行游客容量、旅游活动、旅游基础设施建设限制制度。探索建立资源共用、市场共建、客源共享、利益共分的区域生态旅游合作机制。

2. 建立生态旅游融合发展机制

积极创建全域旅游示范区、生态旅游示范区。以黄果树景区、赤水旅游度假区、荔波樟江风景名胜区、梵净山国家级自然保护区为重点，探索建立资源权属明晰、管理机构统一、产业融合发展、利益分配合理的生态旅游管理体制。2017 年制定贵州省全域旅游工作方案，以推进山地旅游业与生态农业、林业、康养业融合发展为重点，在黔北、黔东北、黔东南等生态农业、森林旅游功能区，建立生态旅游资源合作开发机制、市场联合营销机制和协作维护管理机制，推进生态旅游、农业旅游、森林旅游建立发展规划协调、项目整合、产品融合、品牌共建等一体化发展机制，形成多层次、多业态的生态旅游产业发展体系。

（五）开展生态文明法治建设创新试验

1. 加强生态环境保护地方性立法

全面清理和修订地方性法规、政府规章和规范性文件中不符合绿色经济发展、生态文明建设的内容。适时修订《贵州省生态文明建设促进条例》《贵州省环境保护条例》，2020 年前制定出台贵州省环境影响评价条例、水污染防治条例、世界自然遗产保护管理条例，推动城市供水和节约用水、城市排水、公共机构节约能源资源以及农村白色垃圾、塑料薄膜、限制性施用化肥农药、畜禽零星（分散）养殖等领域的地方性立法，构建省级绿色法规体系。

2. 实现生态环境保护司法机构全覆盖

实现全省各级法院环境资源审判机构全覆盖，深入推进环境资源案件集中管辖和归口管理，对涉及生态环境保护的刑事、民事、行政三类诉讼案件实行集中统一审理，推动环境资源案件专门化审判。完善打击、防范、保护三措并举，刑事、民事、行政三重保护，司法、行政、公众三方联动的“三三三”生态环境保护检察运行模式。健全检察院环境资源司法职能配置，深入推进检察机关提起公益诉讼工作，严格依法有序推进环境公益诉讼。规范环境损害司法鉴定管理工作，努力满足环境诉讼需要。探索生态恢复性司法机制，运用司法手段减轻或消除破坏资源、污染环境状况。建立生态文明律师服务团，引导群众通过法律渠道解决环境纠纷。健全环境保护行政执法与刑事司法协调联动机制。

3. 完善生态环境保护行政执法体制

探索建立严格监管所有污染物排放的环境保护管理制度，逐步实行环境保护工作由一个部门统一监管和行政执法，建立权威统一的环境执法体制。探索开展按流域设置环境监管和行政执法机构试点工作，实施跨区域、跨流域环境联合执法、交叉执法。开展省以下环保机构监测监察执法垂直管理试点，2017 年完成试点工作，实现市县两级环保部门的环境监察职能上收，推动环境执法重心向市县下移。

4. 建立生态环境损害赔偿制度

开展生态环境损害赔偿制度改革试点，明确生态环境损害赔偿范围、责任主体、索赔主体和损害赔偿解决途径等，探索建立完善生态环境损害担责、追责体制机制，探索建立与生态环境赔偿制度相配套的司法诉讼机制，2018 年全面试行生态环境损害赔偿制度，2020 年初步构建起责任明确、途径畅通、机制完善、公开透明的生态环境损害赔偿制度。

（六）开展生态文明对外交流合作示范试验

1. 健全生态文明贵阳国际论坛机制

深化生态文明贵阳国际论坛年会机制，充分发挥论坛国际咨询会等作用，探索实施会员制，建立论坛战略合作伙伴和议题合作伙伴体系。2018 年编制论坛发展规划，完善论坛主题和内容策划机制，提升论坛的国际化、专业化水平。坚持既要“论起来”又要“干起来”，建立论坛成果转化机制，加快论坛理论成果和实践成果转化。

2. 建立生态文明国际合作机制

支持贵州与相关国家和地区有关方面深入开展合作，构建生态文明领域项目建设、技术引进、人才培养等方面长效合作机制；与联合国相关机构、生态环保领域有关国际组织等加强沟通联系，积极开展交流、培训等务实合作。

3. 建立生态文明建设高端智库

依托生态文明贵阳国际论坛，广泛利用国内外环保组织、高校、研究机构人才资源，建立生态文明建设高端智库，探讨生态文明建设最新理念，研究生态文明领域重大课题，提出战略性、前瞻性政策措施建议。支持贵州高校建立生态文明学院，加强生态文明职业教育。

（七）开展绿色绩效评价考核创新试验

1. 建立绿色评价考核制度

加强生态文明统计能力建设，加快推进能源、矿产资源、水、大气、森林、草地、湿地等统计监测核算。2017 年起每年发布各市（州）绿色发展指数，开展生态文明建设目标评价考核，考核结果作为党政领导班子和领导干部综合评价、干部奖惩任免以及相关专项资金分配的重要依据。研究制定森林生态系统服务功能价值核算试点办法，探索建立森林资源价值核算指标体系。

2. 开展自然资源资产负债表编制

在六盘水市、赤水市、荔波县开展自然资源资产负债表编制试点，探索构建水、土地、林木等资源资产负债核算方法。2018 年编制全省自然资源资产负债表。

3. 开展领导干部自然资源资产离任审计

扩大审计试点范围，探索审计办法，2018 年建立经常性审计制度，全面开展领导干部自然资源资产离任审计。加强审计结果应用，将自然资源资产离任审计结果作为领导干部考核的重要依据。

4. 完善环境保护督察制度

强化环保督政，建立定期与不定期相结合的环境保护督察机制，2017 年起每 2 年对全省 9 个市（州）、贵安新区、省直管县当地政府及环保责任部门开展环境保护督察，对存在突出环境问题的地区，不定期开展专项督察，实现通报、约谈常态化。

5. 完善生态文明建设责任追究制

实行党委和政府领导班子成员生态文明建设一岗双责制。建立领导干部任期生态文明建设责任制，按照谁决策、谁负责和谁监管、谁负责的原则，落实责任主体，以自然资源资产离任审计结果和生态环境损害情况为依据，明确对地方党委和政府领导班子主要负责人、有关领导人员、部门负责人的追责情形和认定程序。对领导干部离任后出现严重绿色发展环境损害并认定其需要承担责任的，实行终身追责。

第四节　贵州省绿色发展的制度体系

根据中办国办印发的《国家生态文明试验区（贵州）实施方案》，贵州要围绕长江和珠江上游绿色发展建设、西部地区绿色发展、生态脱贫攻坚、生态文明法治建设、生态文明国际交流合作“五大示范区”战略定位，开展绿色发展建设制度创新试验、开展促进绿色发展制度创新试验、开展生态脱贫制度创新试验、开展生态文明大数据建设制度创新试验、开展生态旅游发展制度创新试验、开展生态文明法治建设创新试验、开展生态文明对外交流合作示范试验、开展绿色绩效评价考核创新试验等八项制度创新试验。

一、探索推进生态保护和责任追究的体制机制

（一）出台措施加强生态保护

在空间规划体系和用途管制制度方面，出台《贵州省生态保护红线》，划定生态保护红线面积为45900.76平方千米，占全省面积17.61万平方千米的26.06%；编制完成六盘水市、三都县、雷山县空间规划，出台省级空间规划编制办法；坚持数量和质量并重，划定永久基本农田5257万亩，层层签订责任书2.5万份，设立保护标识牌792块；调整生态保护红线划定范围，开展环境功能区划技术方案制定工作；制定城乡规划修改审查报批工作规则，在贵阳市以及安顺、兴义等14个城市（县城）总体规划中明确了城镇开发边界；安顺市、遵义市获批“城市双修”国家试点，在兴义、福泉、威宁等开展省

级试点建设；印发实施贵州省国土空间生态修复规划（2021—2035年）和城镇建设用地总量控制管理实施方案，提升土地质量，从严控制城镇建设用地。在健全山林保护制度方面，出台推进农业林业领域政府和社会资本合作实施方案、石漠化综合治理社会资本合作项目资金管理暂行办法，在部分项目地开展石漠化社会资本合作试点；印发健全森林生态保护补偿机制的实施方案，明确自2018年起将地方公益林补偿标准每亩提高2元，达到每亩10元，补偿金额从财政预算列支；全面推行矿山资源绿色开发利用方案"三合一"制度。

在完善大气环境保护制度方面，建成省级和贵阳市重污染天气监测预警应急体系，启动编制以贵阳市、安顺市、遵义市为重点的黔中城市群大气污染联防联控规划；启动开展县级以上城镇高污染燃料禁燃区划定工作；建成在用机动车环境监管平台，实现国家、省、市、站点四级联动；实行大气环境空气质量周调度制度，对全省9个市（州）中心城市和88个县（市、区）的大气、水环境质量按月公布并排名。

在健全水资源环境保护制度方面，印发全面推行河长制总体工作方案以及1544个各级河长制工作方案，全省3337条河流共设五级河长24450名，聘请河湖民间义务监督员11220名，实现所有河流、湖泊、水库河长制全覆盖；出台"十三五"水资源消耗总量和强度双控行动计划落实方案等政策文件，分解下达市县两级用水效率控制目标，并在河长制目标责任书中予以明确；出台城镇污水处理费征收使用管理实施办法，进一步规范污水处理费征收使用管理；开展以县级行政区为单元的水资源承载能力监测预警机制建设，完成2015年、2020年和2030年阶段性管理目标分解，建成省市县三级"三条红线"指标体系；制定水域滩涂规划编制指南，遵义市播州区等9个县（区）编制完成养殖水域滩涂规划；实施草海综合治理5大工程，在全省全面取缔网箱养鱼；出台《省人民政府办公厅关于健全生态保护补偿机制的实施意见》，与云南、四川签订《赤水河流域横向生态保护补偿协议》，按比例共同出资2亿元，设立赤水河流域横向生态补偿基金，率先在西部地区建立跨省域横向生态补偿制度。在完善土壤环境保护制度方面，全面开展土壤污染状况详查工作，建立土壤环境质量状况定期调查制度，明确每10年开展1次。建立受污染地块建设用地准入制度，对未经治理修复或者修复不符合标准的地块，不予以办理用地手续；出台《贵州省湿地保护修护制度实施方案》，加强湿地保护和修复，确保到2020年全省湿地面积保有量不低于20.97万公顷；建立全省污染地块再利用情况半年统计报告备案制度。同时，加快推进自然资源统一确权登记试点，启动自然资源统一确权登记试点实施方案，完成赤水市、绥阳县、钟山区、思南县、普定县全域全要素自然资源和独立自然资源统一确权登记。

在推动节能环保方面，加快健全矿山资源绿色化开发机制，印发矿业权出让收益征收管理实施办法（试行）、矿业权出让制度改革试点实施方案等，将矿业权出让收益征收方式从收缴制调整为征收制，明确由省税务局统一进行征收，从根本上改变原来分散在各部门的征收格局；依托省公共资源交易中心，对全省矿业权出让、转让等进行统一监管；加快建立绿色发展引导机制，制定节能环保产业发展实施方案和绿色制造三年行动计划，明确加快节能环保产业发展和绿色制造的主要目标、重点任务和支持政策；出台关于加快磷石膏资源综合利用的意见，在2018年全面实施磷石膏“以渣定产”，提高全省磷石膏资源综合利用效率，推动磷化工产业绿色、创新、集约、高效发展；印发贵州省“十四五”建设科技与绿色建筑发展规划、绿色建筑评价标准、建筑工程绿色施工管理规程等政策和标准规范，设立绿色建筑评价机构，推动形成了绿色建筑设计、施工、运维全方位的标准体系。印发《贵州省生活垃圾分类制度实施方案》，在贵阳市、遵义市、贵安新区启动生活垃圾强制分类，到2020年底，基本形成垃圾分类相关法规、规章，形成可复制、可推广的生活垃圾分类模式。印发控制污染物排放许可制实施方案，实现从污染预防到污染治理和排放控制的全过程监管。

（二）开展绿色绩效评价考核

建立绿色评价考核制度。通过制定生态文明建设目标评价考核办法及绿色发展指数，率先在全国开展对地方生态文明建设目标完成情况的年度评价考核。发布《贵州省林业生态红线保护党政领导干部问责暂行办法》和《贵州省生态环境损害党政领导干部问责暂行办法》，2017年起每年开展生态文明建设目标评价考核，发布各市（州）绿色发展指数，考核结果直接影响领导干部的综合评价、奖惩任免和相关专项资金分配。开展自然资源资产负债表编制。开展领导干部自然资源资产离任审计。印发贯彻落实领导干部自然资源资产离任审计规定（试行）的实施意见、自然资源资产离任审计工作指导意见、开展领导干部自然资源资产离任审计试点实施方案等制度文件，构建了自然资源资产审计评价指标体系，特别是于2014年在全国率先开展领导干部自然资源资产离任审计试点基础上，继续扩大审计试点范围，加强审计结果的应用，及时将审计结果存入被审计领导干部廉政档案，作为干部考核、任用的依据。取消地处重点生态功能区的10个县GDP考核，强化环境保护"党政同责""一岗双责"，实行党政领导干部生态环境损害问责。完善环境保护督察制度。印发环境保护督察方案（试行）、加强环境保护督察机制建设的八条意见及任务分工方案，开展对9个市（州）、贵安新区及省直管县的环境保护督察，实现全省环保督察巡查全覆盖；配合完成中央环保督察组对贵州省的环境保护督察及"回头看"工作，认真完成督察组交办的群众举报投诉件，并研究制定了督察反馈的问题整改方案。

二、探索推进绿色发展的体制机制

（一）完善促进绿色发展市场机制

出台《培育发展环境治理和生态保护市场主体实施意见》，提出加快环境治理和生态保护市场主体的支持政策。印发环境污染第三方治理名单，推动50余户企业进行污染物第三方治理。完成重点企业碳排放核查，开展单株碳汇扶贫试点。出台主要污染物排放权交易规则及程序规定、排污权交易和试行办法等规章制度，建成排污权交易及数据云管理系统。在全国较早出台农业用水价格管理办法，明确农业水价成本核定、价格制定原则和方法，累计完成改革农田面积23.39万亩。制定贵州省重点生态区位人工商品林赎买试点工作方案，确定2018—2020年在毕节市的七星关区、纳雍县、织金县和省级以上自然保护区开展试点。推进生态产品价值实现机制试点建设，围绕加强生态环境保护治理、生态产品价值评估核算、生态产品价值挖掘和交易市场培育、政策制度体系创新等进行建设。

（二）建立健全绿色金融制度

贵安新区获批国家绿色金融改革创新试验区，工商银行、贵阳银行贵安绿色分行已设立，中国银行、农业银行、建设银行、贵州银行、浦发银行、光大银行等已在贵安新区设立绿色支行，中天国富证券已在贵安新区设立绿色金融事业部，中国人保财险在贵安新区建立全国首个“绿色金融”保险服务创新实验室。抓紧制定支持绿色信贷产品和抵质押品创新政策，稳妥有序探索发展基于排污权等环境权益的融资工具。贵州银行、贵阳银行共计 130 亿元绿色金融债券发行获得许可。在遵义市、黔南州、贵安新区开展环境污染强制责任保险试点。

三、推进生态文明法治化建设

（一）加快生态环境保护地方性立法和管理

确定每年 6 月 18 日为“贵州生态日”，出台的《贵州省生态文明建设促进条例》成为全国首部省级层面的生态文明地方性法规，出台水污染防治条例、环境噪声污染防治条例、水资源保护条例等生态环境保护地方性法规，全省生态文明建设领域地方性法规达 30 余部，与贵州省生态文明试验区建设相适应的法律框架基本成型。制定《贵州省企业环境信用评价工作实施方案》，推进企业环境信用体系建立，实行环境“守信激励、失信惩戒”机制，在全国率先出台《贵州省环境保护失信黑名单管理办法（试行）》，利用信用手段督促企业改进环境；率先在全国出台《关于在环保行政许可中实施信用承诺制度有关事项的通知（试行）》，全面施行环境信用承诺制度。探索建立生态环保执法联动机制，2013 年，贵州省与四川、云南签署了《交界区域环境联合执法协议》，以赤水河流域为重点推进跨省环境联合执法。推进省环保机构监测监察执法垂直管理改革试点工作，编制贵州省环保机构监测监察执法垂直管理制度改革实施方案，印发关于贵州省环保机构监测监察执法垂直管理制度改革有关机构编制事项的批复。

（二）推动生态环境保护司法建设

率先建立环保审判法庭。2007 年，中国第一家生态环境保护法庭—贵阳市中级人民法院生态环境保护审判庭和贵州省清镇市人民法院环保法庭的成立，对生态文明的司法保护进行了积极有效探索。江口县梵净山自然保护区、黔东南州森林公安局、盘州市环保局等探索开展由检察机关派驻生态环保检察室，延伸生态环保检察室监督触角；全省法院环境资源审判庭扩展到省法院、9个中院、19个基层法院共计29个法院，形成相对独立、适度集中的生态环境保护审判机构体系；省市两级检察院均成立生态环境保护检察机构，每个市（州）的2~3个重点生态功能区、重点流域基层院设立专门内部机构，其他基层院采取合署办公方式履行生态环保检察职责，基本实现全覆盖。提起全国首例环境行政公益诉讼、首例检察机关环境行政公益诉讼，率先启动生态司法修复。率先建立生态损害赔偿协议的司法登记确认制度。成立全国首个生态文明律师服务团，公检法与发改、环保、国土、水利、林业等部门建立了联席会议、案件信息共享、案件移送、联合督办、协同查办等机制，公检法之间建立了快诉快处等机制，强化行政执法和刑事司法的联动，并持续开展“六个严禁”森林资源保护、“六个一律”环保利剑执法、环保执法“风暴”等专项行动。

四、推进生态文明环境损坏赔偿制度建设

实施《贵州省生态环境损害赔偿制度改革试点工作实施方案》，确定了改革试点工作的总体工作和原则，明确了赔偿范围、赔偿义务人、赔偿权利人、赔偿诉讼规则等。出台了《贵州省环境污染损害鉴定评估调查采样规范》《贵州省生态环境损害重大复杂案件会商机制》《贵州省生态环境损害赔偿制度改革试点工作联络及信息报送机制》，制定完善了相关制度和技术规范，组织科研机构集中开展贵州省生态环境损害赔偿磋商制度、贵州省生态环境损害赔偿诉讼规则、贵州省生态环境损害赔偿基金管理使用制度，基本确立了贵州省生态环境损害赔偿制度。完成全国第一例生态环境损坏赔偿磋商案例，发布全国首份磋商司法确认书，生态环境损害赔偿制度改革实施方案已完成合法性审查。制定了《贵州省生态环境损害赔偿诉讼规则》，对生态环境损害赔偿改革实践中涉及的相关诉讼及司法保障等问题进行了明确，为人民法院审理生态环境损害赔偿诉讼案件提供指导。成立生态环境保护人民调解委员会。

五、建立生态文明国际交流合作机制

连续成功举办十届生态文明贵阳国际会议和生态文明贵阳国际论坛，建立中外前政要、国际组织负责人组成的国际咨询会，与联合国环境署等国际组织以及瑞士等发达国家建立了务实的国际交流合作机制。作为我国唯一以生态文明为主题的国家级国际性高端论坛，生态文明贵阳国际论坛在以习近平同志为核心的党中央的亲切关怀下，于2013年升格为国家级国际性论坛。十年来，论坛成为汇聚全球智慧、共商可持续发展、共同探讨生态文明发展路径的平台，吸引了联合国、国际组织和各国政要、前政要以及商学媒体等各团体的积极参与。特别是2018年论坛年会，几乎涵盖了全球生态自然环境和可持续发展领域的所有顶级国际知名组织，并与联合国环境署等国际组织建立合作机制，积极开展交流合作和人才引进，组织省内政府机构、高校和企业参加国际展览等。启动开展生态文明建设高端智库筹建工作，与国内外知名专家学者、联合国有关机构、国际知名组织积极联系，推动相关工作。启动开展论坛发展规划编制工作。论坛自举办以来，形成一批务实有效的宣言倡议、行业标准、发展建议和研究报告，落地了许多理论成果，更加响亮发出新时代生态文明建设“中国声音”、贡献“中国方案”、展现“中国行动”，充分发挥中国生态文明建设参与者、贡献者、引领者作用。

六、推进生态与其他领域融合发展机制

（一）推进生态脱贫制度创新

开展扶贫生态移民工程。搬出了一批世居在深山区、石山区、高寒山区等生态环境脆弱、贫困程度深、脱贫难度大地区的农村人口，促进了迁出地的生态恢复，改善了迁出群众的生产生活条件，并出台政策对旧房拆除复垦复绿进行奖励，取得了明显的生态建设和扶贫开发双重效果。完善生态建设脱贫攻坚机制。出台建档立卡贫困人口生态护林员选聘政策，2017年新增下达生态护林员指标2.05万名。制定光伏产业扶贫实施方案。在赤水桫椤国家级自然保护区开展生物多样性与减贫试点建设。完善资产收益脱贫攻坚机制。印发水电矿产资源开发资产收益扶贫改革试点实施方案，在普定县、贵定县、

黄平县、贞丰县、威宁县、水城县开展试点。制定2018年农村“三变”改革工作方案，深入推进农村“三变改革”。完善农村环境基础设施建设机制。制定农村人居环境整治三年行动实施方案，提出建立并推行“户分类、村收集、乡（镇）转运、县（市）集中处理”的生活垃圾收运处置体系，到2020年力争30户以上自然村寨生活垃圾治理率达90%；印发《贵州省培育发展农业面源污染治理、农村污水垃圾处理市场主体方案》，逐步建立完善农业、农村环境治理市场体系，建立基于环境质量改善为目标的“以效付费”机制；启动实施农村人居环境整治三年行动和推进厕所革命三年行动，完成农村户用卫生厕所建设改造37.5万户。开展传统手工技艺助推脱贫攻坚“十百千万”培训工程、非遗振兴计划，颁布实施海龙国保护条例等。

（二）推进生态文明大数据建设制度创新

加快生态文明大数据综合平台建设。按照贵州省大数据标准化体系建设规划（2020—2022年）要求，结合环境保护监测、环评、应急、执法以及环保运大数据试点等要求，全力推动全省环保大数据体系建设，目前已建成数字环保和环保云综合平台，初步建成环评三级联网审批系统和机动车尾气综合数据库系统。加快建立生态文明大数据应用模式基础制度。与税务部门建立联动机制，在黔西南州开展排污费征收数据、征收对象、污染物监测方式等涉及环境保护税的税基核算试点摸底。发布环境保护税征管技术规范，建成环境保护税核心监管系统和涉税信息共享平台。以企业排污许可信息为基础，分步骤推动固定污染源名录库建设，核发行业排污许可证。出台生态环境监测网络与机制建设方案，建立统一的生态环境监测网络，加强大数据在生态文明领域的运用。编制完成《贵州省生态环境大数据中心建设方案》，逐步建成覆盖生态环境监测、监控、监管、处罚、办公、服务的生态环境大数据资源中心。编制生态环境数据资源管理办法，建立生态环境数据协议共享机制和信息资源共享目录，实现全省生态环境关联数据资源整合汇聚。启动企业环境信用评价试点，在环境管理中推行信用承诺制度。

（三）推进生态旅游发展制度创新

建立生态旅游开发保护制度。编制发布《贵州生态旅游发展规划及案例研究》《贵州生态文化旅游创新区产业发展规划》等多个省级旅游发展规划，在全国率先启动旅游资源大普查，摸清贵州旅游资源家底，建成省旅游资源大普查成果数据库管理平台，普查完成的旅游资源单体 8.27 万处全部登记入库。建立规范旅游规划编制、规划审核以及旅游资源开发利用公示、管理监督、责任追究等制度。建立生态旅游融合发展机制。成功入选国家全域旅游示范省创建单位，为全国 7 个创建省份之一；毕节百里杜鹃、荔波漳江、遵义赤水、铜仁梵净山成功创建国家生态旅游示范区。完成 28 个旅游体制改革试点，安顺市整合黄果树等优势旅游资源探索建立生态旅游资源融合发展机制。印发创建国家全域旅游示范省实施方案，从全景式规划、全季节体验、全社会参与、全产业发展、全方位服务、全区域管理等方面提出支持全域旅游政策。

第二章　贵州省生态环境保护与绿色发展现状

党的十八大以来，贵州牢记嘱托、感恩奋进，认真贯彻落实习近平总书记对贵州“守好发展和生态两条底线”“创新发展思路，发挥后发优势”“像对待生命一样对待生态环境”等重要指示精神，抢抓国家生态文明试验区建设的重大战略机遇，用好这块“金字招牌”，将贵州生态文明建设和经济社会的全面协调发展推进到新的历史阶段，生态环境持续向好，经济社会发展全面进步，是党的十八大以来党和国家事业大踏步前进的一个缩影。2017 年 4 月，中国共产党贵州省第十二次代表大会明确提出了大生态战略行动，成为引领全省经济社会发展的纲目之一，与大扶贫、大数据共同构筑了三足鼎立的重大战略行动格局。大生态战略行动实施两年以来，生态效益绿色经济正在持续井喷，绿色发展助推脱贫攻坚正在不断凸显，绿色体制机制的政策效应正在叠加释放，全面总结大生态战略行动的措施、成果与经验，分析下一步的机遇与挑战，并提出建议和预测，对贯彻落实习近平总书记关于生态优先、绿色发展，推动“共抓大保护、不搞大开发”的指示精神，推进贵州国家生态文明试验区建设，筑牢长江经济带、粤港澳大湾区高质量发展的生态屏障，具有重要现实意义。

第一节　贵州省经济社会发展概况

贵州，简称“黔”或“贵”，是中华人民共和国省级行政区，省会贵阳，地处中国西南内陆地区腹地，是中国西南地区交通枢纽，长江经济带重要组成部分。全国首个国家级大数据综合试验区，世界知名山地旅游目的地和山地旅游大省，国家生态文明试验区，内陆开放型经济试验区。界于北纬

24° 37′ —29° 13′ ，东经 103° 36′ —109° 35′ ，北接四川和重庆，东毗湖南、南邻广西、西连云南。

截至 2021 年末，贵州省共有 6 个地级市、3 个自治州；10 个县级市、50 个县、11 个自治县、1 个特区、16 个区，共 88 个县级政区，832 个镇、122 个乡、193 个民族乡、362 个街道，省常住人口 3852 万人。贵州省地区生产总值 19586.42 亿元，比上年增长 8.1%，两年平均增长 6.3%。其中，第一产业增加值 2730.92 亿元，增长 7.7%；第二产业增加值 6984.70 亿元，增长 9.4%；第三产业增加值 9870.80 亿元，增长 7.3%。

一、综合概述

根据地区生产总值统一核算结果，全年全省地区生产总值 19586.42 亿元，比上年增长 8.1%，两年平均增长 6.3%。其中，第一产业增加值 2730.92 亿元，增长 7.7%；第二产业增加值 6984.70 亿元，增长 9.4%；第三产业增加值 9870.80 亿元，增长 7.3%。第一产业增加值占地区生产总值的比重为 13.9%，比上年下降 0.3 个百分点；第二产业增加值占地区生产总值的比重为 35.7%，比上年提高 0.6 个百分点；第三产业增加值占地区生产总值的比重为 50.4%，比上年下降 0.3 个百分点。人均地区生产总值 50808 元，比上年增长 8.0%。

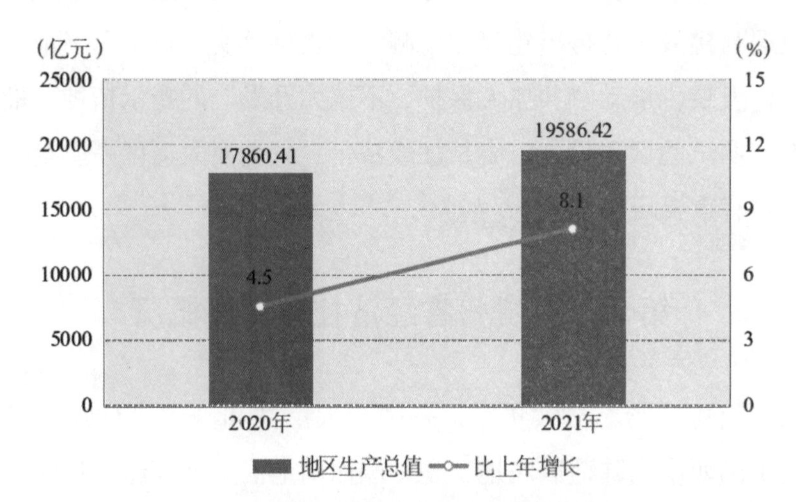

图 2–1 地区生产总值及其增长速度

资料来源：2021 年贵州省国民经济和社会发展统计公报

年末全省常住人口 3852 万人，比上年末减少 6 万人。其中，城镇常住人口 2092.79 万人，占年末常住人口的比重为 54.33%，比上年末提高 1.18 个百分点。全年出生人口 46.90 万人，出生率为 12.17‰；死亡人口 27.70 万人，死亡率为 7.19‰；自然增长率为 4.98‰。

表 2–1　　2021 年年末常住人口数及其构成

指标名称	绝对数（万人）	占年末常住人口比重（%）
年末常住人口	3852	100
按城乡分		
城镇	2092.79	54.33
乡村	1759.21	45.67
按性别分		
男性	1971	51.17
女性	1881	48.83
按年龄分		
0–15 岁	963	25.00
16–59 岁	2310	59.97
60 周岁及以上	579	15.03

全年全省城镇新增就业 64.75 万人，比上年增长 5.0%。其中，失业人员再就业 14.47 万人，增长 0.7%；就业困难人员实现就业 7.72 万人，增长 1.7%。年末城镇登记失业率为 4.45%。

全年全省居民消费价格比上年上涨 0.1%。工业生产者出厂价格上涨 6.5%。工业生产者购进价格上涨 12.0%。

年末全省市场主体总数 388.71 万户，比上年末增长 12.1%；市场主体注册资本 9.35 万亿元，增长 13.7%。全年新登记市场主体 70.11 万户。

二、农业和乡村振兴

全年全省农林牧渔业总产值 4691.97 亿元，比上年增长 9.2%。其中，种植业总产值 3123.71 亿元，增长 8.8%；林业总产值 319.82 亿元，增长 7.9%；畜牧业总产值 958.96 亿元，增长 10.3%；渔业总产值 69.83 亿元，增长 14.6%。

表 2-2　　2021 年农林牧渔业总产值及其增长速度

指标名称	绝对数（亿元）	比上年增长（%）
农林牧渔业总产值	4691.97	9.2
种植业	3123.71	8.8
林业	319.82	7.9
畜牧业	958.96	10.3
渔业	69.83	14.6
农林牧渔专业及辅助性活动	219.65	7.9

全年全省粮食播种面积 4181.57 万亩，比上年增长 1.2%；粮食产量 1094.86 万吨，比上年增长 3.5%。全年蔬菜及食用菌种植面积 2271.62 万亩，比上年增长 0.2%；蔬菜及食用菌产量 3280.09 万吨，比上年增长 9.7%。年末果园面积 1203.21 万亩，比上年末增长 2.9%；全年园林水果产量 583.40 万吨，比上年增长 21.9%。

全年全省木材产量 443.74 万立方米。

年末全省猪存栏 1530.48 万头，比上年末增长 12.2%；牛存栏 479.35 万头，下降 7.4%；羊存栏 386.59 万只，增长 1.1%；家禽存栏 12017.78 万羽，下降 0.5%。全年猪出栏 1849.70 万头，比上年增长 11.3%；牛出栏 180.06 万头，增长 2.2%；羊出栏 279.97 万只，下降 5.9%；家禽出栏 17672.57 万羽，增长 0.4%。全年猪牛羊禽肉产量 225.80 万吨，比上年增长 10.1%；禽蛋产量 27.70 万吨，增长 5.9%；牛奶产量 4.92 万吨，下降 6.4%。

全年全省水产品产量 26.20 万吨，比上年增长 5.2%。其中，养殖水产品产量 25.72 万吨，增长 6.5%。

表 2-3　　2021 年主要农产品产量及其增长速度

指标名称	绝对数（万吨）	比上年增长（%）
粮食产量	1094.86	3.5
蔬菜及食用菌	3280.09	9.7
猪牛羊禽肉	225.80	10.1

三、工业和建筑业

全年全省规模以上工业增加值比上年增长 12.9%，两年平均增长 8.9%。

分经济类型看，股份制企业增加值增长 14.8%，国有控股企业增长 14.4%，私营企业增长 4.0%，外商及港澳台商投资企业增长 0.9%。分门类看，采矿业增长 12.5%，制造业增长 15.1%，电力、热力、燃气及水生产和供应业增长 4.1%。

全省 19 个重点监测的工业行业中，12 个行业增加值保持增长。其中，酒、饮料和精制茶制造业增加值比上年增长 40.7%，计算机、通信和其他电子设备制造业增长 27.8%，化学原料和化学制品制造业增长 25.9%，有色金属冶炼和压延加工业增长 24.6%，煤炭开采和洗选业增长 14.9%，烟草制品业增长 7.5%，电力、热力生产和供应业增长 2.7%。

表 2–4 2021 年规模以上工业主要行业增加值增长速度

指标名称	比上年增长（%）
规模以上工业增加值	12.9
煤炭开采和洗选业	14.9
非金属矿采选业	0.2
农副食品加工业	16.1
酒、饮料和精制茶制造业	40.7
烟草制品业	7.5
化学原料和化学品制造业	25.9
医药制造业	–4.7
非金属矿制品业	–11.2
黑色金属冶炼加工业	4.7
有色金属冶炼加工业	24.6
汽车制造业	–5.1
电气机械和器材制造业	–6.3
计算机、通信和其他电子设备制造业	27.8
电力和热力生产供应业	2.7

全年全省生产智能电视机 233.46 万台，比上年增长 27.1%；电子元件 69.88 亿只，增长 21.5%；吉他 156.25 万把，增长 40.8%；辣椒制品 52.49 万吨，增长 12.3%；饮料酒 145.05 万吨，增长 11.3%。

表 2-5　　2021 年规模以上工业主要产品产量及其增长速度

指标名称（单位）	绝对数	比上年增长（%）
发电量（亿千瓦时）	2238.99	3.2
原煤（万吨）	13100.47	7.4
磷矿石（折合五氧化二磷 30%）（万吨）	2415.36	14.9
饮料酒（万千升）	145.05	11.3
卷烟（亿支）	1172.16	1.0
中成药（万吨）	6.48	–0.8
乳制品（万吨）	17.02	–0.1
辣椒制品（万吨）	52.49	12.3
吉他（万把）	156.25	40.8
农用氮磷钾肥料（折纯）（万吨）	33.617	0.7
橡胶轮胎外胎（万条）	715.75	1.0
水泥（万吨）	9328.35	–13.4
生铁（万吨）	375.42	1.8
钢材（万吨）	811.16	9.5
铁合金（万吨）	253.56	21.8
十种有色金属（万吨）	142.81	–14.2
原铝（万吨）	132.93	–1.9
家用电冰箱（万台）	161.96	3.1
集成电路（万块）	5902.86	–13.2
电子元件（亿支）	69.88	21.5
汽车（万辆）	8.82	–0.9
彩色电视机（万台）	233.46	27.1

年末全省电力装机容量 7573.28 万千瓦，比上年末增长 1.3%。其中，火电装机容量 3572.49 万千瓦，增长 0.3%；水电装机容量 2283.33 万千瓦，增长 0.1%；并网太阳能发电装机容量 1137.00 万千瓦，增长 7.6%。

全年全省规模以上工业企业实现营业收入 10063.62 亿元，比上年增长 18.9%。全年规模以上工业企业利润总额 1082.47 亿元，比上年增长 42.0%。全年营业收入利润率为 10.8%，比上年提高 1.8 个百分点；每百元营业收入中的成本为 77.75 元，下降 1.25 元。年末规模以上工业企业资产负债率为 62.2%，比上年末下降 0.7 个百分点。

年末全省具有资质等级的总承包和专业承包建筑业企业 2171 个，比上年末增加 280 个。其中，特级和一级资质建筑业企业 130 个，增加 6 个；二级资质企业 947 个，增加 135 个；三级资质企业及其他资质企业 1094 个，增加 139 个。

四、固定资产投资

全年全省固定资产投资（不含农户）比上年下降 3.1%。其中，第一产业投资增长 33.1%，第二产业投资增长 19.6%，第三产业投资下降 10.7%。工业投资增长 19.7%。

表 2-6　　2021 年分行业固定资产投资（不含农户）增长速度

指标名称	比上年增长（%）
固定资产投资（不含农户）	-3.1
农林牧渔业	30.0
采矿业	41.1
煤炭开采和洗选业	39.7
制造业	18.3
酒、饮料和精制茶制造业	56.8
化学原料和化学品制造业	90.3
医药制造业	65.4
黑色金属冶炼和压延加工业	-19.1
有色金属冶炼和压延加工业	-10.8
电力、热力、燃气及水生产和供应业	9.8
交通运输、仓储和邮政业	-25.0
水利、环境和公共设施管理业	-17.3
教育	1.6
卫生和社会工作	-15.0
信息传输、软件和信息技术服务业	-2.5
租赁设商业服务业	-10.9
科学研究和技术服务业	-43.3

全年全省房地产开发投资比上年下降 1.0%。其中，住宅投资增长 2.0%。全年商品房销售面积 5585.99 万平方米，比上年增长 0.6%。

五、市场消费

全年全省社会消费品零售总额比上年增长13.7%。按经营地统计，城镇消费品零售额增长13.0%，乡村消费品零售额增长18.6%。按消费类型统计，商品零售额增长12.6%，餐饮收入额增长25.2%。

全年全省限额以上法人企业（单位）商品零售额比上年增长10.5%。其中，建筑及装潢材料类零售额增长31.0%，粮油、食品类增长29.6%，服装、鞋帽、针纺织品类增长28.4%，烟酒类增长24.5%，文化办公用品类增长7.4%，中西药品类增长6.6%，家用电器和音像器材类下降1.3%，通信器材类下降3.2%，日用品类下降15.4%。全年限额以上法人企业（单位）通过公共网络实现的商品零售额比上年增长14.2%。

表2–7　2021年全省限额以上法人企业商品零售额增长速度

指标名称	比上年增长（%）
限额以上法人企业商品零售额	10.5
粮油食品类	29.6
烟酒类	24.5
服装、鞋帽、纺织品类	28.4
化妆品类	43.5
金银珠宝类	43.9
日用品类	–15.4
体育娱乐类	–47.6
书报杂志类	21.9
家用电器和音响器材类	–1.3
中西药品类	6.6
文化办公用品类	7.4
家具类	29.1
通信器材类	–3.2
石油及制品类	7.6
建筑及装潢材料类	31.0
汽车类	4.4

六、对外经济

全年全省进出口总额 654.16 亿元，比上年增长 19.7%。其中，出口总额 487.11 亿元，增长 13.0%；进口总额 167.05 亿元，增长 44.6%。出口总额中，一般贸易 372.63 亿元，增长 0.2%；加工贸易 68.12 亿元，增长 67.4%。进口总额中，一般贸易 85.44 亿元，增长 45.7%；加工贸易 47.49 亿元，增长 37.9%。

表 2–8　　2021 年进出口总额及其增长速度

指标名称	绝对数（亿元）	比上年增长（%）
进出口总额	654.16	19.7
进口总额	167.05	44.6
出口总额	487.11	13.0

全年全省新设外商投资企业 144 个，实际使用外资额 2.38 亿美元。全年对外经济技术合作完成额 13.42 亿美元。其中，对外承包工程完成营业额 10.37 亿美元。

七、交通运输

年末全省公路通车里程 20.72 万千米，比上年末增长 0.2%。其中，高速公路通车里程 8010.46 千米，增长 3.0%。年末内河航道里程 3953.57 千米。

全年全省铁路、公路、水运货物运输总量 96989.32 万吨，比上年增长 12.2%；货物周转量 1435.90 亿吨千米，增长 13.5%。民航货邮吞吐量 11.70 万吨，比上年下降 0.9%。

表 2–9　　2021 年各种运输方式完成货物运输量及其增长速度

指标名称（单位）	绝对数	比上年增长（%）
货物运输总量（万吨）	96989.32	12.2
铁路	7275.59	25.4
公路	89153.73	12.3
水运	560.00	–54.5
货物周转量（亿吨千米）	1435.50	13.5
铁路	685.85	11.0

续表

指标名称（单位）	绝对数	比上年增长（%）
公路	726.31	19.1
水运	23.73	-36.8
民航货邮吞吐量（万吨）	11.70	-0.9

全年全省铁路、公路、水运旅客运输总量25854.93万人，比上年下降35.6%；旅客周转量410.16亿人千米，下降21.8%。民航旅客吞吐量2221.70万人次，比上年下降1.4%。

八、邮政通信

全年全省邮政行业业务总量87.81亿元，比上年增长23.1%。全年完成邮政函件业务2481.25万件，比上年下降34.9%；快递业务量3.98亿件，增长41.3%；快递业务收入66.68亿元，增长27.7%。

全年全省电信业务总量431.10亿元，比上年增长18.8%。年末移动电话用户4503.84万户，比上年末增长2.7%；互联网出省带宽2.80万Gbps，增长64.8%；光缆线路长度134.63万千米，增长9.4%；5G基站数量达到27053个。

九、财政和金融

全年全省财政总收入3416.53亿元，比上年增长10.9%。一般公共预算收入1969.51亿元，比上年增长10.2%。其中，税收收入1177.14亿元，增长8.4%。

表2–10　　2021年财政收入主要指标及其增长速度

指标名称	绝对数（亿元）	比上年增长（%）
财政总收入	3416.53	10.9
税收收入	1177.14	8.4
企业所得税	251.70	22.0
个人所得税	45.10	6.7
城市维护建设税	91.44	9.1
契税	98.3	4.3
非税收入	792.37	13.1

全年全省一般公共预算支出5590.15亿元，比上年下降2.6%。其中，文化旅游体育与传媒支出116.95亿元，增长60.7%；城乡社区支出258.72亿元，增长23.4%；教育支出1128.38亿元，增长5.1%；社会保障和就业支出692.67亿元，增长2.1%；卫生健康支出540.10亿元，下降4.5%。

表2–11　　2021年财政支出主要指标及其增长速度

指标名称	绝对数（亿元）	比上年增长（%）
一般公共预算支出	5590.15	–2.6
教育支出	1128.38	5.1
科学技术支出	87.48	–22.7
文化旅游体育及传媒支出	116.95	60.7
卫生健康支出	540.10	–4.5
节能环保支出	159.65	9.2
城乡社区支出	258.72	23.4
农林水支出	727.73	–29.0
交通运输支出	336.74	–1.4
住房保障支出	186.59	1.6

年末全省金融机构人民币各项存款余额30048.12亿元，同比增长6.3%。其中，住户存款14210.90亿元，增长11.3%。年末金融机构人民币各项贷款余额35829.38亿元，同比增长11.1%。其中，住户贷款11178.74亿元，增长10.5%。

年末全省共有境内上市公司33家，境内上市公司总市值3.06万亿元。全年证券、期货成交金额3.91万亿元，比上年增长67.2%。

全年全省保险公司原保险保费收入496.26亿元，比上年下降2.5%。其中，财产险保费收入214.66亿元，人身险保费收入281.60亿元。全年各项赔付支出206.95亿元，比上年增长6.6%。其中，财产险赔付支出140.37亿元，人身险赔付支出66.58亿元。

十、人民生活和社会保障

全年全省居民人均可支配收入23996元，比上年增长10.1%。按常住地分，城镇居民人均可支配收入39211元，增长8.6%；农村居民人均可支配收入 12856 元，增长 10.4%。

表 2–12　　2021 年城乡常住居民人均可支配收入及其增长速度

指标名称	绝对数（元）	比上年增长（%）
城镇常住居民人均可支配收入	39211	8.6
工资性收入	22490	9.9
经营净收入	6755	16.3
财产净收入	3405	4.7
转移净收入	6561	持平
农村常住居民人均可支配收入	12856	10.4
工资性收入	5331	10.5
经营净收入	3912	13.6
财产净收入	125	–33.9
转移净收入	3489	9.5

全年全省居民人均消费支出 17957 元，比上年增长 20.7%。按常住地分，城镇居民人均消费支出 25333 元，增长 23.1%；农村居民人均消费支出 12557 元，增长 16.1%。

年末全省每百户城镇居民家庭拥有家用汽车 52.90 辆，比上年末增长 16.9%；拥有空调 48.04 台，增长 24.8%。年末每百户农村居民家庭拥有家用汽车 23.55 辆，比上年末增长 2.7%；拥有摩托车 58.72 辆，增长 11.1%；拥有热水器 77.58 台，增长 16.2%。

年末全省城镇常住居民人均现住房面积 42.02 平方米，比上年末增加 1.62 平方米；农村常住居民人均现住房面积 49.83 平方米，增加 0.63 平方米。

表 2–13　　2021 年每百户居民家庭耐用品拥有量及其增长速度

指标名称	绝对数（元）	比上年末增长（%）
每百户城镇居民家庭耐用品拥有量		
热水器（台）	100.56	0.7
空调（台）	48.04	24.8
计算机（台）	51.92	–12.5
移动电话（部）	298.83	3.8
彩色电视机（台）	105.21	–2.5
电冰箱（台）	104.18	0.5

续表

指标名称	绝对数（元）	比上年末增长（%）
摩托车（辆）	22.34	-5.0
家用汽车（辆）	52.90	12.9
每百户农村居民家庭耐用品拥有量		
热水器（台）	98.46	0.3
移动电话（部）	312.83	3.9
彩色电视机（台）	98.38	-3.7
电冰箱（台）	98.96	4.8
摩托车（辆）	58.72	11.1

年末全省城乡居民基本养老保险参保人数1928.60万人，比上年末增长1.3%。城镇职工基本养老保险参保人数756.05万人，增长5.9%。失业保险参保人数320.92万人，增长7.7%。基本医疗保险参保人数4214.47万人。工伤保险参保人数529.93万人，增长14.3%。

年末全省城市居民最低生活保障人数60.77万人；月人均保障标准655元，比上年增长1.6%。年末农村居民最低生活保障人数188.38万人；年人均保障标准4569元，比上年增长5.8%。

年末全省共有各类提供住宿的社会服务机构1067个，其中养老机构969个，儿童福利和救助保护机构34个。年末社会服务床位17.37万张，其中养老机构床位16.29万张，儿童福利和救助保护机构床位4331张。

十一、旅游和文化

全年全省接待游客6.44亿人次，旅游总收入6642.16亿元。

年末全省5A级旅游景区8个，与上年末持平；4A级旅游景区134个，增加8个。年末全国重点文物保护单位81个，等级以上乡村旅游重点村（镇）323个，等级以上乡村旅游标准化单位7150个。年末客房数83.33万间，客房床位数139.88万张。

年末全省拥有艺术表演团体190个，艺术表演场馆31个，博物馆100个，公共图书馆99个，群众艺术馆、文化馆（站）1702个。年末电视综合人口覆盖率为97.76%，广播综合人口覆盖率为95.95%，分别比上年末提高0.25个和0.50个百分点。全年图书出版量1.12亿份，杂志出版量1412.30万份。

十二、教育和科技

年末全省拥有普通小学6709所，在校生396.32万人；初中学校2013所，在校生179.99万人；普通高中478所，在校生96.56万人；中等职业教育（学校）183所，在校生39.75万人；普通高等学校75所，在校生88.16万人；研究生培养单位10个，在学研究生3.17万人。九年义务教育巩固率95.5%，高中阶段毛入学率92.0%，高等教育毛入学率45.0%。

年末全省拥有国家级科技合作基地5个，院士工作站91个，国家重点实验室6个。全年签订技术合同5592项，比上年增长62.7%；合同成交金额289.27亿元，增长16.1%；省部级以上科技成果登记199项，增长0.5%；授权专利39267件，增长12.3%。

十三、卫生和体育

年末全省共有卫生机构29286个，其中医院、卫生院2826个；专业公共卫生机构325个，其中疾病预防控制中心100个。年末卫生机构床位297045张，其中医院、卫生院床位278982张。年末卫生技术人员30.74万人，其中执业（助理）医师10.39万人，注册护士14.15万人。

全年贵州运动员在国际、国内重大体育比赛中获奖120项。其中，获得国内最高水平赛事金牌29枚。全省安装全民健身器材1073套。

十四、生态建设和环境

年末全省共有自然保护区89个。其中，国家级自然保护区11个。年末自然保护区面积850.81千公顷。全年营造林面积241.02千公顷，年末全省森林覆盖率62.12%。

全年全省中心城市空气质量优良天数比率为98.4%。主要河流出境断面水质优良率100%。城市（县城）污水处理率、生活垃圾无害化处理率分别提高到97.0%和98.1%。万元地区生产总值能耗比上年下降1.9%。万元地区生产总值用水量比上年下降3.9%。综合治理水土流失面积322.87千公顷。

第二节　贵州省生态环境保护现状

2020年，是决胜全面建成小康社会和“十三五”规划的收官之年。在省委、省政府的坚强领导和生态环境部的关心指导下，全省以习近平新时代中国特色社会主义思想为指导，深入贯彻落实习近平生态文明思想和习近平总书记对贵州重要指示批示精神，全面落实党的十九大和十九届二中、三中、四中、五中全会精神，坚持贯彻落实党中央、国务院的各项决策部署，坚持以改善生态环境质量为核心，以污染防治攻坚战、中央生态环保督察反馈问题整改和“双十工程”治理为重点，实行“挂牌督战、挂图作战、挂账销号”三挂打法，推动污染防治攻坚战取得决定性成效。牢牢守好发展和生态两条底线，生态环境不断优化，生态文明建设走在全国前列，绿水青山已成为贵州的靓丽名片！

2020年，全省生态环境质虽总体良好稳定，主要污染物排放总谜进一步下降，“十三五”规划确定的生态环境各项约束性指标圆满完成。

全省水环境质批和环境空气质批总体保持优良，9个中心城市声环境质批总体较好。全省地表水水质总体为“优”，主要河流监测断面水质优良比例99.3%（达到川类及以上水质类别），同比上升1.3个百分点；主要湖（库）监测垂线中92.0%达到川类及以上水质类别；

15个出境断面全部达到圆类及以上水质类别；集中式饮用水水源地水质为“优”，9个中心城市23个集中式饮用水水源地水质达标率保持在100%，74个县城133个集中式饮用水水源地水质达标率100%。全省环境空气质批总体优良，9个中心城市AQI优良天数比例平均为99.2%，同比上升1.2个百分点；AQI优良天数比例最高为六盘水市和兴义市（均为100%）；9个中心城市环境空气质量均达到《环境空气质量标准》（GB 3095—2012）二级标准；88个县（市、区）AQI优良天数比例平均为99.4%，同比上升1.1个百分点；88个县（市、区）环境空气质量均达到二级标准。全省9个中心城市昼间区域平均等效声级为53.7dB（A）；9个中心城市昼间道路交通噪声平均等效声级为68.2dB（A）；9个中心城市功能区声环境昼间监测点次达标率平均为 97.3%，夜间监测点次达标率平均为 90.7%。全省环境电离辐射水平处千本底涨落范围，环境电磁辐射水平低于《电磁环境控制限值》（GB 8702—2014）规定的公众曝露控制限值。

一、水环境质量

（一）主要河流水质状况

2020 年，全省主要河流水质总体为“优”。纳入监测的 79 条河流 151 个监测断面中：Ⅰ～Ⅲ类水质断面（150 个，占 99.3%，同比上升 1.3 个百分点；Ⅳ类水质断面（1 个）占 0.7%，同比下降 0.6 个百分点；无Ⅴ类水质断面，同比下降 0.7 个百分点；无劣于Ⅴ类水质断面，同比持平。水质同比处于稳中向好的趋势。

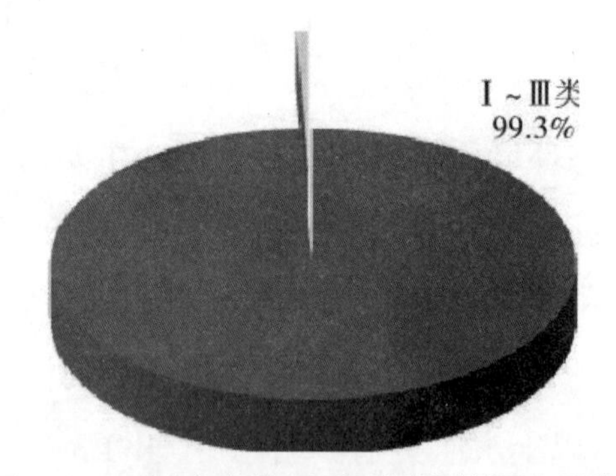

图 2-2　2020 年全省主要河流监测断面水质类别比例

资料来源：2020 年度贵州省生态环境状况公报

1. 长江流域

长江流域四大水系中：乌江水系、沅水水系、赤水河—禁江水系和牛栏江—横江水系水体水质综合评价均为“优”。

乌江水系 30 条河流共布设 57 个监测断面。其中，干流断面 7 个，一、二级支流断面分别为 37 个和 13 个。水体水质综合评价为“优”，Ⅰ～Ⅲ类水质断面占 98.2%。主要污染指标为总磷。

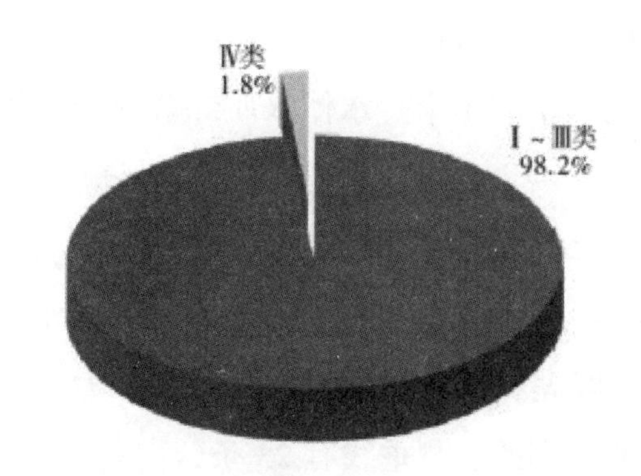

图 2-3　2020 年乌江水系监测段面水系类别比例

资料来源：2020 年度贵州省生态环境状况公报

沅水水系 13 条河流共布设 30 个监测断面。其中，干流断面 1 阳一、二级支流断面分别为 16 个和 4 个。水体水质综合评价为“优”，Ⅰ～Ⅲ类水质断面占 96.7%。主要污染指标为总磷。

赤水河－綦江水系在 8 条河流共布设 16 个监测断面。其中，干流断面 8 个，一级支流断面 8 个。水体水质综合评价为“优”，Ⅰ～Ⅲ类水质断面为 100%。

牛栏江－横江水系：在 2 条河流共布设 2 个监测断面，均为干流断面。水体水质综合评价为“优”，Ⅰ～Ⅲ类水质断面为 100%。

2. 珠江流域

珠江流域四大水系中：南盘江水系、北盘江水系、红水河水系和柳江水系水体水质综合评价均为优。

南盘江水系：在 4 条河流共布设 7 个监测断面。其中，干流断面 3 个，一级、二级支流断面分别为 3 个和 1 个。水体水质综合评价为“优”，Ⅰ～Ⅲ类水质断面为 100%。

北盘江水系：在 11 条河流共布设 19 个监测断面。其中，干流断面 7 个，一级、二级支流断面分别为 9 个和 3 个。水体水质综合评价为“优”，Ⅰ～Ⅲ类水质断面为 100%。主要污染指标为化学需氧量、氨氮利总磷。

红水河水系：在 7 条河流共布设 10 个监测断面。其中，干流断面 1 个，一级、二级支流断面分别为 5 个和 4 个。水体水质综合评价为优，Ⅰ～Ⅲ类水质断面为 100%。

柳江水系：在4条河流共布设10个监测断面。其中，干流断面5个，一级、二级支流断面分别为4个和1个。水体水质综合评价为优，Ⅰ～Ⅲ类水质断面为100%。

（二）主要湖（库）水质状况

2019年，全省纳入监测的红枫湖、百花湖、阿哈水库、乌江水库、梭筛水库、虹山水库、万峰湖和草海8个湖（库）共布设监测垂线25条。其中，达到Ⅲ类及以上水质类别的监测垂线有23条，占总监测垂线数的92.0%，同比上升4.0个百分点；2条垂线（草海杨关山垂线和中部垂线）为Ⅴ类水质占8.0%，同比上升4.0个百分点，主要污染指标为高锰酸盐指数、化学需氧量、五日生化需氧量；无Ⅴ类水质垂线，同比下降8.0个百分点。

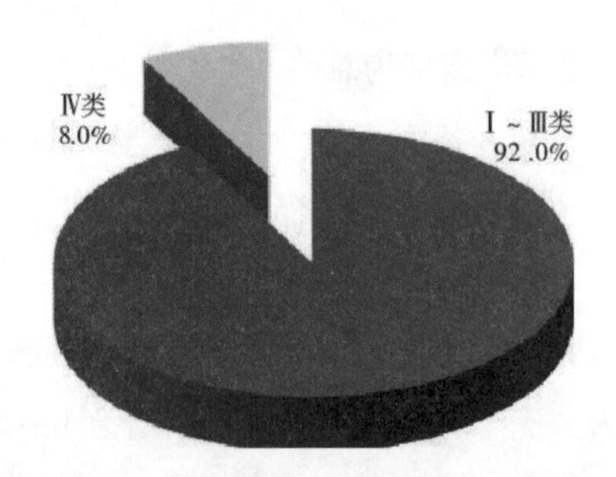

图2-4　2020年南盘江水系监测断面水质类别比例

资料来源：2020年度贵州省生态环境状况公报

（三）河流出入境断面水质状况

1. 出境断面

2020年，全省纳入监测的出境断面共15个，全部达到Ⅲ类及以上水质类别，同比持平。其中，流入四川省的鲢鱼溪断面、习水河长沙断面水质均为Ⅱ类；流入重庆市的洪渡河望水渡口断面、松坎河木竹河断面、羊蹬河坡度断面水质均为Ⅱ类，乌江沿河断面水质为Ⅲ类；流入湖南省的舞阳河抚溪江断面、洪渡河长脚断面水质均为Ⅰ类，清水江白市断面水质为Ⅱ类，松桃河木溪断面水质为Ⅲ类；流入广西壮族自治区的濠江边外河断面、红水河庶香红断面、都柳江从江大桥断面、樟江回龙角断面水质均为Ⅱ类。

2. 入境断面

全省纳入监测的入境断面共有2个，均达到II类水质类别，同比持平。监测断面分别为：云南省流入黔西南州的南盘江三江口断面和云南省流入毕节市的赤水河清水铺断面。

（四）饮用水水源地水质状况

1. 中心城市集中式饮用水水源地水质状况

2020年，贵阳市、遵义市、六盘水市、安顺市、毕节市、铜仁市、凯里市、都匀市和兴义市9个中心城市共23个集中式饮用水水源地水质达标率均为100%。

2. 县城集中式饮用水水源地水质状况

2020年，74个县城共133个县级集中式饮用水水源地水质达标率均为100%，同比上升0.2个百分点。

二、空气环境质量

（一）中心城市环境空气质量

2019年，全省9个中心城市环境空气质量均达到《环境空气质量标准》（GB 3095—2012）二级标准。

9个中心城市AQI优良天数比例平均为99.2%。其中：贵阳市98.9%，同比上升0.8个百分点；遵义市99.2%，同比上升1.1个百分点；六盘水市100%，同比持平；安顺市99.5%，同比下降0.2个百分点；毕节市98.6%，同比上升1.6个百分点；铜仁市98.9%，同比上升5.7个百分点；凯里市98.9%，同比上升1.1个百分点；都匀市98.9%，同比下降0.3个百分点；兴义市100%，同比上升1.1个百分点。

表2-14　2019年全省9个中心城市环境空气指标年均值统计

单位：ug/m³（一氧化碳为mg/m³）

城市名称	二氧化硫	二氧化氮	可吸入颗粒物	细颗粒物	一氧化碳百分位	臭氧百分位	实达类别	超标污染物
贵阳市	10	18	41	23	0.9	113	二级	
遵义市	11	19	30	18	0.8	118	二级	
六盘水市	9	15	34	22	1.1	102	二级	

续表

城市名称	二氧化硫	二氧化氮	可吸入颗粒物	细颗粒物	一氧化碳百分位	臭氧百分位	实达类别	超标污染物
安顺市	13	11	29	23	1.0	120	二级	
毕节市	8	16	35	24	0.8	124	二级	
铜仁市	4	16	41	25	1.0	94	二级	
凯里市	18	19	33	24	1.0	102	二级	
都匀市	7	9	27	17	0.9	102	二级	
兴义市	6	14	29	19	0.8	114	二级	
9 城市平均	10	15	33	22	0.9	110	二级	

注：一氧化碳指标浓度为一氧化碳日均值第 95 百分位数，臭氧指标浓度为臭氧日最 8 小时第 90 百分位数

（二）县城环境空气质量

2020 年，全省 88 个县（市、区）环境空气质量均达到《环境空气质量标准》（GB 3095—2012）二级标准。

全省 88 个县（市、区）AQI 优良天数比例平均为 99.4%，同比上升 1.1 个百分点。其中，贵阳市 10 个县（市、区）平均为 98.9%，同比上升 0.8 个百分点；遵义市 14 个县（市、区）平均为 98.7%，同比上升 1.3 个百分点；六盘水市 4 个县（市、区）平均为 99.9%，同比上升 0.6 个百分点；安顺市 6 个县（市、区）平均为 99.6%，同比上升 0.1 个百分点；毕节市 8 个县（市、区）平均为 99.6%，同比上升 0.9 个百分点；铜仁市 10 个县（市、区）平均为 98.9%，同比上升 3.0 个百分点；黔东南州 16 个县（市、区）平均为 99.7%，同比上升 0.9 个百分点；黔南州 12 个县（市、区）平均为 99.7%，同比上升 0.6 个百分点；黔西南州 8 个县（市、区）平均为 99.9%，同比上升 0.5 个百分点。

（三）城市酸雨

2020 年，全省 9 个中心城市降水 pH 年均值范围为 6.52~7.29，酸雨率为 0，同比持平。

2020 年，仁怀市、福泉市、清镇市、赤水市和盘州市 5 个县级城市开展酸雨监测工作，城市降水 pH 年均值范围为 6.72~7.36，酸雨率为 0。其中：仁怀市酸雨率同比下降 2.2 个百分点；赤水市酸雨率同比持平；福泉市、清

镇市和盘州市 2020 年首次开展酸雨监测工作，酸雨率均为 0。

三、生态环境质量

2020 年，全省省域生态质量为“良”，生态质量保持稳定。

全省 88 个县域生态质量为“优”的有 3 个，分别为赤水市、榕江县和剑河县，占全省面积的 4.16%；生态质量为“良”的有 81 个，占全省面积的 93.46%；生态质量为“一般”的有 4 个，占全省面积的 2.38%。

四、声环境质量

（一）城市区域声环境

1. 城市区域声环境

2020 年，全省 9 个中心城市平均等效声级范围为 51.8~56.6dB（A）。无城市区域声环境质量“好”的城市，与 2019 年持平；“较好”的城市有遵义市、六盘水市、安顺市、毕节市、铜仁市、都匀市和兴义市，比 2019 年减少 1 个城市；“一般”的城市有贵阳市和凯里市，比 2019 年增加 1 个城市；无城市区域声环境质量“较差”或“差”的城市。

2. 道路交通声环境

2020 年，全省 9 个中心城市道路交通噪声平均等效声级范围为 61.5~69.7dB（A）。其中：城市道路交通声环境质批为“好”的城市有安顺市、毕节市、铜仁市、凯里市、都匀市和兴义市，比 2019 年增加 1 个城市；“较好”的城市有贵阳市、遵义市和六盘水市，比 2019 年减少 1 个城市；无“一般”“较差”“差”的城市。

3. 功能区声环境

2020 年，全省 9 个中心城市功能区声环境昼间监测达标率平均为 97.3%，同比下降 1.0 个百分点；夜间监测点次达标率平均为 90.7%，同比上升 10.5 个百分点。其中：1 类区昼间超标的城市有六盘水市、毕节市和都匀市；1 类区夜间超标的城市有贵阳市、毕节市、铜仁市和都匀市；2 类区昼间超标的城市有贵阳市和都匀市；2 类区夜间超标的城市有贵阳市、毕节市、铜仁市、都匀市和兴义市；无 3 类区昼间超标的城市；3 类区夜间超标的城市有都匀市和兴义市；4a类区昼间超标的城市有六盘水市；4a类区夜间超标的城市有贵阳市、六盘水市、毕节市、都匀市和兴义市。

五、辐射环境

（一）电离辐射环境

1. 环境空气

（1）贵州省γ辐射空气吸收剂量率测值范围在81.5~101nGy/h之间，平均值为92.7nGy/h；γ辐射空气吸收剂显率处于天然本底涨落范围之内。

（2）室外空气中氡浓度测值范围在18.2~30.5Bq/m^{3}之间，平均值为24.0Bq/m飞室外空气中氡浓度处于天然本底涨落范围之内。

（3）气溶胶和沉降物中天然放射性核素活度浓度处于本底水平；人工放射性核素活度浓度未见异常。

（4）空气（水蒸气）中氚、降水中氚活度浓度及空气中气态放射性碟同位素均未见异常。

2. 水体

（1）地表水：省内两大流域中的八大水系26个监测断面地表水中总α、总β活度浓度、天然放射性核素铀和钍的浓度、镭-226和钾-40活度浓度处于本底水平，人工放射性核素锶-90和铯-137活度浓度未见异常。

（2）饮用水：集中式饮用水水源地水中总α、总β活度浓度低于《生活饮用水卫生标准》（GB 5749—2006）规定的放射性指标指导值。

（3）地下水：地下水监测点水中总α、总β活度浓度达到《地下水质量标准》（GB/T 14848—2017）中I类水质放射性指标指导值要求。

（二）电磁辐射环境

贵州省各市（州）及贵安新区主要城市监测点射频电场强度、工频电场强度和工频磁场强度分别低于《电磁环境控制限值》（GB 8702—2014）中规定的公众曝露控制限值12V/m（频率范围为30~3000MHz）、4000V/m和100μ，T（频率范围为50~100Hz）。

六、突发环境事件

2020年，贵州省共发生突发环境事件11起。1起重大事件，10起一般事件。按行政区域划分，贵阳市5起，黔南州2起，铜仁市2起，遵义市1起，毕节市1起。按事件起因划分，安全生产4起，自然灾害3起，交通事故3起，违法排污1起。

重大突发环境事件为中石化西南成品油管道桐梓县境内“7·14”柴油泄漏事件。因连日暴雨，2020年7月14日桐梓县岩上组发生山体滑坡，导致中石油西南成品油管道桐梓段断裂，发生柴油泄漏，经各方及时采取应急处置措施，泄漏的油污得到有效清除，少量柴油沿捷阵溪沟进入松坎河流入下游重庆市綦江区，经妥善处置，达到了生态环境部明确的应急目标要求。

第三节　贵州省绿色发展整体水平测评

生态环境已经成为经济发展的内生变量，绿色发展已经成为我国解决新时代社会主要矛盾，实现高质量发展的重要途径。贵州省生态环境治理和保护，践行绿色发展理念走在全国的前列。

一、中国绿色 GDP 绩效评估报告

2017年，由华中科技大学国家治理研究院院长欧阳康领衔的“绿色 GDP 绩效评估课题组”与中国社会科学出版社、《中国社会科学》杂志社11日联合发布了《中国绿色 GDP 绩效评估报告（2017年全国卷）》（简称报告）。报告指出，部分省市自治区的绿色发展绩效指数、绿色 GDP、人均绿色 GDP 三项指标，均开始超越该省市自治区的 GDP、人均 GDP 传统评价指标，相比2014年，2015年31个省市自治区绿色 GDP 增幅超越 GDP 增幅的平均值为2.62%，人均绿色 GDP 增幅超越 GDP 增幅的平均值为2.31%，这意味着绝大部分省份已开始从根本上转变经济发展方式。

中国省际绿色发展指数（2017/2018）指标体系由经济增长绿化度、资源环境承载潜力和政府政策支持度3个一级指标、9个二级指标以及62个三级

指标构成，具体指标如表 2-15 所示：

中国 30 个省（区、市）2017 和 2018 绿色发展指数及排名分别如表 2-16、表 2-17 所示：

表 2-15 中国省际绿色发展指数指标体系

一级指标	二级指标	三级指标	
经济增长绿化度		1. 人均地区生产总值 2. 单位地区生产总值能耗 3. 非化石能源消费量占能源消费的 4. 单位地区生产总值二氧化碳排量 5. 单位地区生产总值二氧化硫排量	6. 单位地区生产总值化学需氧量排放量 7. 单位地区生产总值氮氧化物排放量 8. 单位地区生产总值氨氮排放量绿色增长 9. 技术市场成交额占 GDP 的比重效率指标比重 10. 人均城镇生活消费用电
	第一产业指标	11. 第一产业劳动生产率 12. 土地产出率	13. 节灌率 14. 有效灌溉面积占耕地面积比重
	第二产业指标	15. 第二产业劳动生产率 16. 单位工业增加值水耗 17. 规模以上工业增加值能耗	18. 工业固体废物综合利用率 19. 工业用水重复利用率 20. 六大高载能行业产值占工业总产值比重
	第三产业指标	21. 第三产业劳动生产率 22. 第三产业增加值比重	23. 第三产业从业人员比重
资源环境承载潜力	资源丰裕与生态保护指标	24. 人均水资源量 25. 人均森林面积 26. 森林覆盖率	27. 自然保护区面积占辖区面积比重 28. 湿地面积占国土面积比重 29. 人均活立木总蓄积量
	环境压力与气候变化指标	30. 单位土地面积二氧化碳排放量 31. 人均二氧化碳排放量 32. 单位土地面积二氧化硫排放量 33. 人均二氧化硫排放量 34. 单位土地面积化学需氧量排放量 35. 人均化学需氧量排放量 36. 单位土地面积氮氧化物排放量	37. 人均氮氧化物排放量 38. 单位土地面积氨氮排放量 39. 人均氨氮排放量 40. 单位耕地面积化肥施用量 41. 单位耕地面积农药使用量 42. 人均公路交通氮氧化物排放量
政府政策支持度	绿色投资指标	43. 环境保护支出占财政支出比重 44. 环境污染治理投资占地区生产总值比重	45. 农村人均改厕的政府投资 46. 单位耕地面积退耕还林投资完成额 47. 科教文卫支出占财政支出比重
	基础设施指标	48. 城市人均绿地面积 49. 城市用水普及率 50. 城市污水处理率 51. 城市生活垃圾无害化处理率 52. 城市每万人拥有公交车辆	53. 人均城市公共交通运营线路网长度 54. 农村累计已改水受益人口占农村人口比重 55. 人均互联网宽带接入端口 56. 建成区绿化覆盖率
	环境治理指标	57. 人均当年新增造林面积 58. 工业二氧化硫去除率 59. 工业废水化学需氧量去除率	60. 工业氮氧化物去除率 61. 工业废水氨氮去除率 62. 突发环境事件次数

表 2-16　　2017 中国 30 个省（区、市）绿色发展指数及排名

地区	绿色发展指数		一级指标					
			经济增长绿化度		资源环境承载潜力		政府政策支持度	
	指数值	排名	指数值	排名	指数值	排名	指数值	排名
北京	0.541	1	0.204	1	0.133	8	0.204	1
上海	0.444	2	0.166	2	0.103	19	0.176	5
内蒙古	0.423	3	0.089	9	0.158	2	0.176	6
浙江	0.414	4	0.116	5	0.113	15	0.185	2
江苏	0.396	5	0.130	4	0.086	25	0.180	4
福建	0.393	6	0.107	6	0.125	11	0.161	9
海南	0.378	7	0.083	13	0.138	6	0.157	13
广东	0.375	8	0.104	7	0.106	17	0.165	8
天津	0.375	9	0.154	3	0.085	26	0.136	20
山东	0.366	10	0.102	8	0.079	29	0.184	3
广西	0.353	11	0.063	27	0.140	5	0.149	14
云南	0.350	12	0.075	19	0.145	3	0.130	21
黑龙江	0.348	13	0.064	26	0.161	1	0.123	27
安徽	0.377	14	0.077	17	0.099	21	0.161	10
河北	0.355	15	0.079	16	0.084	27	0.172	7
陕西	0.334	16	0.088	10	0.118	13	0.128	23
重庆	0.333	17	0.082	14	0.103	18	0.148	16
贵州	0.332	18	0.068	23	0.137	7	0.127	24
辽宁	0.327	19	0.086	11	0.093	22	0.147	17
湖北	0.325	20	0.085	12	0.102	20	0.138	19
四川	0.322	21	0.068	25	0.131	10	0.123	26
吉林	0.320	22	0.082	15	0.119	12	0.119	28
江西	0.318	23	0.062	28	0.116	14	0.141	18
湖南	0.317	24	0.077	18	0.113	16	0.127	25
宁夏	0.315	25	0.068	24	0.089	24	0.158	12
山西	0.308	26	0.071	22	0.089	23	0.148	15
新疆	0.302	27	0.071	21	0.073	30	0.159	11
青海	0.286	28	0.054	29	0.142	4	0.090	30
河南	0.284	29	0.074	20	0.081	28	0.129	22
甘肃	0.281	30	0.045	30	0.131	9	0.106	29

表 2-17　　2018 中国 30 个省（区、市）绿色发展指数及排名

地区	绿色发展指数		一级指标					
			经济增长绿化度		资源环境承载潜力		政府政策支持度	
	指数值	排名	指数值	排名	指数值	排名	指数值	排名
北京	0.570	1	0.219	1	0.143	4	0.209	1
上海	0.423	2	0.151	3	0.099	20	0.174	5
内蒙古	0.420	3	0.085	11	0.165	1	0.170	8
浙江	0.402	4	0.113	5	0.109	16	0.180	3
福建	0.389	5	0.105	6	0.127	11	0.158	10
江苏	0.379	6	0.124	4	0.078	27	0.177	4
广东	0.377	7	0.103	8	0.105	17	0.170	7
山东	0.376	8	0.103	7	0.077	28	0.197	2
天津	0.373	9	0.155	2	0.088	25	0.130	22
海南	0.363	10	0.086	10	0.129	8	0.149	12
广西	0.343	11	0.063	21	0.138	5	0.142	16
陕西	0.339	12	0.096	9	0.123	12	0.120	25
安徽	0.335	13	0.076	18	0.096	22	0.163	9
黑龙江	0.332	14	0.062	22	0.156	2	0.115	27
河北	0.328	15	0.082	14	0.077	29	0.170	6
重庆	0.326	16	0.079	15	0.101	19	0.146	14
吉林	0.322	17	0.084	12	0.128	10	0.111	28
湖北	0.321	18	0.083	13	0.104	18	0.133	18
云南	0.317	19	0.057	25	0.128	9	0.132	20
四川	0.315	20	0.066	20	0.130	7	0.119	26
湖南	0.313	21	0.078	16	0.114	15	0.121	24
江西	0.312	22	0.057	27	0.114	14	0.141	17
贵州	0.306	23	0.060	23	0.119	13	0.126	23
辽宁	0.301	24	0.072	19	0.097	21	0.132	19
宁夏	0.298	25	0.057	26	0.089	23	0.153	11
河南	0.296	26	0.077	17	0.088	24	0.131	21
青海	0.293	27	0.047	29	0.147	3	0.098	30
甘肃	0.282	28	0.044	30	0.132	6	0.105	29
山西	0.281	29	0.055	28	0.082	26	0.144	15
新疆	0.279	30	0.060	24	0.072	30	0.147	13

从2017中国省际绿色发展指数排名比较来看，在参与测算的30个省（区、市）中，有11个省（区、市）绿色发展水平高于全国平均水平，按指数值高低排序依次是：北京、上海、内蒙古、浙江、江苏、福建、海南、广东、天津、山东和广西；其他19个省（区、市）的绿色发展水平低于全国平均水平（见图2-5）。与前期报告对比，排在前10位的省（区、市）排名总体位于前列，只是个别地区排名位次有所变动。2017排名全国前10位的省（区、市），在上一年排名中有9个省（区、市）排名仍在前10位，只有黑龙江排名位次稍有变动，位列第13位：而2017排名全国后10位的省（区、市），则有6个同样出现在上一年排名后10位之中，只有安徽、河北、贵州和四川稍有变动，而青海、新疆、吉林和四川则在该年取代上述4个省（区、市），排名落入全国后10位。

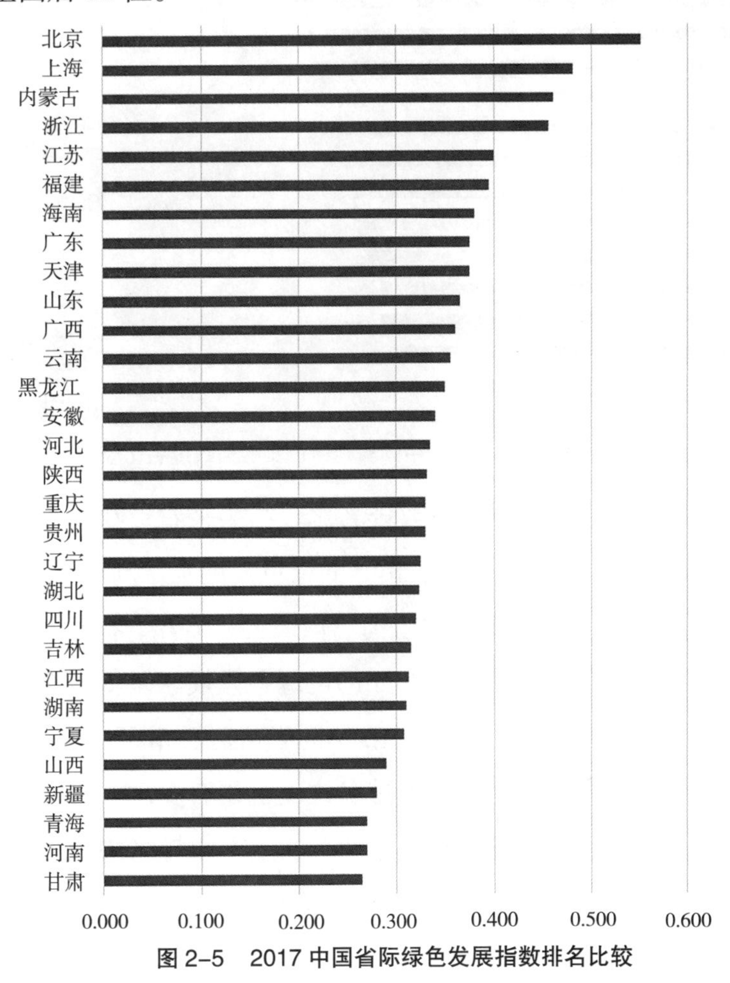

图2-5　2017中国省际绿色发展指数排名比较

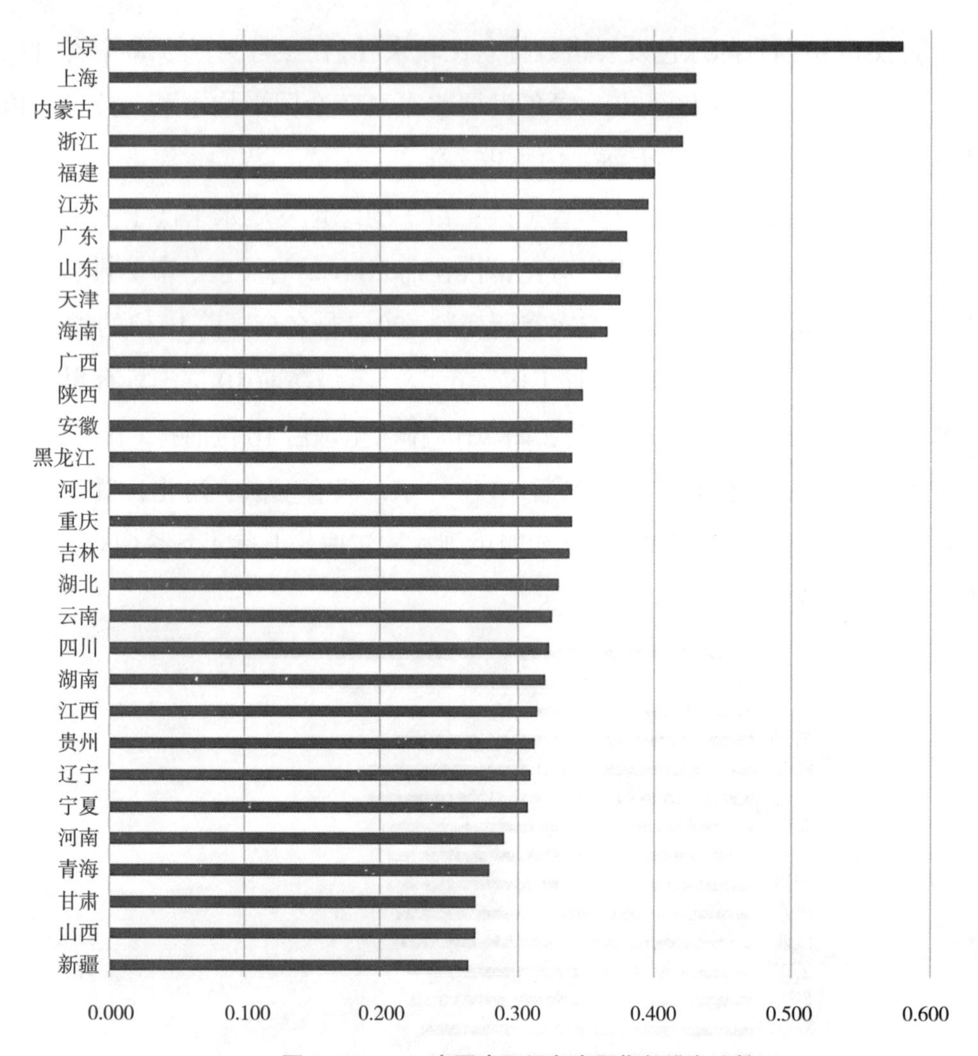

图 2-6 2018 中国省际绿色发展指数排名比较

从 2018 中国省际绿色发展指数排名比较结果来看，在参与测算的 30 个省（区、市）中，有 10 个省（区、市）的绿色发展水平高于全国平均水平，按指数值高低排序依次是：北京、上海、内蒙古、浙江、福建、江苏、广东、山东、天津和海南；其他 20 个省（区、市）的绿色发展水平低于全国平均水平。与前期报告对比，2018 排名全国前 10 位的省（区、市），在上一年排名中同样全部居于前 10 位，只是在个别排名位次上稍有变动；而 2018 排名全国后 10 位的省（区、市），同样有多达 8 个在上一年排名中位列后 10 位，仅吉林和四川稍有好转，而辽宁和贵州则在该年取代上述两个省（区、市），排名双双落入全国后 10 位。

二、中国区域绿色发展指数报告

由关成华、韩晶著的《2017/2018 中国绿色发展指数报告——区域比较》一书，作者以 2015 年和 2016 年中国省际绿色发展指数为参考，对 2017 年和 2018 年各省绿色发展指数进行测算。

按照评价体系表，基于 2011—2015 年统计数据对贵州省绿色发展水平进行了测评，结果如表 2-18 所示。

表 2-18　　贵州绿色发展“体检”表

序号	指标名称	单位	指标属性	指标属性	2016 年测评均值	2016 年贵州数值	2015 年贵州数值	2016 年贵州排名	2015 年贵州排名	排名变化	2016 年数据来源
1	人均地区生产总值	元 / 人	正	正	57485.453	40003.100	36775.698	24	23	-1	中国统计
2	单位地区生产总值能耗	吨标准煤 / 万元	逆	逆	0.740	0.618	0.662	18	19	1	中国统计
3	非化石能源消费量占能源消费量的比重	煤 / 万元	正	正	NA	NA	NA	NA	NA		
4	单位地区生产总值二氧化碳排放量		逆	逆	NA	NA	NA	NA	NA		
5	单位地区生产总值二氧化硫排放量		逆	逆	0.002	0.001	0.002	15	12	-3	中国统计
6	单位地区生产总值化学需氧量排放量	吨 / 万元	逆	逆	0.002	0.002	0.004	22	16	-6	中国统计
7	单位地区生产总值氮氧化物排放量	吨 / 万元	逆	逆	0.002	0.001	0.002	11	10	-1	中国统计
8	单位地区生产总值氨氮排放量	吨 / 万元	逆	逆	2.104	2.432	4.372	18	21	3	中国统计

续表

序号	指标名称	单位	指标属性	指标属性	2016年测评均值	2016年贵州数值	2015年贵州数值	2016年贵州排名	2015年贵州排名	排名变化	2016年数据来源
9	技术市场成交额占GDP的比重	吨 / 万元	正	正	0.015	0.009	0.020	10	24	14	中国统计
10	人均城镇生活消费用电	%	逆	逆	402.867	251.212	184.292	14	10	–4	城市
11	第一产业劳动生产率	千瓦时 / 人	正	正	2.554	2.125	1.946	21	21	0	省（市、区）统计年鉴；统计公报等
12	土地产出率	万元 / 人	正	正	0.416	0.381	0.658	14	14	0	中国统计
13	节灌率	亿元 / 千公顷	正	正	0.545	0.583	0.573	17	16	–1	中国统计；环境年鉴
14	有效灌溉面积占耕地面积比重	%	正	正	53.480	41.789	40.632	16	16	0	中国统计；环境年鉴
15	第二产业劳动生产率	%	正	正	16.202	10.378	10.329	25	24	–1	省（市、区）统计年鉴；统计公报等
16	单位工业增加值水耗	万元 / 人	逆	逆	0.005	0.005	0.005	17	17	0	中国统计
17	规模以上单位工业增加值能耗	米 ^{3}/ 元	逆	逆	NA	NA	NA	NA	NA		
18	工业固体废物综合利用率		正	正	58.314	30.048	36.565	28	28	0	中国统计
19	工业用水重复利用率	%	正	正	88.956	87.211	87.211	21	21	0	环境年鉴
20	六大高载能行业产值占工业总产值比重	%	逆	逆	36.669	27.914	28.126	10	9	–1	工业经济

续表

序号	指标名称	单位	指标属性	指标属性	2016 年测评均值	2016 年贵州数值	2015 年贵州数值	2016 年贵州排名	2015 年贵州排名	排名变化	2016 年数据来源
21	第三产业劳动生产率	%	正	正	11.692	9.106	7.873	21	24	3	省（市、区）统计年鉴；统计公报等
22	第三产业增加值比重	万元 / 人	正	正	48.684	47.234	43.682	13	19	6	中国统计
23	第三产业就业人员比重	%	正	正	41.335	35.599	34.801	23	24	1	省（市、区）统计年鉴；统计公报等
24	人均水资源量	%	正	正	2349.437	2843.300	2717.200	10	9	−1	中国统计
25	人均森林面积	米 ^{3}/ 人	正	正	0.199	0.206	0.208	11	11	0	中国统计
26	森林覆盖率	公顷 / 人	正	正	33.061	32.220	35.220	17	17	0	中国统计
27	自然保护区面积占辖区面积比重	%	正	正	8.763	17.100	17.114	3	6	3	中国统计；环境年鉴
28	湿地面积占国土面积的比重	%	正	正	9.228	3.610	3.610	22	22	0	中国统计
29	人均活立木总蓄积量	%	正	正	11.719	21.493	21.645	5	5	0	中国统计
30	单位土地面积二氧化碳排放量	米 ^{3}/ 人	逆	逆	NA	NA	NA	NA	NA		
31	人均二氧化碳排放量		逆	逆	NA	NA	NA	NA	NA		
32	单位土地面积二氧化硫排放量	吨 / 千米 ^{2}	逆	逆	3.837	2.528	3.715	16	16	−3	中国统计
33	人均二氧化硫排放量	吨 / 人	逆	逆	0.010	0.006	0.009	13	6	−7	中国统计

续表

序号	指标名称	单位	指标属性	指标属性	2016 年测评均值	2016 年贵州数值	2015 年贵州数值	2016 年贵州排名	2015 年贵州排名	排名变化	2016 年数据来源
34	单位土地面积化学需氧量排放量	吨 / 千米 ^{2}	逆	逆	4.152	3.504	6.142	21	16	−5	中国统计
35	人均化学需氧量排放量	吨 / 人	逆	逆	0.003	0.002	0.003	18	18	−3	中国统计
36	单位土地面积氮氧化物排放量	吨 / 千米 ^{2}	逆	逆	5.474	2.335	2.723	10	7	−3	中国统计
37	人均氮氧化物排放量	吨 / 人	逆	逆	0.005	0.001	0.001	14	14	0	中国统计
38	单位土地面积氨氮排放量	吨 / 千米 ^{2}	逆	逆	0.642	0.415	0.680	18	16	−2	中国统计
39	人均氨氮排放量	吨 / 人	逆	逆	0.001	0.001	0.002	14	13	−1	中国统计
40	单位耕地面积化肥施用量	万吨 / 千公顷	逆	逆	0.048	0.037	0.037	10	10	0	中国统计
41	单位耕地面积农药使用量	吨 / 千公顷	逆	逆	15.779	8.620	8.752	12	11	−1	中国统计；环境年鉴
42	人均公路交通氮氧化物排放量	吨 / 万人	逆	逆	49.949	24.893	25.079	1	1	0	中国统计
43	环境保护支出占财政支出比重	%	正	正	2.859	2.077	0.023	23	27	2	中国统计
44	环境污染治理投资总额占地区生产总值比重	%	正	正	1.423	0.880	0.720	21	28	7	环境年鉴
45	农村人均改厕的政府投资	元 / 人	正	正	24.661	28.741	24.717	9	7	−2	中国统计；环境年鉴
46	单位耕地面积退耕还林投资完成额	万元 / 千公顷	正	正	68.032	39.818	33.574	9	11	2	环境年鉴

续表

序号	指标名称	单位	指标属性	指标属性	2016年测评均值	2016年贵州数值	2015年贵州数值	2016年贵州排名	2015年贵州排名	排名变化	2016年数据来源
47	科教文卫支出占财政支出比重	%	正	正	28.123	28.973	29.008	16	15	–1	环境年鉴
48	城市人均绿地面积	公顷 / 人	正	正	0.003	0.003	0.002	21	22	1	环境年鉴
49	城市用水普及率	%	正	正	97.847	93.100	93.100	30	29	–1	中国统计
50	城市污水处理率	%	正	正	92.033	89.700	88.500	26	24	–2	环境年鉴
51	城市生活垃圾无害化处理率	%	正	正	95.460	98.600	96.800	13	14	1	中国统计
52	城市每万人拥有公交车辆	标台	正	正	6.766	5.800	5.622	19	19	0	中国统计
53	人均城市公共交通运营线路网长度	千米 / 人	正	正	0.001	0.000	0.000	22	23	1	中国统计
54	农村累计已改水受益人口占农村总人口比重	%	正	正	96.117	95.414	95.414	19	19	0	环境年鉴
55	人均互联网宽带接入端口	个 / 人	正	正	0.237	0.371	0.312	7	6	–1	中国统计
56	建成区绿化覆盖率	%	正	正	39.390	39.900	38.700	16	16	0	中国统计
57	人均当年新增造林面积	公顷 / 万人	正	正	68.366	69.055	50.042	13	15	2	中国统计
58	工业二氧化硫去除率	%	正	正	71.764	62.218	62.218	27	27	0	环境年鉴
59	工业废水化学需氧量去除率	%	正	正	80.808	85.094	85.0945	13	13	0	环境年鉴
60	工业氮氧化物去除率	%	正	正	36.601	19.965	19.965	29	29	0	环境年鉴

续表

序号	指标名称	单位	指标属性	指标属性	2016年测评均值	2016年贵州数值	2015年贵州数值	2016年贵州排名	2015年贵州排名	排名变化	2016年数据来源
61	工业废水氨氮去除率	%	正	正	76.455	89.889	89.889	5	5	0	环境年鉴
62	突发环境事件次数	次	逆	逆	10	20	14	27	23	–4	中国统计

年鉴说明：中国统计—《中国统计年鉴2017》；城市—《中国城市统计年鉴2017》；环境年鉴—《中国环境统计年鉴2017》；工业经济—《中国工业经济统计年鉴2017》。

2011—2015年，贵州省绿色发展总水平指数呈现稳步上升态势，从2011年的46.17增至2015年的51.70，增幅为5.53，年均增长2.86%，其中，2011—2014年增长速度较快，2014—2015年增速放缓，2011—2015年绝对值均低于西部区域绿色发展总指数。从一级指标来看，绿色增长度和绿色承载力指数是总指数增长的主要因素，2015年相比2011年分别增加了7.04和4.93，绿色保障力也提升了3.01。与其他省（市）的比较来看，2015年贵州绿色发展总指数在11个省（市）中排名第7位，在西部区域中位居第3位，高于云南、湖南、安徽和江西，除2015年被湖北反超外，其他年份指数值均高于中部区域省份。

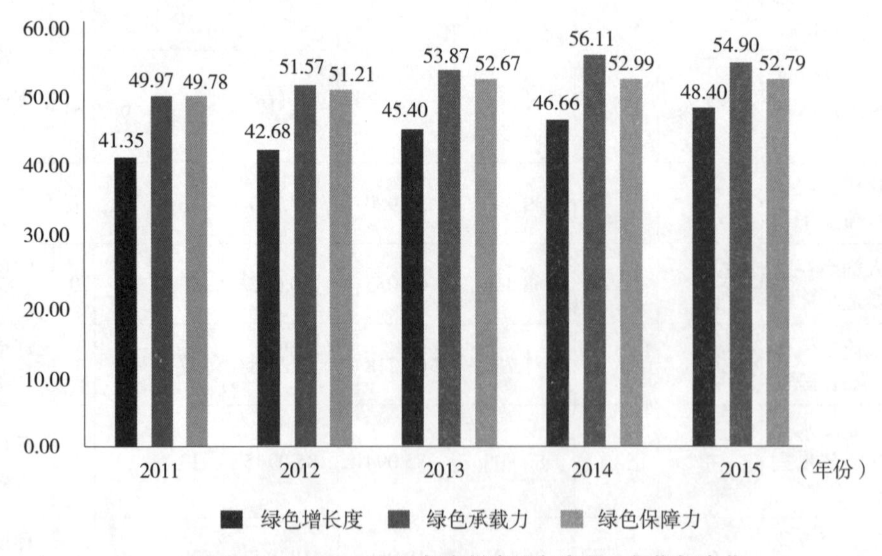

图2-7 2011—2015年贵州省绿色发展一级指标变化

从西部区域四省（市）比较来看，2015 年，贵州绿色增长度指数位居第 2，分别比四川和云南高 5.47 和 5.94，绿色承载力指数略高于云南位居第 3，绿色保障力指数位居第 4 且差距较为明显。从 3 项指标之间的比较来看，绿色承载力指数表现最好，绿色保障力指数次之，绿色增长度指数排名第 3，提升空间较大；2011—2015 年，绿色承载力与绿色保障力指数之间的差距总体呈扩大趋势，从 2011 年的 0.19 扩大至 2015 年的 2.11，与绿色增长度指数差距总体呈缩小趋势，从 2011 年的 8.62 缩小至 2015 年的 6.51。从二级指标来看，绿色增长度指数的逐年增长主要归因于结构优化、创新驱动和开放协调指数的逐年递增，其中结构优化指数的增长幅度最大；绿色承载力指数的上涨主要归因于水资源利用指数的高位增长以及水生态治理指数的逐年上涨，但 2014—2015 年水资源利用指数从 74.77 降至 69.43，导致绿色承载力指数出现一定幅度下滑；绿色保障力指数的上涨主要归因于绿色生活指数的高位增长以及绿色投入指数的逐年上涨。

表 2-19 2011—2015 年贵州省绿色发展二级指标变化

二级指标	2011 年	2012 年	2013 年	2014 年	2015 年
结构优化	43.98	46.41	50.44	52.58	55.48
创新驱动	38.38	39.13	40.73	41.13	42.28
开放协调	43.77	43.59	46.16	47.66	47.74
水资源利用	65.14	67.22	70.92	74.77	69.43
水生态治理	42.07	43.42	44.99	46.38	47.34
绿色投入	41.56	42.55	44.29	43.96	43.73
绿色生活	62.65	64.73	65.81	67.14	67.00

2011—2015 年，贵州省绿色发展二级指标总体呈增长态势，其中，结构优化、创新驱动和水生态治理指数呈逐年上升态势，开放协调、水资源利用、绿色投入和绿色生活指数呈波动上升态势，2015 年水资源利用指数相比上年有较为明显下滑。2011—2015 年，贵州省结构优化指数从 43.98 增至 55.48，年均增长 5.98%，在 7 项指标中增长最快；创新驱动指数从 38.38 增至 42.28，年均增长 2.45%；开放协调指数从 43.77 增至 47.74，年均增长 2.2%；水资源利用指数从 65.14 增至 69.43，年均增长 1.61%；水生态治理指数从

42.07 增至 47.34，年均增长 2.99%；绿色投入指数和绿色生活指数年均分别增长 1.28% 和 1.69%。从指标的比较看，水资源利用和绿色生活指数表现最好，其他指标中，结构优化和开放协调指数表现也较好，2011—2015 年，水资源利用指数均在 65 以上，2014 年高达 74.77，绿色生活指数均高于 60，2015 年高达 67.00。

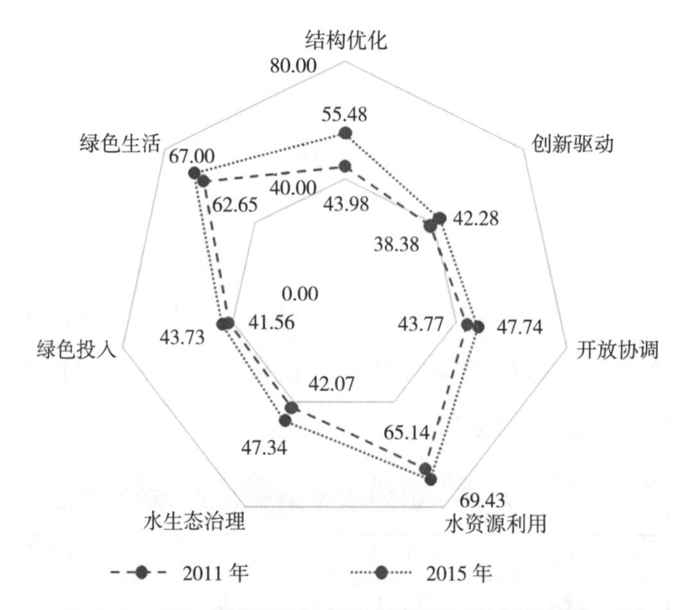

图 2–8 2011 年和 2015 年贵州省绿色发展二级指标对比

相比于 2011 年，2015 年贵州省绿色发展二级指标均有了不同幅度提升，结构优化、创新驱动、开放协调、水资源利用、水生态治理、绿色投入、绿色生活指数分别比 2011 年增加了 11.5、3.9、3.97、4.29、5.27、2.17、4.35，分别增长了 26.14%、10.17%、9.08%、6.58%、12.52%、5.21% 和 6.94%。从三级指标看，2011~2015 年，结构优化指数中的 4 项指标均有不同幅度优化，人均 GDP 和第三产业增加值占 GDP 比重实现较快增长，2015 年分别比 2011 年增加了 40.72% 和 30.95%，加之万元 GDP 能耗下降了 26.87%，共同拉动了结构优化指数的快速增加。2015 年，创新驱动指数中的六项指标相比 2011 年均有不同幅度增加，万人拥有科技人员数和万人发明专利授权量分别比 2011 年增加了 41% 和 124.05%，技术市场成交额相比 2011 年增长了 316.22%，信息产业占 GDP 比重和新产品销售收入增速分别提升了 1.02 个和 8.63 个百分点。2015 年，开放协调指数中的出口交货值相对规模、直接利用外资额和地方财政住房保障支出比重相比20年均出现下滑，但由于降幅较小，加之城镇化率比 2011 年提升了 14.01%，城乡居民收入比下降了 12.44%，使得开放协调指数总体实现了一定幅度增长。2015 年，水资源利用指数中的人均生活用水量相比 2011 年增长了 23.9%，但万元 GDP 水耗、万元农业和工业增加值用水量分别比 2011 年降低了 20.44%、1.02% 和 26.22%，共同拉动水资源利用指数的抬升；2015 年，水资源利用指数中的 4 项耗水指标尤其是万元工业增加值用水量相比 2014 年均出现不同幅度增加，使得总指数出现较大幅度下滑。2015 年，水生态治理中的 6 项指标均优于 2011 年，湿地面积占比和人均城市污水处理能力均有了明显提升，分别比 2011 年增加了 82.32% 和 24.57%，化学需氧量排放强度和氨氮排放强度分别比 2011 年下降了 36.26% 和 36.02%，使得水生态治理指数实现了明显增长。2015 年，绿色生活指数中城市空气质量优良率相比 2011 年下滑了 34.47%，但公共交通覆盖率和生活垃圾无害化处理率分别增长了 7.3% 和 9.5%，加之突发环境事件次数大幅下降了 48.57%，使得绿色生活指数也实现了较大幅度增长。

第三章 贵州省绿色发展生态环境约束

推进形成主体功能区，要坚持以邓小平理论、“三个代表”重要思想和科学发展观为指导，全面贯彻党的十七大、十八大 和省第十一次党代会精神，加快实施主体功能区战略，以提高全省各族人民的生活质量，增强可持续发展能力作为基本要求，以推进形成科学的空间开发格局为重点，坚持把发展作为第一要务，切实树立新的开发理念，科学定位区域主体功能，创新开发方式，合理控制开发强度，规范开发秩序，构建科学合理的城镇化战略格局、农业战略格局 、生态安全战略格局。强化生态建设和环境保护，推进公共服务均等化，不断缩小城乡区域差距，努力实现人口、经济、资源环境相互协调，构建高效、协调、可持续的国土空间开发格局，建设贵州美好家园。

第一节 主体功能区划空间管控

一、主要目标

（一）空间开发格局清晰

“一群、两圈、九组”为主体的城市化战略格局基本形成，黔中地区集中全省 50% 以上的人口和 60% 以上的经济总量，城镇化率达到 65% 以上；“五区十九带”为主体的农业战略格局基本形成，农业产品供给的安全保障能力明显增强；“两屏五带三区”为主体的生态安全战略格局基本形成，长江、珠江上游区域性生态安全得到保障。

（二）空间结构得到优化

全省国土空间开发强度控制在 4.5% 以内，城市空间面积控制在 0.206 万平方千米以内，农村居民点面积控制在 0.328 万平方千米以内，工矿建设空间适度增加，各类建设用地新增面积控制在 0.259 万平方千米以内。耕地保有量不低于 4.37 万平方千米，其中基本农田不低于 3.62 万平方千米（5426 万亩）。绿色生态空间扩大，森林面积扩大到 8.8 万平方千米，河流、湖泊、湿地面积有所增加。

（三）空间利用效率提高

城市空间单位面积创造的生产总值大幅度提升，土地集约节约利用水平不断提高。农业综合生产能力逐步增强，粮食和油料作物单产水平提高 10% 和 6% 以上。单位绿色生态空间蓄积林木数量、产草量和涵养的水量增加。

（四）人民生活水平差距缩小

不同主体功能区以及同类主体功能区之间城镇居民人均可支配收入、农村居民人均纯收入和生活条件的差距缩小，扣除成本因素后的人均财政支出大体相当，基本公共服务均等化取得重大进展。

（五）可持续发展能力增强

生态系统的稳定性明显增强，生物多样性得到切实保护，环境安全得到有效保障。石漠化和水土流失得到有效控制，林草植被得到有效保护与恢复，森林覆盖率提高到 50%，森林蓄积量达到 4.71 亿立方米以上。主要污染物排放总量得到有效控制，主要江河湖库水功能区和集中式水源地按功能类别达标，重要江河湖库水功能区水质达标率不低于 85%，空气、土壤等生态环境质量明显改善。水资源综合调配能力明显提高，全省水利工程供水能力达到 159.4 亿立方米，工程性缺水状况得到有效改善。能源和矿产资源开发利用更加科学合理有序。山洪地质等自然灾害防御水平进一步提升。应对气候变化能力明显增强。

二、战略任务

推进形成贵州省主体功能区，要重点构建贵州省城市化地区、农产品主产区、生态安全地区三大战略格局。

（一）构建贵州省“一群、两圈、九组”为主体的城市化战略格局

构建以快速铁路为发展主轴，以国家级重点开发区域为战略重点，以其他城市化地区为重要组成部分，以快速铁路沿线和高速公路网络节点上的重点城市为支撑，能更便捷地融入全国经济大循环的城市化战略新格局。以贵阳中心城市（含贵安新区）为核心，推进黔中地区的重点开发，积极培育贵阳—安顺及遵义两个都市圈，加快构建黔中城市群；推进构建以六盘水、毕节、都匀、凯里、兴义、铜仁等区域性中心城市和盘县、德江、榕江等一些新培育的区域次中心城市为依托的九个城市经济圈（城镇组群）。

做大做强贵阳中心城市，加快贵安新区建设，推进贵阳—安顺同城化发展，推进遵义大城市和六盘水、毕节、都匀、凯里 、兴义、铜仁等 6 个中等城市的扩容升级，培育发展盘县、德江 、榕江等交通区位重要、区域影响力较强、发展潜力较大的县城成为区域次中心城市，沿快速铁路和高速公路的网络节点，培育发展一批有条件的县城成为中小城市，推动一批重点建制镇加快发展，加快形成贵州省以大城市为依托、中小城市为骨干、小城镇为基础的梯次分明、优势互补、辐射作用较强的现代城镇体系。

（二）构建贵州省“五区十九带”为主体的农业战略格局

构建以基本农田为基础，以大中型灌区为支撑，以黔中丘原盆地都市农业区、黔北山原中山农—林—牧区、黔东低山丘陵林—农区 、黔南丘原中山低山农—牧区、黔西高原山地农—牧区等农业生产区为主体，以主要农产品产业带、特色优势农产品生产基地为重要组成部分的农业发展战略格局。黔中丘原盆地都市农业区，重点建设优质水稻、油菜、马铃薯、蔬菜、畜产品产业带；黔北山原中山农—林—牧区，重点建设优质水稻、油菜、蔬菜、畜产品产业带；黔东低山丘陵林—农区，重点建设优质水稻、蔬菜、特色畜禽产业带；黔南丘原中山低山农—牧区，重点建设优质玉米 、蔬菜、肉羊产业带；黔西高原山地农—牧区，重点建设优质玉米 、马铃薯、蔬菜、畜产品产业带。

（三）构建贵州省“两屏五带三区”生态安全战略格局

构建以乌蒙山—苗岭、大娄山—武陵山生态屏障和乌江、南北盘江及红水河、赤水河及綦江、沅江、都柳江等河流生态带为骨架，以重要河流上游水源涵养—水土保持区、石漠化综合防治—水土保持区、生物多样性保护—水土保持区等生态功能区为支撑，以交通沿线、河湖绿化带为网络，以自然保护区、风景名胜区、森林公园、城市绿地、农田植被等为重要组成的生态安全战略格局，基本构筑起功能较为完善的“两江”上游区域性生态屏障。乌蒙山—苗岭生态屏障，要重点加强植被的修复，加强珠江防护林体系和长江防护林体系建设，加强石漠化防治，发挥涵养“两江”水源和调节气候的作用；大娄山—武陵山生态屏障，要重点加强天然植被的保护，加强水土流失防治，发挥保障乌江、赤水河、沅江流域生态安全的作用；河流生态带，要重点加强水土流失防治和水污染治理，加强石漠化综合治理和水环境综合治理，保护长江、珠江上游重要河段和湖泊等重要湿地，增强水体功能；西部水源涵养—水土保持区，要提高林草覆盖率，综合治理坡耕地，加强山洪地质灾害防治，大力营造水源涵养林，保护江河源头区和重要湿地；中部石漠化综合防治—水土保持区，要加强林草植被的保护与恢复，加强山洪地质灾害防治，加强石漠化综合治理，遏制石漠化蔓延，增强区域水土保持能力；东部生物多样性保护—水土保持区，要加强自然保护区建设和流域水土流失区综合治理，切实保护生物多样性和特有自然景观，增强森林生态系统功能。

三、主体功能区划分

依据《全国主体功能区规划》，贵州省国家层面的主体功能区划分为重点开发、限制开发和禁止开发区域三类，没有优化开发区域。

国家重点开发区域是指具备较强经济基础、科技创新能力和较好发展潜力，城镇体系初步形成，具备经济一体化条件，中心城市有一定辐射带动能力，有可能发展成为新的大城市群或区域性城市群；能够带动周边地区发展，并对促进全国区域协调发展意义重大的区域。贵州省划为国家层面重点开发区域的是黔中地区。

国家限制开发区域。国家限制开发区域分为两类：一类是农产品主产区，即耕地较多、农业生产条件相对较好，尽管也适宜工业化城镇化开发，但从保障国家农产品安全以及全民族永续发展的需要出发，必须把增强农业综合生产能力作为发展的首要任务，从而应该限制进行大规模高强度工业化城镇化开发的地区；一类是重点生态功能区，即生态系统脆弱或生态功能重要、资源环境承载能力较低，不具备大规模高强度工业化城镇化开发条件，必须把增强生态产品生产能力作为首要任务，从而应该限制大规模高强度工业化城镇化开发的区域。贵州省划为国家农产品主产区的共有 35 个县级行政单元，同时还包括整体划为重点开发区的 5 个县的 90 个乡镇；划为国家重点生态功能区的共有 9 个县级行政单元。

国家禁止开发区域。国家禁止开发区域是指有代表性的自然生态系统，珍稀濒危野生动植物物种的天然集中分布地、有特殊价值的自然遗迹所在地和文化遗址等，需要在国土空间开发中禁止进行工业化城镇化开发的重点生态功能区。贵州省划为国家层面禁止开发区域的是省域范围内的国家级自然保护区、世界和国家文化自然遗产、国家级风景名胜区、国家级森林公园、国家级地质公园。

表 3–1 贵州省主体功能区分类统计表

序号	主体功能区域类型	县级行政单元数（或乡镇数）	面积		人口	
			面积（平方千米）	占全省总面积比重（%）	2012 年末总人口（万人）	占全省总人口比重（%）
一	重点开发区域	32 个县	43919.25	24.93	1540.55	36.77
1	国家重点开发区域（黔中地区）	24 个县	30602.06	17.37	1140.29	27.22
2	省级重点开发区域	8 个县	13317.19	7.56	400.26	9.55
二	国家农产品主产区	35 个县和 90 个镇	83251.01	47.26	1839.35	43.91
1	以县级行政区为基本单元的国家农产品主产区	35 个县	74233.07	42.14	1610.17	38.44
2	纳入国家农产品主产区的农产品主产乡镇	90 个镇	9017.94	5.12	229.18	5.47
三	重点生态功能区	21 个县	48997.70	27.81	809.15	19.32
1	国家重点生态功能区	9 个县	26441.00	15.01	449.43	10.73
2	省级重点生态功能区	12 个县	22556.70	12.80	359.72	8.59
合计			176167.96	100.00	4189.05	100.00

第二节 主体功能区

根据主体功能区划分，贵州省国家和省级重点开发区域共 32 个县级行政单元，区域国土总面积 4.39 万平方千米，占全省的 24.93%；2012 年总人口 1540.55 万人，占全省的 36.77%。

一、国家级重点开发区域

黔中地区是《全国主体功能区规划》确定的全国 18 个国家重点开发区域之一。黔中地区位于贵州省中部，大部分属云贵高原的喀斯特丘陵地区，城镇基本分布在山间平地（坝子），可利用土地资源较不丰富，但现有开发强度也不高，不超过 10%，因此，具备一定的开发潜力。该区域主要属乌江流域，人均水资源量大于 1000 立方米，水资源十分丰富。该区域由于地处山区，空气流动性较弱，因此，大气环境质量一般，二氧化硫超载较为严重；水环境质量相对较好，除贵阳等中心城市外，基本上不存在水污染超载问题。

该区域位于全国“两横三纵”城市化战略格局中沿长江通道横轴和包昆通道纵轴的交汇地带，渝黔、贵昆 、黔桂、湘黔铁路和贵阳至广州、贵阳至重庆、贵阳至成都快速铁路、长沙经贵阳至昆明客运专线在贵阳交会，杭瑞高速公路、西南出海大通道贯穿其境，是西南连接华南、华东的重要陆路交通枢纽。该区域区位和地缘优势明显，城市和人口相对集中，经济密度较大，铝、磷、煤等矿产资源丰富，水资源保障程度较高，发展的空间和潜力较大，环境承载力较强，是落实国家区域发展总体战略和构建贵州省城市化发展战略格局的中心区域。

黔中地区包括贵阳市和遵义市、安顺市、毕节市、黔南州 、黔东南州的 24 个县级行政单元，区域面积 30602.06 平方千米，占全省的 17.37%；2010 年总人口 1140.29 万人，占全省的 27.22%。同时，还包括以县级行政区为单元划为国家农产品主产区的开阳等 8 个县（市）中的 81 个重点建制镇（镇区或辖区），以及靠近安顺市中心城区的镇宁县城关镇。

该区域的功能定位是：全国重要能源原材料基地、资源深加工基地、以航天航空为重点的装备制造业基地、烟酒工业基地 、绿色食品基地和旅游目的地；西南重要的陆路交通枢纽，区域性商贸物流中心和科技创新中心；全省工业化、城镇化的核心区 ；带动全省发展和支撑全国西部大开发战略的重要增长极。

构建以贵阳—安顺为核心，以遵义、都匀、凯里和毕节等城市为支撑，以区域内卫星城市、重要城镇为节点，贵阳—遵义、贵阳—都（都匀）凯（凯里）、贵阳—毕节快速交通通道为主轴的“一核三带多节点”的空间开发格局。

着力提升贵阳中心城市地位。调整优化城市核心区发展布局，以贵安新区为重点加快拓展中心城区，积极培育发展卫星城市，加快城市规模化发展，构建现代城市发展新格局。强化城市骨干路网规划和建设，加强城市基础设施和公共服务设施建设，提高城市综合承载能力。提高产业配套和要素集聚能力，增强城市科技创新、商贸物流、信息、旅游、文化和综合服务功能，大力培育发展特色优势产业和战略性新兴产业，加快发展现代服务业和旅游产业。建设重要的装备制造、生物制药、新材料、电子信息、特色食品和烟草工业基地，西南地区重要的陆路交通枢纽、商贸物流中心、旅游城市、生态城市和区域性科技、金融服务中心，扩大辐射带动能力，成为支撑全省、带动黔中地区发展的核心增长极。

推进贵阳—安顺同城化发展。沿贵阳—安顺，以长昆铁路为轴线，以铁路南侧为主要区域，加快建设贵安新区，重点发展装备制造、资源深加工、战略性新兴产业和现代服务业，集中打造新体制、高科技、开放型的新兴产业集聚区和现代化、人文化、生态化的新兴城市，建成国家内陆开放型经济示范区和黔中地区最富活力的增长极。努力扩大安顺中心城市规模，以城市路网建设为重点，促进西秀—普定、西秀—镇宁同城化发展，提升安顺城市商贸流通、旅游、文化、信息等综合服务功能，增强经济实力和产业集聚能力，积极发展以旅游业为重点的服务业，打造以航空、汽车及零部件为重点的装备制造业基地和绿色轻工业基地。

加快遵义中心城市发展。扩大中心城市规模，优化提升中心城区，加快城市新区开发，推进中心城区与周边城镇一体化，培育发展卫星城市，推进形成区域特大城市。加强城市骨干路网和基础设施建设，完善综合服务功能，增强产业和要素集聚能力 。积极构建连接成渝地区和黔中地区的经济走廊，重点发展装备制造、汽车及零部件、金属冶炼及深加工、新材料、新能源、特色轻工等优势产业，大力发展商贸物流、金融、旅游等服务业，建设新型工业城市、文化旅游城市，成为支撑全省和黔中地区发展的重要增长极。

壮大都匀、凯里等中心城市人口和经济规模。加快建设都匀—凯里城市组团，重点扩大都匀、凯里城市规模，推进凯里—麻江同城化发展，形成区域性大城市。加强城市骨干路网和基础设施建设，增强综合服务功能和产业集聚能力，加强区域合作与产业承接，打造全国重要的磷化工基地和特色旅游目的地，区域性加工制造基地和商贸物流中心。

加快毕节中心城市建设和发展。进一步扩大毕节中心城市规模，建成黔中地区大城市，推进毕节—大方同城化发展。加强城市基础设施建设，强化对外交通和交通枢纽建设，完善综合服务功能，推进与贵阳、成渝地区的优势互补，增强产业发展和人口集聚能力，重点发展汽车、煤及煤化工、加工制造、新型建材、特色食品等新型工业和旅游、商贸流通、现代物流等服务业，建设贵州西部重要的汽车制造、煤及煤化工、特色食品、新型建材工业基地，贵州西部重要交通枢纽和特色旅游区。

统筹区域资源开发和产业布局，提升产业集聚能力。重点建设贵阳至遵义、贵阳至安顺工业走廊、贵阳至毕节和沿贵广快速铁路、高速公路产业带，加快建设织金—息烽—开阳—瓮安—福泉磷化工产业带、小河—孟关工业带、贵龙城市经济带、毕节—大方等先进制造和资源深加工基地，积极推进织金、黔西 、清镇、普定、遵义（县）等能源基地建设，加强与珠三角和成渝地区的融合与互补，建设贵阳、遵义、黔东南等承接产业转移基地，优化提升国家级和省级经济开发区，合理布局建设一批现代产业园区，形成黔中产业集群。

强化对外通道能力和交通枢纽建设，完善西南出海大通道，建设以快速铁路和高速公路为主的综合交通网络，加快形成贵阳连接周边各省会城市和全国经济发达地区中心城市的快速通道，加强贵阳与其他中心城市、中心城市与卫星城市之间的城际快速连接通道和现代通信等基础设施建设。

发挥开阳、仁怀、绥阳、大方、金沙、贵定、长顺、普定及镇宁的比较优势，依托中心城市和交通干线，以重点城镇和产业园区（开发区）为重点，加快优势资源开发，大力发展优质白酒、加工制造、能源化工和旅游业等特色优势产业，积极推进与中心城市的融合发展，加快人口和产业集聚，提高城镇发展水平。

统筹区域生态建设和环境保护，强化石漠化防治和大江大河防护林建设，推进乌江、赤水河等重要流域水环境综合治理，保护长江上游重要河段水域生态及红枫湖、阿哈水库等重要水源地，大力发展循环经济和绿色经济，重点加强城市、工业和农村面源污染防治，构建长江和珠江上游地区生态屏障。

二、省级重点开发区域

贵州省以县级行政区为基本单元的省级重点开发区域为钟山—水城—盘县区域、兴义—兴仁区域和碧江—万山—松桃区域，共包括六盘水市、铜仁市、黔西南州的8个县级行政单元，区域面积13317平方千米，占全省的7.56%；2010年总人口400.26万人，占全省的9.55%。同时，还包括以县级行政区为单元划为国家农产品主产区中的部分重点建制镇（镇区或辖区）。

（一）钟山—水城—盘县区域

该区域位于贵州西部，包括六盘水市的钟山区、水城县和盘县，区域面积5644.89平方千米，占全省的3.20%；2012年总人口190.38万人，占全省的4.54%。该区域是六盘水市的中心城区及拓展区，人口密集，矿产资源丰富，重化工产业集聚程度较高，是全省推进工业化城镇化的重要区域之一。

该区域的功能定位是：全国重要的能源、原材料和资源深加工基地，全省重要的绿色食品基地和特色旅游区，区域性交通枢纽和商贸物流区。贵州西部的人口和经济密集区，支撑全省发展的重要增长极。

发展壮大六盘水中心城市，加快扩大城市和人口规模，建成贵州西部地区特大中心城市。推进中心城市与水城等周边重点城镇一体化，构建以钟山区为中心，以盘县、六枝、纳雍等重点城镇为支撑，以主要交通线为纽带的城市经济圈空间开发格局。

加强城市基础设施、对外交通能力和铁路枢纽建设，提升中心城市综合服务功能，加快产业和人口集聚。积极推进钟山—水城—盘县、钟山—六枝产业带建设，以产业园区和经济开发区为重点，积极推进煤电化一体化，重点发展能源、原材料及深加工、冶金、煤化工、装备制造、建材等优势产业和物流商贸 、旅游等服务业，加强与周边省区的协作，大力发展循环经济和绿色经济，建设重要的能源、原材料基地和全国循环经济示范城市，区域性交通枢纽和商贸物流中心。

发挥盘县能矿资源及交通区位优势，重点培育发展盘县的红果为中等城市，提升综合服务功能，加强新型能源原材料基地建设，大力培育发展新兴产业，建设区域性物流商贸中心。

加强生态保护和恢复，大力推进石漠化防治和生态建设工程，加强南北盘江流域防护林建设及重点水源地保护，做好重点工业区污染、城市生活污染、农村面源污染防治。

（二）兴义—兴仁区域

该区域位于贵州西南部，包括黔西南州的兴义市和兴仁县，区域面积4696.4平方千米，占全省的2.67%，2012年总人口132.73万人，占全省的3.17%。该区域城市发展条件良好，人口较为密集，以黄金、煤炭为主的矿产资源丰富，是贵州西南部重要的城市化地区。

该区域的功能定位是：全国重要的能源原材料基地和黄金生产基地，区域性绿色食品基地、优质烟草基地和特色旅游区，贵州西南部交通枢纽和商贸物流区。贵州西南部重要的人口和经济密集区，支撑全省发展的重要增长极。

加快兴义市的规模扩展。把兴义市建设成为省际周边的大城市，强化城市综合服务功能，提高城市综合承载能力。积极推进兴义—兴仁一体化发展，加快培育发展一批重点城镇，构建兴（义）兴（仁）安（龙）贞（丰）城市组团。

加强区域对外交通能力建设，构建滇黔桂三省结合部区域性交通枢纽和商贸物流中心。推进区域产业集聚发展，加快产业园区和经济开发区建设，重点发展能源、煤化工、黄金工业、特色食品、绿色轻工、新型建材、生态旅游和商贸服务等特色优势产业，加强与周边区域的联合与协作，建设贵州省重要的能源原材料、黄金工业、特色食品工业基地和特色旅游城市。

积极推进石漠化防治和生态建设，强化红水河流域防护林建设及重点水源地保护，加强工业污染和城市生活污染防治，提升生态环境质量。

（三）碧江—万山—松桃区域

该区域位于贵州东部，包括铜仁市的碧江区、万山区和松桃县，重点开发区域面积2975.9平方千米，占全省的1.69%，2012年总人口77.15万人，占全省的1.84%。该区域是铜仁市中心城区和延伸发展区，属于国家武陵山经济协作区，交通条件较好，区位优势突出，生态环境良好，自然资源和旅游资源丰富，发展潜力和空间较大，是全国重要的锰工业基地之一和贵州东部重要的城市化地区。

该区域的功能定位是：全国重要的锰工业基地、民族文化和生态旅游目的地，区域性能源、化工、新材料、绿色食品及旅游商品产业基地；区域性交通枢纽和商贸中心，承接发达地区产业转移的重点地区；贵州东部地区的人口和经济密集区，带动贵州东部地区经济发展的重要增长极。

发展壮大铜仁中心城市。加快扩大城市规模，把万山区纳入中心城区发展，建设成为省际周边区域性大城市。积极培育发展松桃、玉屏、江口等卫星城市，构建以碧江区为中心，以周边重点城镇为支撑，以骨干交通为纽带的城市组团空间发展格局。

加强城镇基础设施建设，完善城镇综合服务功能，强化区域对外交通能力建设，增强产业和人口集聚能力；重点推进玉（屏）碧（江）松（桃）城市产业带建设，优化发展产业园区和经济开发区，建成在全国有重要影响的锰工业基地和特色旅游城市，区域性能源及化工基地、新材料产业基地、绿色食品生产基地和商贸物流中心。

发挥松桃区位交通和锰工业优势，推进与碧江区的一体化发展，加快扩大城市规模，提升综合服务功能；强化优势资源开发和特色优势产业发展，重点发展锰及锰深加工、精细化工 、新材料、特色食品、加工制造等新型工业和旅游、商贸物流等现代服务业，积极开发利用页岩气资源，推进产业带和工业基地建设，增强产业发展和要素集聚能力。

强化农业综合生产能力建设，稳定粮食生产，大力发展生态农业和特色现代农业，发展农产品加工业。

加强区域生态建设，加强城市及工业污染防治，保护和开发利用自然资源，大力发展循环经济和绿色经济；加强锦江流域及重要水源地保护，强化生态环境和原生态民族文化的保护。

三、限制开发区域（农产品主产区）

限制开发区域的农产品主产区是指具备较好的农业生产条件，以提供农产品为主体功能，需要在国土空间开发中加以保护，限制进行大规模高强度工业化城镇化开发，以保持并提高农业综合生产能力的区域。贵州省国家农产品主产区共有 35 个县级行政单元，同时，还包括以县级行政区为单元划为国家重点开发区域的织金等 5 个县中的部分乡镇，区域面积 83251.01 平方千米，占全省的 47.26%，2010 年总人口 1839.35 万人，占全省 43.91%。

（一）功能定位和发展方向

贵州省农产品主产区的功能定位是：保障农产品供给安全的重要区域，重要的商品粮油基地、绿色食品生产基地、林产品生产基地、畜产品生产基地、农产品深加工区、农业综合开发试验区和社会主义新农村建设的示范区。

农产品主产区应着力保护耕地，集约开发，显著提高农业综合生产能力、产业化水平和物质技术支撑能力，大力发展现代农业和农产品深加工，提高农业生产效率，拓展农村就业空间，增加农民收入，保障农产品供给，保证粮食安全和食物安全；加强农村基础设施和公共服务设施建设，改善生产生活条件，加快建设社会主义新农村。发展方向和开发原则是：

（1）加强土地整治，搞好规划、统筹安排、连片推进，加快中低产田土改造，实施沃土工程，构建功能完备的农田林网，推进高标准基本农田、连片标准粮田建设。鼓励农民开展土壤改良。

（2）加强水利设施建设，加快大中型灌区、排灌泵站配套 、节水改造以及水源工程建设，提高输水调配能力。鼓励和支持农民开展小型农田水利设施建设、小流域综合治理和小水电建设 。建设节水农业，积极推广节水灌溉技术，兴修雨水集蓄利用工程，因地制宜发展旱作节水农业。

（3）优化农业生产布局和品种结构，搞好农业布局规划，科学确定不同区域农业发展的重点，形成优势突出和特色鲜明的产业带。积极推进农业的规模化、产业化，发展农产品深加工，拓展农村就业和增收领域。

（4）大力发展优质粮食和油料生产，增强粮油生产的自给能力。转变养殖业发展方式，推进规模化和标准化，促进畜产品 、林产品和水产品的稳定增长。加大扶持力度，集中力量建设一批优势特色农产品产业带和生产基地。

（5）控制开发强度，优化开发方式，发展循环农业和生态农业，促进农业资源永续利用。鼓励和支持农产品、畜产品、水产品加工副产物的综合利用。加强农业面源污染和农产品产地土壤污染防治，保障农产品产地环境质量安全。

（二）区域分布

受自然地理条件的限制，贵州省农产品主产区主要呈块状分布在农业生产条件较好、经济较集中、人口较密集的北部地区、东南部地区和西部地区，以国家粮食生产重点县和全省优势农产品生产县为主体，形成 5 个农业发展区。

黔中丘原盆地都市农业区：包括贵阳市的开阳县，黔南州的长顺县、贵定县，安顺市的普定县，以及黔南州惠水县 15 个乡镇、毕节市织金县的 20 个乡镇和黔西县的 17 个乡镇。区域面积占全省国家农产品主产区的 13.3%。该区域地处黔中城市圈，对优质农产品和农业生态功能、旅游休闲功能的需求规模大，农产品加工业发达，农产品商品化程度高，都市农业发展条件好。

黔北山原中山农—林—牧区：包括遵义市的桐梓县、绥阳县、正安县、道真仡佬族苗族自治县、务川仡佬族苗族自治县 、凤冈县、湄潭县、余庆县、习水县、赤水市、仁怀市，毕节市的金沙县，铜仁市的思南县、德江县。区域面积占全省国家农产品主产区的 38.7%。该区域农业发展基础好，农业生产水平高，农产品加工业较为发达，是贵州粮食产能县的集中区域，主要粮油作物、特色农产品规模化、商品化程度较高。

黔东低山丘陵林—农区：包括黔东南州的三穗县、镇远县、岑巩县、天柱县、黎平县、榕江县、从江县、丹寨县，铜仁市的玉屏县，以及铜仁市松桃苗族自治县的 17 个乡镇。区域面积占全省国家农产品主产区的 25%。该区域地处厦蓉高速公路、贵广快速铁路沿线，林业资源丰富，生态环境良好，水稻生产具有比较优势，特色农业产业发展具有一定基础。

黔南丘原中山低山农—牧区：包括黔西南州的普安县 、晴隆县、贞丰县、安龙县，黔南州的独山县。区域面积占全省国家农产品主产区的 10.7%。该区域立体气候特征突出，特色农业资源丰富，优质肉羊、冬春反季节蔬菜等特色农产品生产具有良好基础。

黔西高原山地农—牧区：包括六盘水市的六枝特区，毕节市的纳雍县、大方县，以及六盘水市盘县的 21 个乡镇。区域面积占全省国家农产品主产区的 12.3%。该区域地处贵州西部高原地带，土地资源、牧草资源丰富，成片草场和草山草坡面积大，适宜发展旱作农业、草地畜牧业以及夏秋反季节蔬菜、优质干果、小杂粮等特色农产品。

（三）主要农产品产业带和优势农产品生产基地

全面提升农业发展水平，增强主要农产品供给能力，充分发挥各地比较优势，重点加强以水稻、玉米、油菜、蔬菜、马铃薯 、畜产品为主的农产品产业带和烤烟、茶叶、木本粮油、经济林果 、中药材等优势农林产品基地建设。

1. 主要农产品产业带

黔中丘原盆地都市农业区。重点建设以优质籼稻为主的水稻产业带、以“双低”油菜为主的优质油菜产业带、以薯片薯条原料类加工型商品薯为主的马铃薯产业带、以夏秋反季节蔬菜为主的优质蔬菜产业带和以生猪、肉牛为主的优质畜产品产业带。

黔北山原中山农—林—牧区。重点建设以优质籼稻为主的水稻产业带、以“双低”油菜为主的优质油菜产业带、以夏秋反季节蔬菜为主的冷凉蔬菜产业带和以生猪、肉羊为主的优质畜产品产业带。

黔东低山丘陵林—农区。重点建设以优质籼稻为主的水稻产业带、以无公害绿色蔬菜为主的优质蔬菜产业带和以特色畜禽为主的优质畜产品产业带。

黔南丘原中山低山农—牧区。重点建设以优质专用玉米为主的玉米产业带、以冬春反季节蔬菜为主的优质蔬菜产业带和以肉羊为主的优质畜产品产业带。

黔西高原山地农—牧区。重点建设以优质专用玉米为主的玉米产业带、以脱毒种薯和高淀粉类加工型商品薯为主的马铃薯产业带、以夏秋反季节蔬菜为主的冷凉蔬菜产业带和以生猪 、肉牛、肉羊为主的优质畜产品产业带。

2. 特色优势农产品基地

在重点建设优势农产品产业带的同时，充分发挥贵州特色农业资源优势，积极引导和支持其他特色优势农产品基地的建设 。主要包括：黔北富硒（锌）

优质绿茶、黔中高档名优绿茶、黔西“高山”有机绿茶和黔东优质出口绿茶生产基地；黔中、黔东 、黔南精品水果基地；黔西、黔北、黔东、黔南优质干果基地；黔北、黔西、黔中、黔南中药材基地；黔北、黔西优质烤烟生产基地；黔东、黔中特色水产养殖基地；黔西、黔南、黔北特色优质小杂粮基地；黔东优质油茶基地；黔北、黔东林下经济产业基地等。

四、限制开发区域（重点生态功能区）

贵州省国家和省级重点生态功能区共包括威宁、罗甸等 21 个县级行政单元，区域面积 48997.7 平方千米，占全省的 27.81%，2012 年总人口 809.15 万人，占全省的 19.32%。其中国家重点生态功能区有 9 个县级行政单元，区域面积 26441 平方千米，占全省的 15.01%；省级重点生态功能区有 12 个县级行政单元，区域面积 22556.7 平方千米，占全省的 12.8%。

（一）功能定位

生态服务功能增强，生态环境质量明显改善。地表水水质明显改善，主要河流径流量基本稳定并有所增加。石漠化防治和水土流失治理率分别达到 90% 以上，人为因素产生新的水土流失和石漠化得到有效控制。草地和湿地面积保持稳定，天然林面积扩大，森林覆盖率提高，森林蓄积量增加，野生动植物得到有效保护。水源涵养型和生物多样性保护型生态功能区的水质达到Ⅰ类，空气质量达到一级；水土保持型生态功能区水质达到Ⅱ类，空气质量达到二级；石漠化防治型生态功能区水质达到Ⅱ类，空气质量明显改善。

形成点状开发、面上保护的空间结构。开发强度得到有效控制，保有大片开敞空间，水面、湿地、林地、草地等绿色生态空间扩大。以县城为重点推进城镇化建设，实行“据点式”开发，交通、水利、城镇等基础设施得到完善，公共服务体系得到健全，县城和中心镇的综合承载能力提高。

形成环境友好型产业结构。在不影响生态系统功能的前提下，适宜产业、服务业得到发展，占地区生产总值的比重提高，人均生产总值明显增加，污染排放物总量控制在环境承载能力范围内。

人口总量下降，人口质量提高。引导人口向重点开发区域或限制开发区域的中心城镇转移，区域总人口占全省比重明显降低，人口对资源环境压力逐步减轻。

公共服务水平显著提高，人民生活水平明显改善。全面提高义务教育质量，基本普及高中阶段教育，人口受教育年限大幅提高。人均公共服务支出高于全省平均水平。婴儿死亡率、孕产妇死亡率、饮用水不安全人口比率大幅下降。城镇居民人均可支配收入和农村居民人均纯收入大幅提高，绝对贫困现象基本消除。

（二）主要类型和发展方向

贵州省重点生态功能区主要分为水源涵养型、水土保持型、石漠化防治型、生物多样性保护型四种类型。重点生态功能区要以修复生态、保护环境、提供生态产品为首要任务，因地制宜发展旅游、农林副产品加工等资源环境可承载的适宜产业，引导超载人口逐步有序转移。

水源涵养型。推进天然林草保护，封山育林育草、退耕还林还草，治理水土流失，维护或重建湿地、森林、草地等生态系统。严格保护具有水源涵养功能的自然植被，禁止过度放牧 、无序采矿、毁林开荒等行为。加大河流源头及上游地区的小流域治理，减少面源污染。拓宽农民增收渠道，解决农民长远生计，巩固林草植被建设成果。

水土保持型。大力发展节水灌溉和雨水集蓄利用，限制陡坡开垦和超载放牧。加大公益林建设和退耕还林还草力度，加强小流域综合治理，恢复退化植被，最大限度地减少人为因素造成新的水土流失。解决农民长远生计，巩固水土流失治理、退耕还林还草成果。

石漠化防治型。实行封山育林育草、植树造林、退耕还林还草和种草养畜，推进石漠化防治工程和小流域综合治理，恢复退化植被，实行生态移民，改变耕作方式。解决农民长远生计，巩固石漠化治理成果。

生物多样性保护型。禁止滥捕滥采野生动植物资源，保持并恢复野生动植物物种和种群的平衡，实现野生动植物资源的良性循环和永续利用。加强防御外来物种入侵，保护自然生态系统与重要物种栖息地，防止生态建设导致生境的改变。

表 3–2 贵州省重点生态功能区的类型和发展方向

层级	大区名称	亚区名称	类型	综合评价	发展方向
国家层面	桂黔滇喀斯特石漠化防治生态功能区	威宁—赫章高原分水岭石漠化防治与水源涵养	石漠化防治与水源涵养	保存了完整的喀斯特高原面，是乌江、北盘江、牛栏江横江水系的发源地，拥有特殊高原湿地生态系统，全省重要的水源涵养地。目前，石漠化与水土流失较严重，湿地生态系统退化	封山育林育草，推进石漠化防治，加强水土流失治理，保护和恢复植被、湿地
国家层面	桂黔滇喀斯特石漠化防治生态功能区	关岭—镇宁高原峡谷石漠化防治区	石漠化防治与水土保持	喀斯特发育强烈，生态系统脆弱，喀斯特旅游资源丰富。目前，生态环境遭到破坏，生态系统退化，水土流失严重，石漠化有扩大趋势	加强石漠化防治和水土流失治理，实行生态移民，改变耕作方式
		册亨—望谟南、北盘江下游河谷石漠化防治与水土保持区	石漠化防治与水土保持	喀斯特地貌与非喀斯特地貌相间分布，生态系统脆弱，对南、北盘江下游生态安全具有重要影响。目前，石漠化与水土流失较严重，生态系统退化	推进防护林建设，加强水土流失治理和石漠化防治，防止草地退化
		罗甸—平塘高原槽谷石漠化防治区	石漠化防治与水土保持	喀斯特发育强烈，生态环境脆弱，土壤一旦流失，生态恢复难度极大。目前山地生态系统退化，水土流失严重，石漠化有扩大趋势	加强石漠化防治和水土流失治理，恢复植被和生态系统，实行生态移民
省级层面	武陵山区生物多样性与水土保持生态功能区	沿河—石阡武陵山区生物多性与水土保持区	生物多样性保护与水土保持	森林覆盖率较高，亚热带常绿阔叶林生态系统典型，山地垂直地带性突出，是珙桐、黔金丝猴、黑叶猴等重要物种的保护地，目前森林遭到不同程度的破坏，水土流失严重，生物多样性受到威胁	加强水土流失治理，保护典型生态系统和濒危动植物
		黄平—施秉低山丘陵石漠化防治与生物多样性保护区	石漠化防治与生物多样性保护	喀斯特发育强烈，生态系统良好，生物多样性丰富。但生态环境脆弱，目前石漠化有一定的扩大趋势，生态系统与生物多样性受到威胁，一旦破坏将无法恢复	加强石漠化防治，保护生态系统，切实推进区域可持续发展
	桂黔滇喀斯特石漠化防生态功能区	荔波丘陵谷地石漠化防治与生物多样性保护区	石漠化防治与生物多样性保护	喀斯特发育强烈，生态系统良好，生物多样性丰富。但生态环境脆弱，目前石漠化有一定的扩大趋势，生态系统与生物多样性受到威胁，一旦破坏将无法恢复。	加强石漠化防治，保护世界自然遗产，切实推进区域可持续发展
		三都丘陵谷地石漠化防治与水土保持区	石漠化防治与水土保持	喀斯特生态环境脆弱，水土流失和石漠化较严重，生态系统受到一定威胁	加强石漠化防治与水土保持，保护生态系统
省级层面	苗岭水土保持与生物多样性保护生态功能区	雷山—锦屏中低山丘陵水土保持与生物多样性保护区	石漠化防治与生物多样性保护	森林覆盖率较高，是西江水系重要的发源地之一，亚热带喀斯特森林生态系统典型，生物多样性丰富。目前森林系统遭到破坏，生物多样性受到威胁	加强石漠化防治，保护自然生态系统和野生动植物栖息环境，加强水土流失治理

沿河—石阡武陵山区生物多样性与水土保持区，包括铜仁市的沿河县、印江县、江口县和石阡县。国土面积 8471.1 平方千米，占全省的 4.81%；森林覆盖率分别为 33.26%、45.89%、55.51% 和 47.96%；土壤侵蚀面积 4492.63 平方千米，占该区 53.03%；石漠化面积为 1568.82 平方千米，占该区的 18.52%。2012 年总人口 172.92 万人，占全省的 4.13%。

黄平—施秉低山丘陵石漠化防治与生物多样性保护区，包括黔东南州的黄平县和施秉县，国土面积 3211.6 平方千米，占全省的 1.82%；森林覆盖率分别是 41.9% 和 54.48%；土壤侵蚀面积 1206.01 平方千米，占该区的 37.55%，2012 年总人口 55.1 万人，占全省的 1.32%。

荔波丘陵谷地石漠化防治与生物多样性保护区，包括黔南州的荔波县。国土面积 2431.8 平方千米，占全省的 1.38%；森林覆盖率为 52.7%；土壤侵蚀面积 630.4 平方千米，占该区的 25.92%；石漠化面积 658.71 平方千米，占该区的 27.09%。2012 年总人口 17.28 万人，占全省的 0.41%。

三都丘陵谷地石漠化防治与水土保持区，包括黔南州的三都水族自治县。国土面积 2383.6 平方千米，占全省的 1.35%；森林覆盖率为 61.28%；土壤侵蚀面积 826.93 平方千米，占该区的 34.69%，2012 年总人口 35.71 万人，占全省的 0.85%。

雷山—锦屏中低山丘陵水土保持与生物多样性保护区，包括黔东南州的雷山县、锦屏县、剑河县和台江县。国土面 6058.6 平方千米，占全省的 3.44%，森林覆盖率分别是 55.42%、72%、67.7 % 和 56.19%；土壤侵蚀面积 1822.05 平方千米，占该区的 30.07%。2012 年总人口 78.71 万人，占全省的 1.88%。

（三）开发和管制

严格管制各类开发活动，尽可能减少对自然生态系统的干扰，不得损害生态系统的稳定和完整性。

控制开发强度，逐步减少农村居民点占用空间，腾出更多的空间用于特色农产品基地建设和保障生态系统的良性循环 。城镇建设与工业开发要在资源环境承载力相对较强的城镇集中布局、据点式开发，并实行严格的行业准入条件，严把项目准入关。

在确保生态系统功能和农产品生产不受影响的前提下，因地制宜发展旅游、农产品生产和特色食品加工、休闲农业等产业，积极发展服务业，根据不同地区的情况，保持一定的经济增长速度和财政自给能力。

在现有城镇布局基础之上进一步集约开发、集中开发，重点规划和建设资源环境承载力相对较强的中心城镇，提高综合承载能力。引导一部分人口有序向其他重点开发区域转移，一部分人口向区域中心城镇转移。加强对生态移民点的空间布局规划，尽量集中布局到中心城镇。

加强中心城镇的道路、给排水、垃圾污水处理等基础设施建设。在条件适宜的地区，寻求清洁能源替代，积极推广沼气 、风能、太阳能、地热能、小水电等清洁能源，努力解决农村能源需求。健全公共服务体系，改善教育、医疗、文化等设施条件，提高公共服务供给能力和水平。

五、禁止开发区域

禁止开发区域是指有代表性的自然生态系统、珍稀濒危野生动植物物种的天然集中分布地、有特殊价值的自然遗迹所在地和文化遗址等，需要在国土空间开发中禁止进行工业化城镇化的生态地区。贵州省禁止开发区域分为国家和省级两个层面，包括各类自然保护区、文化自然遗产、风景名胜区、森林公园、地质公园、重点文物保护单位、重要水源地、重要湿地、湿地公园和水产种质资源保护区，禁止开发区域面积 17882.67 平方千米，占全省国土总面积的 10.15%。

（一）功能定位

贵州省禁止开发区域的功能定位是：贵州省保护文化自然资源的重要区域，点状分布的生态功能区域，珍稀动植物基因资源保护地和重要迁徙地，生物物种多样性和重要水源保护区域。

贵州省的禁止开发区域有 348 处，分为国家和省级二个层面 。今后新设立的各类自然保护区、文化自然遗产、风景名胜区、森林公园、地质公园、重点文物保护单位、重要水源地、重要湿地、湿地公园和水产种质资源保护区，自动进入相应级别禁止开发区域名录。

表 3–3　　贵州省禁止开发区域分类统计表

类 型	个数	面积（平方千米）	占全省总面积比重（%）
一、国家级禁止开发区域			
国家级自然保护区	9	2471.82	1.40
世界、国家文化自然遗产	8	2142.32	1.22
国家级风景名胜区	18	3416.10	1.94
国家级森林公园	22	1510.51	0.86
国家级地质公园	10	2010.98	1.14
二、省级禁止开发区域			
省级、市（州）级自然保护区	19	2338.87	1.32
省级风景名胜区	53	5037.73	2.86
省级森林公园	27	871.85	0.49
省级地质公园	3	396.53	0.23
国家级重点文物保护单位	39		
重要水源地保护区	129		
国家重要湿地	2	82	0.05
国家湿地公园	4	40.58	0.02
国家级、省级水产种质资源保护区	5	38.43	0.02
合计	348	17882.67	

（二）管制原则

贵州省禁止开发区域要依据法律法规规定和相关规划实施强制性保护。严禁不符合主体功能定位的各类开发活动，按照全面保护和合理利用的要求，保持该区域的原生态，利用资源优势，重点发展生态特色旅游，开发绿色天然产品，传承贵州独特的少数民族文化传统，健全管护人员社会保障体系，提高公共服务水平，促进该区域的协调发展。分级编制各类禁止开发区域保护规划，明确保护目标、任务、措施及资金来源，并依照规划逐年实施。

1. 自然保护区

全省有国家级自然保护区 9 个、省级自然保护区 4 个和市（州）级自然保护区 15 个。要依据《中华人民共和国自然保护区条例》、本规划和自然保护区规划进行管理。

划定核心区、缓冲区和实验区，进行分类管理。核心区严禁任何生产建设活动；缓冲区除必要的科学实验活动外，严禁其他任何生产建设活动；实验区除必要的科学实验以及符合自然保护区规划的绿色产业活动，严禁其他生产建设活动。

逐步调整自然保护区内产业结构。按先核心区后缓冲区、实验区的顺序逐步转移自然保护区的人口。通过建立示范村 、示范户和提供小额贷款的形式，调整产业结构，重点发展以生态旅游为主的第三产业；保护好自然保护区内的资源。

通过自然保护区可持续利用示范以及加强监测、宣传培训、科学研究、管理体系等方面的能力建设，提高自然保护区保护管理和合理利用水平，维护自然保护区生态系统的生态特征和基本功能。

交通、通信、电网设施要慎重建设，新建公路、铁路和其他基础设施不得穿越自然保护区的核心区，尽量避免穿越缓冲区，必须穿越的，要符合自然保护区规划，并进行保护区影响专题评价。

2. 文化自然遗产

全省有世界自然遗产地 2 个、国家自然遗产地 3 个、国家文化遗产地 2 个、国家自然文化双遗产地 1 个，国家级重点文物保护单位 39 处。要依据《保护世界文化和自然遗产公约》《实施世界遗产公约操作指南》《中华人民共和国文物保护法》及贵州主体功能规划确定的原则和自然文化遗产规划进行管理。

加强对文化自然遗产地原真性的保护，保持遗产在历史、科学、艺术和社会等方面的特殊价值。加强对遗产完整性的保护，保持遗产未被人扰动过的原始状态。

3. 风景名胜区

全省有国家级风景名胜区 18 个和省级风景名胜区 53 个。要依据《风景名胜区条例》、贵州主体功能规划和风景名胜区规划进行管理。

根据协调发展的原则，严格保护风景名胜区内景物和自然环境，不得破坏或随意改变。严格控制人工景观建设，减少人为包装。

禁止在风景名胜区进行与风景名胜资源保护无关的建设活动。建设旅游设施及其他基础设施等应当符合风景名胜区规划，并与景观相协调，不得破坏景观、污染环境、妨碍游览 。违反规划建设的设施，要逐步迁出。

在风景名胜区开展旅游活动，必须根据资源状况和环境内容进行，不得对景物、水体植被及其他野生动植物资源等造成损害。

4. 森林公园

全省有国家级森林公园 22 个和省级森林公园 27 个。要依据《中华人民共和国森林法》《中华人民共和国森林法实施条例》《中华人民共和国野生植物保护条例》《森林公园管理办法》、贵州主体功能规划以及森林公园规划进行管理。

森林公园内除必要的保护和附属设施外，禁止从事与资源保护无关的其他任何生产建设活动。

禁止毁林开荒和毁林采石、采砂、采土以及其他毁林行为。

建设旅游设施及其他设施必须符合森林公园规划。违反规划建设的设施，要逐步迁出。

根据资源状况和环境容量对旅游规模进行有效控制，不得对森林及其他野生动植物资源等造成损害。

5. 地质公园

全省有国家级地质公园 10 个和省级地质公园 3 个。要依据《世界地质公园网络工作指南》《关于加强国家地质公园管理的通知》、贵州主体功能规划以及地质公园规划进行管理。

地质公园内除必要的保护和附属设施外，禁止其他任何生产建设活动。

禁止在地质公园和可能对地质公园造成影响的周边地区进行采石、取土、开矿、放牧、砍伐以及其他对保护对象有损害的活动。

未经主管部门批准，不得在地质公园内从事科学研究 、教学实习以及采集、挖掘标本和古生物化石等活动。

6. 重要水源地保护区

全省有重要水源地保护区 129 个。要依据《中华人民共和国水法》等法律法规、贵州主体功能规划以及水源地安全保障规划进行管理和监测。

在重要水源地保护区内，加强日常监管，开展水源地达标建设。禁止从事可能污染饮用水源的活动，禁止开展与保护水源无关的建设项目。在水源地一级保护区内禁建，二级保护区内禁设排污口。禁止一切破坏水环境生态平衡的活动以及破坏水源林、护岸林、与水源保护相关植被的活动。不得开凿其他生产用水井，不得使用工业废水或生活污水灌溉和施用持久性或剧毒的农药，不得修建渗水厕所和污废水渗水坑，不得堆放废渣和垃圾或铺设污水管道，不得从事破坏深土层活动。任何单位和个人在水源保护区内进行建设活动，都应征得供水单位的同意和水行政主管部门的批准。

7. 重要湿地和湿地公园

全省有国家重要湿地 2 个和国家湿地公园 4 个。要依据《湿地公约》《国务院办公厅关于加强湿地保护管理的通知》（国办发〔2014〕50 号）《中国湿地保护行动计划》《国家林业和草原局关于印发〈国家湿地公园管理办法（试行）〉的通知》（林湿发〔2016〕1 号）、贵州主体功能规划确定的原则进行管理。

严格控制开发占用自然湿地，凡是列入国家重要湿地名录，以及位于自然保护区内的自然湿地，一律禁止开垦占用或随意改变用途。

禁止在国家重要湿地、国家湿地公园内从事与保护湿地生态系统不符的生产活动。

8. 水产种质资源保护区

全省有国家级水产种质资源保护区 3 个和省级水产种质资源保护区 2 个。要依据《水产种质资源保护区管理暂行办法》（中华人民共和国农业农村部令 2017 年第 1 号）、本规划确定的原则进行管理。

禁止在水产种质资源保护区内从事围湖造田工程，禁止在水产种质资源保护区内新建设排污口。

按核心区和实验区分类管理。核心区内严禁从事任何生产建设活动，在实验区内从事修建水利工程、疏浚航道、建闸筑坝、勘探和开采矿产资源、港口建设等工程建设的，或者在水产种质资源保护区外从事可能损害保护区功能的工程建设活动的，应当按照国家有关规定编制建设项目对水产种质资源保护区的影响专题论证报告，并将其纳入环境影响评价报告书。

水产种质资源保护区特别保护期内不得从事捕捞、爆破作业，以及其他可能对保护区内生物资源和生态环境造成损害的活动。

第三节　生态保护红线规划

生态保护红线是保障和维护生态安全的底线和生命线，是实现一条红线管控重要生态空间的前提。划定并严守生态保护红线，是全面贯彻习近平生态文明思想，认真落实习近平总书记关于贵州要守好发展和生态两条底线重要指示的重要举措。各级各部门各单位要切实提高政治站位，坚决把严守生态保护红线作为生态文明建设重要内容，抓好生态保护红线划定区域落地，认真落实主体功能区制度，实施生态空间用途管制，不断提高生态产品供给能力、完善生态系统服务功能，夯实生态安全格局，健全生态文明制度体系，切实推动绿色发展，确保生态功能不降低、性质不改变、管控面积不减少，有效维护全省生态安全

贵州位于长江和珠江两大水系上游交错地带，是“两江”上游和西南地区的重要生态屏障，是重要的水土保持和石漠化防治区，是国家生态文明试验区。划定并严守生态保护红线，对于贵州夯实生态安全格局、牢牢守住发展和生态两条底线、推进国家生态文明试验区建设具有重大意义。根据《中共中央办公厅国务院办公厅印发〈关于划定并严守生态保护红线的若干意见〉的通知》（厅字〔2017〕2号）要求，贵州省按照科学性、整体性、协调性、动态性原则，在组织科学评估、校验划定范围、确定红线边界基础上，划定了贵州省生态保护红线。

一、生态保护红线面积

为确保全省重点生态功能区域、生态环境敏感脆弱区、重要生态系统和保护物种及其栖息地等得到有效保护，共划定生态保护红线面积为45900.76平方千米，占全省总面积17.61万平方千米的26.06%。

二、生态保护红线格局

全省生态保护红线格局为“一区三带多点”：“一区”即武陵山—月亮山区，主要生态功能是生物多样性维护和水源涵养；“三带”即乌蒙山—苗岭、

大娄山—赤水河中上游生态带和南盘江—红水河流域生态带，主要生态功能是水源涵养、水土保持和生物多样性维护；“多点”即各类点状分布的禁止开发区域和其他保护地。

三、主要类型和分布范围

全省生态保护红线功能区分为 5 大类，共 14 个片区。

（一）水源涵养功能生态保护红线

划定面积为 14822.51 平方千米，占全省总面积的 8.42%，主要分布在武陵山、大娄山、赤水河、沅江流域，柳江流域以东区域、南盘江流域、红水河流域等地，包含 3 个生态保护红线片区：武陵山水源涵养与生物多样性维护片区、月亮山水源涵养与生物多样性维护片区和大娄山—赤水河水源涵养片区。

（二）水土保持功能生态保护红线

划定面积为 10199.13 平方千米，占全省总面积的 5.79%，主要分布在黔西南州、黔南州、黔东南州、铜仁市等地，包含 3 个生态保护红线片区：南、北盘江—红水河流域水土保持与水土流失控制片区、乌江中下游水土保持片区和沅江—柳江流域水土保持与水土流失控制片区。

（三）生物多样性维护功能生态保护红线

划定面积 6080.50 平方千米，占全省总面积的 3.45%，主要分布在武陵山、大娄山及铜仁市、黔东南州、黔南州、黔西南州等地，包含 3 个生态保护红线片区：苗岭东南部生物多样性维护片区、南盘江流域生物多样性维护与石漠化控制片区和赤水河生物多样性维护与水源涵养片区。

（四）水土流失控制生态保护红线

划定面积 3462.86 平方千米，占全省总面积的 1.97%，主要分布在赤水河中游国家级水土流失重点治理区、乌江赤水河上游国家级水土流失重点治理区、都柳江中上游省级水土流失重点预防区、黔中省级水土流失重点治理区等地，包含 2 个生态保护红线片区：沅江上游—黔南水土流失控制片区和芙蓉江小流域水土流失与石漠化控制片区。

（五）石漠化控制生态保护红线

划定面积 11335.78 平方千米，占全省总面积的 6.43%，主要分布在威宁—赫章高原分水岭石漠化防治区、关岭—镇宁高原峡谷石漠化防治亚区、北盘江下游河谷石漠化防治与水土保持亚区、罗甸—平塘高原槽谷石漠化防治亚区等地，包含 3 个生态保护红线片区：乌蒙山—北盘江流域石漠化控制片区、红水河流域石漠化控制与水土保持片区和乌江中上游石漠化控制片区。

第四节　保障措施

一、财政政策

按照主体功能区的要求和基本公共服务均等化原则，深化财政体制改革，完善公共财政体系。

积极适应主体功能区要求，在落实国家财政政策的基础上，完善省级一般性转移支付制度，增加对限制开发区域的均衡性财政转移支付。调整完善省级财政激励约束机制，加大以奖代补力度，支持并帮助建立基层政府基本财力保障制度，增强限制开发区域基层政府实施公共管理、提供基本公共服务和落实各项民生政策的能力。完善省级财政对下转移支付体制，建立省级生态环境补偿机制，加大对重点生态功能区的支持力度。省级财政在均衡性转移支付标准财政支出测算中，应当考虑属于地方支出责任范围的生态保护支出项目和自然保护区支出项目，并通过提高转移支付系数等方式，加大对重点生态功能区的均衡性转移支付力度。建立健全有利于切实保护生态环境的奖惩机制。

加快建立省级生态环境补偿机制。参照中央财政在一般性转移支付标准财政支出中增设生态保护支出项目和自然保护区支出项目的办法，整合各类生态建设及生态补偿资金，完善管理体制机制，建立省级生态环境补偿机制，重点用于限制开发区域和禁止开发区域提供生态产品的能力建设、生态移民补贴等方面。

探索建立贵州省地区间横向援助机制和上下游生态补偿机制。重点开发区域特别是生态受益地区，应采取资金补助、定向援助、对口支援、项目扶持等方式，对重点生态功能区因加强生态环境保护造成的利益损失进行补偿。

加大各级财政对自然保护区的投入力度。在定范围、定面积、定功能的基础上定经费，并分清省、市、县各级政府的财政职责。把各级各类自然保护区的管理及建设费用分别纳入各级地方政府的财政预算，提高财政资金的保障水平，重点推进自然保护区核心区人口的平稳搬迁，减少区域内居民对自然保护区的干扰和破坏；改善自然保护区内不需要搬迁居民的社会保障、文化教育、医疗卫生、信息等基本公共服务条件。

二、投资政策

依据国家主体功能区规划对政府预算内投资的要求，调整优化投资结构，将省级政府预算内投资分为按主体功能区安排和按领域安排两个部分，实行两者相结合的政府投资政策。

按主体功能区安排的投资，主要用于支持贵州省重点生态功能区和农产品主产区的发展，包括生态修复和环境保护、农业综合生产能力建设、公共服务设施建设、生态移民、促进就业 、基础设施建设以及支持适宜产业发展等。按照国家实施重点生态功能区保护修复工程要求，结合贵州省实际，统筹解决全省重点生态功能区民生改善、区域发展和生态保护问题。用于支持省级重点生态功能区的投资，参照国家政策进行安排，并根据规划和建设项目实施时序，按年度安排投资数额。

按领域安排的投资，要符合各区域的主体功能定位和发展方向。逐步加大政府投资用于农业、生态建设和环境保护方面的比例。基础设施投资，要重点用于加强重点开发区域的交通 、能源、水利、环保以及公共服务设施的建设。生态建设和环境保护投资，要重点用于加强重点生态功能区生态产品生产能力的建设。农业投资，要重点用于加强农产品主产区农业综合生产能力的建设。加大对重点生态功能区和农产品主产区的交通、水利等基础设施和教育、卫生等公共服务设施的投资支持力度，对重点生态功能区和农产品主产区内由省支持的建设项目，参照国家相关政策，适当提高省级政府补助或贴息比例，逐步降低市（州 ）级和县级政府投资比例。

鼓励和引导民间投资按照不同区域主体功能定位投资。对重点开发区域，鼓励和引导民间资本进入法律法规未明确禁止准入的行业和领域，对限制开发区域，主要鼓励民间资本投向基础设施、市政公用事业和社会事业等。

积极利用金融手段引导民间投资。调整金融机构信贷投放结构，引导商业银行按区域主体功能定位调整区域信贷投向，鼓励向符合区域主体功能定位的项目提供贷款，严格限制向不符合主体功能定位的项目提供贷款。鼓励扩大重点开发区域的信贷规模。

三、产业政策

根据国家修订的《产业结构调整指导目录》《外商投资产业指导目录》和《中西部外商投资优势产业目录》，修订完善贵州省现行产业指导目录和实施西部大开发有关产业政策，进一步明确贵州省不同主体功能区域鼓励、限制和禁止的产业。

在国家产业政策允许范围内，适当放宽贵州省具备资源优势、有市场需求的部分行业准入限制。

编制专项规划、布局重大项目，必须符合各区域的主体功能定位。重大制造业项目和非矿产资源依赖型加工业项目应优先布局在国家或省级重点开发区域；在资源环境承载能力和市场允许的情况下，依托能源和矿产资源的资源型加工业项目，原则上应布局在重点开发区域。

重点开发区域要发挥区域比较优势，依托专业产业园区，加快特色优势产业、战略性新兴产业集群式发展，推进优势资源转化和非资源型产业发展。

限制开发区域要在生态开发和发展特色农业、提供生态产品和优质农产品的基础上，依托资源状况推进据点式开发，鼓励发展适宜产业。

严格市场准入制度，对不同主体功能区的项目实行不同的占地、耗能、耗水、资源回收率、资源综合利用率、工艺装备 、“三废”排放和生态保护等强制性标准。

建立市场退出机制，对限制开发区域不符合主体功能定位的现有产业，要通过设备折旧补贴、设备贷款担保、迁移补贴等手段，促进产业跨区域转移或关闭。

四、土地政策

按照不同主体功能区的功能定位和发展方向，实行差别化的土地利用和土地管理政策，科学确定各类用地规模。根据贵州省经济社会发展需要，在不突破规划约束性指标的前提下，严格土地利用总体规划实施管理，规范开展规划评估修改工作。在确保耕地和林地数量和质量的基础上，保障重点开发地区用地需要，合理扩大城市居住用地，适度增加工矿用地，保证交通、水利等基础设施建设用地，逐步减少农村居住用地。

探索实行城乡之间用地增减挂钩的政策，城镇建设用地的增加规模要与本地区农村建设用地的减少规模挂钩。探索实行地区之间人地挂钩的政策，城市化地区建设用地的增加规模要与吸纳外来人口定居的规模挂钩。

在集约开发的原则下，合理扩大重点开发区域建设用地规模，在保障城市合理建设用地需要的同时，积极引导工业项目向开发区、工业园区集中，强化节约和集约用地，显著提高单位用地面积产出率。对重点生态功能区和农产品主产区，应适度安排基础设施建设和资源性特色产业、生态产业发展的建设用地；严格控制农产品主产区建设用地规模，严禁改变重点生态功能区用地用途；严禁自然文化资源保护区土地的开发建设。

严格执行国家基本农田保护政策和耕地占用占补平衡制度。将基本农田落实到地块、图件，并标注到土地承包经营权登记证书上，严禁擅自改变基本农田用途和位置。妥善处理自然保护区农用地的产权关系，引导自然保护区核心区、缓冲区人口逐步转移。

严格实施林地用途管制，严禁擅自改变林地性质和范围，严格保护公益林地。

五、农业政策

按照国家支持农业发展的要求，完善贵州省支持和保护农业发展的政策，加大强农惠农富农政策支持力度，并重点向农产品主产区倾斜。

调整地方财政支出、固定资产投资、信贷投放结构，保证各级地方财政对农业投入增长幅度高于经常性收入增长幅度，增加对农村基础设施建设和社会事业发展的投入，大幅度提高政府土地出让收益、耕地占用税新增收入用于农业的比例，加大财政对农产品主产区的转移支付力度。

落实国家对农业的补贴制度，规范程序，完善办法，特别要支持增产增收，落实并完善农资综合补贴动态调整机制，做好对农民种粮补贴工作。

完善农产品市场调控体系，严格执行国家粮食最低收购价格政策，改善其他主要农产品市场调控手段，充实主要农产品储备，保持农产品价格合理水平。

支持农产品主产区和有条件的地区依托本地资源优势发展农产品加工业，根据农产品加工不同产业的经济技术特点，对适宜的产业，优先在农产品主产区的县域布局。

加大农业野生植物资源保护力度，合理开发利用农业野生植物基因资源。加强农业引种过程中的外来物种入侵风险管理。

六、人口政策

引导人口合理分布。重点开发区域要实施积极的人口迁入政策，增强人口积聚和吸纳人口的能力建设，破除限制人口转移的制度障碍，放宽户口迁移限制，鼓励外来人口迁入和定居，将在城市有稳定就业或住所的流动人口逐步实现本地化，并引导区域内人口均衡分布。大力鼓励贵州省农村人口迁入和定居重点开发区域。

探索建立人口评估机制。构建经济社会政策及重大建设项目与人口发展政策之间的衔接协调机制，重大建设项目的布局和社会事业发展应充分考虑人口集聚和人口布局优化的需要，以及人口结构变动带来需求的变化。限制开发和禁止开发的区域，要实施积极的人口退出政策 。大力加强义务教育、职业教育与劳动技能培训，增强劳动力跨区域转移就业的能力，鼓励人口到重点开发区域就业并定居，积极引导区域内人口向城市和中心城镇集聚。

完善人口和计划生育利益导向机制。综合运用社会保障和其他经济手段，引导人口自然增长率较高的农村地区居民进一步自觉降低生育水平。

加大城乡户籍管理制度的改革力度，逐步统一城乡户口登记管理制度。加快推进基本公共服务均等化，将公共服务领域的各项法律法规、政策与现行户口性质相剥离。按照“属地化管理、市民化服务”的原则，鼓励城市化地区将外来常住人口纳入居住地教育、就业、医疗、社会保障、住房保障等体系，切实保障流动人口与本地人口享有均等的基本公共服务和同等的权益。

七、民族政策

积极落实国家民族政策，进一步完善和落实贵州省扶持民族地区发展的各项政策，创新符合民族地区实际的发展模式。有重点地支持民族地区加强交通、水利等基础设施和教育、医疗 、文化等公共服务设施建设，编制和实施相关专项建设规划，尽快解决制约发展的突出问题。加快推进重点开发区域内民族地区的工业化、城镇化发展，加快改善限制开发区域内民族地区基础设施和公共服务设施条件，促进不同民族地区经济社会的协调发展。

加大对民族地区非物质文化遗产保护与传承的支持力度，加大各级财政特别是省级财政的投入。

重点开发区域要注重扶持区域内少数民族聚居区的发展，改善城乡少数民族聚居区群众的物质文化生活条件，促进不同民族地区经济社会的协调发展。充分尊重少数民族群众的风俗习惯和宗教信仰，保障少数民族特需商品的生产和供应，满足少数民族群众生产生活的特殊需要。继续执行扶持民族贸易、少数民族特需商品和传统手工业品生产发展的财政、税收和金融等优惠政策，加大对民族乡、民族村和城市民族社区发展的扶持力度。

限制开发和禁止开发区域要着力解决少数民族聚居区经济社会发展中突出的民生问题和特殊困难。优先安排与少数民族聚居区群众生产生活密切相关的农业、教育、文化、卫生、饮水、电力、交通、贸易集市、民房改造、扶贫开发等项目，积极推进农村地区少数民族群众的劳动力转移就业，鼓励并支持发展非公有制经济，最大限度地为当地少数民族群众提供更多的就业机会，扩大少数民族群众收入来源。

八、环境政策

重点开发区域要结合环境容量，实行严格的污染物排放总量控制指标，较大幅度减少污染物排放量。要按照国内先进水平，根据环境容量逐步提高产业准入环境标准。要积极推进排污权制度改革，合理控制排污许可证发放，制定合理的排污权有偿取得价格，鼓励新建项目通过排污权交易获得排污权。

重点开发区域要注重从源头上控制污染，凡依法应当进行环境影响评价的重点流域、区域开发和行业发展规划以及建设项目，必须严格履行环境影响评价程序。建设项目要加强环境风险防范。开发区和重化工业集中地区要按照发展循环经济的要求进行规划、建设和改造；要合理开发和科学配置水资源，控制水资源开发利用程度，在加强节水的同时，限制排入河湖的污染物总量，保护好水资源和水环境。加强大气污染防治，实施城市环境空气质量达标；规范危险废物管理；严格落实危险化学品环境管理登记制度。

限制开发区域要通过治理、限制或关闭高污染高排放企业等措施，实现污染物排放总量持续下降和环境质量状况达标 。限制开发区域的农产品主产区要按照保护和恢复地力、保障农产品产地环境质量安全的要求设置产业准入环境标准。重点生态功能区要按照生态功能恢复和保育原则设置产业准入环境标准，加强农业面源污染治理。要从严控制排污许可证发放，全面实行矿山环境治理恢复保证金制度，并实行较高的提取标准。要加大水资源保护力度，适度开发利用水资源，实行全面节水，满足基本的生态用水需求，加强水土保持和生态环境修复与保护。

禁止开发区域要按照强制保护原则设置准入环境标准，不发放排污许可证，依法关闭所有污染物排放企业，确保污染物的“零排放”，难以关闭的，必须限期迁出。禁止开发区域严格禁止不利于水生态环境保护的水资源开发活动，实行严格的水资源保护制度。禁止开发区域的旅游资源开发须同步建立完善的污水垃圾收集处理设施。

贯彻落实国家关于主体功能区的税收及金融政策，积极推行绿色信贷、绿色保险、绿色证券等。

第四章 贵州省绿色发展战略举措

绿色，是高质量发展的应有之色；绿色发展，是高质量发展的应有之义。习近平总书记日前指出，推动长江经济带绿色发展，关键是要处理好绿水青山和金山银山的关系。这不仅是实现可持续发展的内在要求，而且是推进现代化建设的重大原则。依据贵州独特的省情，尽快形成以坚持绿色发展观来推动贵州高质量发展的全新局面，是落实习近平总书记系列重要讲话精神的根本遵循。

第一节 绿色产业主导

一、总体要求

以习近平新时代中国特色社会主义思想为指导，深入贯彻习近平生态文明思想和习近平总书记视察贵州重要讲话精神，立足新发展阶段，贯彻新发展理念，构建新发展格局，以高质量发展为统揽，以供给侧结构性改革为主线，牢牢守好发展和生态两条底线，深入实施绿色制造专项行动，全面提高资源能源利用效率，着力构建工业绿色低碳转型与工业赋能绿色发展相互促进、深入融合的现代产业格局，为推进新型工业化、推动工业高质量发展提供有力支撑。

二、主要目标

到 2025 年，工业产业结构、生产方式绿色低碳转型取得显著成效，绿色制造水平明显提升。

——能源利用效率稳步提升。规模以上工业单位增加值能耗降低13.5%，重点用能行业单位产品能耗达到国内先进水平，清洁能源、非化石能源在能源消费结构中的比重明显提高。

——资源利用水平明显提高。大宗工业固体废物综合利用率超过全国平均水平，单位工业增加值用水量降低16%。

——绿色制造体系日趋完善。绿色工业园区占比50%以上，创建绿色工厂200家以上，培育一批绿色设计产品，打造一批绿色供应链，创建一批工业产品绿色设计示范企业。

三、重点任务

（一）加快产业转型和升级

1. 严控“两高”项目盲目发展

严格执行新建和扩建钢铁、水泥、平板玻璃、电解铝等高耗能高排放项目产能等量或减量置换政策。严格能效约束，对标重点领域能效标杆水平，推动高耗能行业节能降碳工作，有效遏制“两高”项目盲目发展，坚决依法依规推动落后产能退出。

2. 推动绿色低碳产业发展

加快发展新能源、新材料、新能源汽车、绿色环保、高端装备等战略性新兴产业。推动互联网、大数据、人工智能、第五代移动通信（5G）等新兴技术与绿色低碳产业深度融合。发展生物科技、生态特色食品等环境友好型产业。推进基础材料向新材料领域提升转化，推动磷化工精细化、煤化工新型化、特色化工高端化发展。探索光伏组件、风电机组叶片等新兴产业废弃物循环利用；推动再生资源规范化、规模化和清洁化利用。

3. 持续优化产品结构

提升高附加值、低能耗、低污染产品生产能力，加大高端优质产品供给，提高产品价值，提升绿色低碳产品比重，推动产品结构升级。鼓励企业运用绿色设计方法与工具，开发推广一批高性能、高质量、轻量化、低碳环保产品，培育一批绿色产品。加强资源再生产品和再制造产品推广应用，培育再生资源龙头企业。鼓励使用“能效之星”产品、5G网络节能技术产品和国家绿色数据中心先进适用技术产品。

（二）推动行业绿色化改造

1. 推动传统行业节能改造

深入实施“千企改造”，以煤炭、电力、化工、钢铁、有色、建材等传统行业为重点，加快技术升级和节能改造，提高资源节约集约利用效率。推动煤电机组升级改造和供热改造，推广应用高效电机、高效变压器等节能装备，推进绿色工厂和绿色供应链管理企业建设，深入开展能效“领跑者”行动，培育一批节能标杆企业。

2. 推进重点行业清洁低碳改造

加强中低品位余热余能利用、煤炭高效清洁利用等技术在钢铁、有色、化工、建材、煤电等行业的推广，强化先进环保治理装备应用，推动形成稳定、高效的治理能力。深入推进钢铁、水泥、焦化等行业超低排放改造，开展多污染物协同治理应用示范，加快推进有机废气回收和处理，鼓励选取低耗高效组合工艺，加强大气污染防治。切实强化造纸、煤化工、有色金属等行业废水治理，提高水污染防治水平。

（三）推动能源绿色化消费

1. 提升清洁能源消费比重

鼓励氢能、生物燃料、垃圾衍生燃料等替代能源在钢铁、水泥、化工等行业的应用。探索新建、改扩建项目实行用煤减量替代。提升工业终端用能电气化水平，推广应用电窑炉、电锅炉、电动力设备。鼓励开发区、工厂开展工业绿色低碳微电网建设，发展屋顶光伏、分散式风电、多元储能、高效热泵等，推进多能高效互补利用。

2. 提高能源利用效率

加快重点用能行业节能技术装备创新和应用，持续推进工业企业能量系统优化。推动工业窑炉、锅炉、电机、泵、风机、压缩机等重点用能设备系统的节能改造。加强重点工艺流程、用能设备信息化数字化改造升级。鼓励开发区、企业建设能源综合管理系统，实现能效优化调控。推进网络和通信等新基建绿色升级，降低数据中心、移动基站功耗。

3. 完善能源管理和服务机制

强化新建项目能源评估审查，定期对各类项目特别是“两高”项目进行监督检查。规范节能监察执法、创新监察方式、强化结果应用，实现重点用能行业企业节能监察全覆盖。强化以电为核心的能源需求侧管理，引导企业提高用能效率和需求响应能力。培育绿色制造系统解决方案、绿色制造服务供应商、第三方评价等专业化绿色服务机构，实施节能服务进企业行动，开展工业节能诊断，为企业节能管理提供服务。

（四）深化资源绿色化利用

1. 推进工业固废综合利用

推动产废行业绿色转型，降低产废强度，实现源头减量。实施工业固废综合利用评价，建立健全绿色建材产品认证机制，推进利废行业绿色生产。加强磷资源中氟、碘等共生矿产资源开发，加大工业副产石膏、粉煤灰、冶炼废渣等综合利用力度，围绕新型建材等重点产业，培育一批综合利用骨干企业，创建工业资源综合利用基地。

2. 开展工业节水行动

大力推广高效冷却、循环用水、废污水再生利用等节水工艺和技术，推进污水资源化利用。强化取用水计量统计，提高用水计量率。加强生产用水管理，推进水循环梯级利用，鼓励创建一批节水型标杆企业。

（五）推动开发区绿色发展

1. 推进绿色产业发展

结合开发区区位特点、资源禀赋、产业基础、环境容量等，以首位产业为引领，聚焦潜力产业，强化延链补链强链，发展绿色经济，培育打造绿色低碳产业。

2. 推动绿色工业园区创建

将绿色化贯穿于开发区规划、空间布局、产业准入、基础设施建设、资源能源利用、污染物控制、运行管理等环节，推进开发区环保基础设施建设，确保开发区生产生活废水应收尽收、达标排放。推进节水循环化改造，提高绿色化水平，培育创建一批绿色工业园区和节水型标杆园区。

（六）强化绿色化科技创新

1. 加强基础研究和技术攻关

加快绿色制造产业核心关键技术攻关，积极攻克一批制约大宗工业固废资源综合利用的关键共性技术，加强磷石膏、赤泥、电解锰渣等的减量化、无害化处置和综合利用技术攻关，开发磷石膏、粉煤灰、冶炼废渣等的高附加值综合利用产品。

2. 推动科技成果转化应用

支持建立绿色技术创新项目孵化器、创新创业基地。发挥大企业支撑引领作用，推动绿色低碳技术工程化、产业化实现突破。发挥节能技术创新引领作用，推进先进适用节能技术和系统性解决方案成果转化应用。

3. 实施“工业互联网 + 绿色制造”

加快工业互联网创新发展，推动新一代信息技术与制造业深度融合，实施一批数字化、网络化、智能化技改项目，推进能源管理中心建设，推动钢铁、建材、有色金属等流程型工业在工艺装备智能感知和控制系统等关键技术上取得突破，打造一批“数字车间”“智慧工厂”。

四、保障措施

（一）强化组织实施

各责任单位要加强协同配合，切实履行职责，将实施绿色制造专项行动作为推动生态文明建设的一项重要任务，协同推进各项工作。要建立绿色制造名单动态管理机制，加强常态化管理，推动各项工作开展。

（二）落实财税政策

充分利用省财政专项资金、省工业和信息化发展专项资金、省新型工业化发展基金及省生态环保基金，支持绿色制造示范、工业节能技改、资源综合利用等领域项目建设。要加大对政府绿色采购力度，认真落实节能节水、资源综合利用等税收优惠政策，推动绿色制造企业发展。

（三）拓宽融资渠道

积极发挥中小企业信贷通、省工业投资公司、省工业担保公司作用，支持企业融资发展。建立健全绿色制造融资项目库，按程序纳入全省绿色金融项目库，提高企业申贷获得率。积极发展绿色债券，鼓励银行机构探索开展排污权、碳排放权质押贷款等绿色金融业务，提升绿色金融产品和服务创新能力。

（四）加强宣传引导

充分发挥各类媒体、公益组织、行业协会等作用，引导工业绿色低碳发展，树立绿色消费理念，营造良好舆论氛围。指导绿色制造单位对上年度绿色制造水平指标进行自我声明，展示绿色制造先进经验和典型做法。鼓励企业按年度发布绿色低碳发展报告。

第二节　加强环境保护

“十四五”时期是我国全面建成小康社会、实现第一个百年奋斗目标之后，乘势而上开启全面建设社会主义现代化国家新征程、向第二个百年奋斗目标进军的第一个五年，是推动高质量发展、构建新发展格局的关键时期。自然资源是高质量发展的物质基础、空间载体和能量来源，有效保护和合理利用自然资源，在全面建设社会主义现代化国家新征程中具有全局性、基础性、关键性的重要地位，在贵州推进经济社会高质量发展中发挥要素保障、空间支撑、发展赋能的重要作用。

一、现状与形势

（一）自然资源现状

山地多平地少，地理环境独特。贵州简称“黔”或“贵”，位于我国西南部，地处云贵高原东部，介于东经 103° 36′ ~109° 35′、北纬 24° 37′ ~29° 13′ 之间，东靠湖南、南邻广西、西毗云南、北连四川和重庆，东西长约 595 千米，南北相距约 509 千米，国土总面积 17.6 万平方千米。地势西高东低，平均海拔在 1100 米左右，属典型的喀斯特地貌，岩溶出露面积占全省国土总面积的 61.92%。属亚热带湿润季风气候，大部分地区年均温度 14~16℃，年降水量一般 1100~1400 毫米，年日照时数 1200~1500 小时。

土地资源稀缺，坡耕地占比高。2020 年度贵州省国土变更调查数据显示，全省建设用地1419.33万亩、农用地24462.92万亩。全省耕地5122.55万亩。其中25度以上陡坡耕地848.85万亩，占耕地的16.57%；15~25度坡耕地1402.63万亩，占耕地的27.38%；6~15度耕地2097.15万亩，占耕地的40.94%；2~6度耕地556.12万亩，占耕地的10.86%；2度以下耕地217.8万亩，占耕地的4.25%。

矿产种类丰富，资源优势明显。截至2020年底，全省查明矿产地3644处，已发现各类矿产137种，查明储量矿产92种，其中53种位居全国总量前十位。保有资源储量为：煤炭791.95亿吨，居全国第5位；磷矿48.91亿吨，居全国第3位；铝土矿11.39亿吨，居全国第3位；金矿470.29吨，居全国第8位；锰矿8.31亿吨，居全国第1位；锑矿38.06万吨，居全国第4位；重晶石1.41亿吨，居全国第1位；铅矿215.76万吨，居全国第14位；锌矿902.44万吨，居全国第6位；萤石348.35万吨，居全国第11位；预测煤层气2.83万亿立方米，预测页岩气8.67万亿立方米，均居全国第4位。

植被覆盖度高，生态优势突出。2020年度贵州省国土变更调查数据显示，全省林地1.68亿亩，草地278.38万亩，湿地10.82万亩。森林覆盖率达61.51%，森林蓄积量6.09亿立方米；草原综合植被盖度88%。全省有野生脊椎动物1085种，野生动物物种数量（含无脊椎动物）居全国第3位；已查明有高等植物346科2147属10255种，其中药用植物资源3700余种，占全国中草药品种的80%，野生植物物种数量居全国第4位。列入国家重点保护名录的野生植物有76种和31类，共约241种，列入国家重点保护名录的野生动物有196种。

水资源较丰富，开发利用低效。贵州省位于长江和珠江两大流域上游，是长江、珠江重要的生态安全屏障。境内河流众多，以中部苗岭为分水岭，北部为长江流域，包含乌江、沅江、牛栏江—横江和赤水河—綦江四大水系，流域面积占全省的65.7%；南部为珠江流域，包含南盘江、北盘江、红水河和都柳江四大水系，流域面积占全省国土总面积的34.3%。全省多年平均水资源量为1062亿立方米，按第七次全国人口普查数据计算，人均水资源量为2754立方米，是全国平均水平的1.4倍。水资源开发利用程度、用水水平和用水效率均低于全国平均水平。

（二）“十三五”主要工作成效

“十三五”时期，在习近平新时代中国特色社会主义思想指导下，全省自然资源保护和利用制度逐步完善，管理水平不断提升，在全国自然资源领域形成了一些特色和亮点，走出了一条既符合中央和部省要求，又适应贵州省情和时代要求的自然资源保护和利用之路，为贵州经济增速连续10年居全国前3，创造“黄金十年”快速发展期，彻底撕掉千百年来的绝对贫困标签，全省经济社会发展取得历史性成就提供了有力保障，作出了积极贡献。

建设用地保障有力有效。“十三五”期间，全省获批建设用地121.67万亩，其中新增建设用地104.12万亩；供应国有建设用地139.71万亩，其中出让56.48万亩、成交价款5290.91亿元，充分保障了全省脱贫攻坚、新型城镇化发展、十大工业产业、十二大特色农业产业、十大服务创新工程，以及能源、交通、水利等各类项目建设。在全国率先探索利用增减挂钩政策支持易地扶贫搬迁，实施增减挂钩三年行动，为脱贫攻坚累计筹集资金441.68亿元。

矿产资源保障能力明显增强。地质找矿突破战略行动取得重大成果，新发现各类矿产地487处，在铜仁发现全国首个特大型富锰矿床；在毕节发现超大型铅锌矿床；正安区块页岩气探矿权拍卖在全国敲响“第一槌”。查明新增和提高资源量级别煤炭303亿吨、磷矿29亿吨、铝土矿6.7亿吨、金矿311吨、锰矿7.2亿吨、铅锌矿650万吨。新设矿业权896个，有力推动了全省基础能源、清洁高效电力、新型建材、现代化工、基础材料等工业产业发展。地热（温泉）覆盖88个县（市、区、特区），推动打造“温泉省”。

资源节约集约利用水平不断提高。落实建设用地“增存挂钩”，全省消化批而未供土地30.02万亩、处置闲置土地11.49万亩，全省单位地区生产总值建设用地使用面积下降率超额完成国家下达任务；建立矿产资源绿色化开发机制，制定全国首个绿色勘查地方标准，建立矿产资源绿色开发利用（三合一）制度；建成一批省级绿色矿山，其中8个进入国家级名录；实施矿产资源新“三率”标准，推广应用先进适用技术，6项技术列入全国先进适用技术推广目录。落实最严格水资源管理制度成效显著，全省用水总量控制在国家下达目标以内。

耕地保护严而有力。完善市级人民政府耕地保护责任目标考核办法，强化各级党委政府耕地保护主体责任和目标考核。从严控制非农建设占用耕地，加强和改进耕地占补平衡，统筹推进补充耕地，新增耕地 56.42 万亩、水田 30.97 万亩；在全国率先全面推进耕作层剥离再利用。累计建成高标准农田 1677 万亩，耕地质量不断提高。加强和规范设施农业用地管理，制定 500 亩以上连片坝区种植土地保护办法，在全国率先完成全省耕地质量地球化学调查评价，发现大面积富硒和富锗特色耕地资源，为深入推进农村产业革命提供决策参考。

生态保护修复成效明显。实施乌蒙山区山水林田湖草生态保护修复、土地整治等重大工程，完成生态修复 32.5 万亩；实施长江经济带乌江、赤水河废弃露天矿山生态修复工程，治理面积 1.25 万亩；治理水土流失 13361 平方千米、石漠化 5234 平方千米，石漠化程度持续减轻，面积减少量居全国岩溶地区首位；森林蓄积量增幅达 29.57%，覆盖率达 61.51%。率先在长江经济带建立赤水河流域跨省横向生态补偿机制。统筹开展生态保护红线评估调整、自然保护地整合优化，妥善处置各类矛盾冲突，全省生态系统连通性、完整性和生态保护格局更加优化。

地质灾害综合防治体系不断完善。全省建成 2502 处地质灾害自动化监测点，安装各类专业监测设备 1.3 万余台（套），“人防＋技防”的监测预警预报体系日趋完善，完成高位隐蔽性隐患专业排查全覆盖，利用合成孔径雷达差分干涉测量等技术开展隐患早期识别，初步形成岩溶山区地质灾害风险评价体系。组织实施工程治理项目 509 个、消除近 900 处隐患点、解除近 40 万人生命财产威胁。实施地质灾害减灾安居工程项目 135 个、搬迁 4334 户 1.7 万余人。成功避让地质灾害 169 起、避免人员伤亡 14957 人、避免直接经济损失 4.57 亿元。

自然资源领域改革成效显著。全面完成湄潭全国农村土地制度改革 3 项试点，走出一条“业活、人活、村活”的乡村振兴路径，探索形成“湄潭经验”。矿业权出让制度改革国家级试点取得重大突破，形成“1+5+8”配套改革政策体系；在全国率先全面实行矿业权竞争性出让制度，推行矿业权登记制度，探索建立矿业权出让收益税务“照单征收”代征模式。“放管服”改革深入推进，大幅精简权力事项，权责清单从 63 项缩减到 56 项、减少 11.1%，平均办理时限在法定时限基础上压缩66%。工程建设项目审批实现规划用地“多审合一、多证合一”。自然资源统一确权登记、矿山“治秃”、重大水利枢纽工程跨流域生态补偿机制3项改革举措和经验做法在全国推广。

测绘地理信息技术支撑保障能力大幅提升。贵州省自然资源卫星应用中心建成运行。在全国率先建立“1+5”的全省遥感影像统筹体系，获取效率大幅提升，实现0.2米分辨率航空遥感影像全覆盖。北斗卫星导航定位基准站网建成投用，“问北位置”服务稳步推进。开展全省农业产业结构调整、FAST电磁波宁静区无线电设施及建设等10余项遥感监测，探索形成一套适合省情的遥感监测体系。完成2000国家大地坐标系转换应用，市（州）数字城市地理空间框架平台全面建成，“天地图·贵州”功能更加完善，应急测绘保障能力不断加强，测绘地理信息服务水平明显提升。地理信息产业集聚初步显现，服务产值同比增长39.26%。

自然资源管理基础进一步夯实。首次地理国情普查圆满完成，普查成果广泛应用到各行各业。按时高质量完成贵州省第三次全国国土调查，全面摸清全省资源家底。在全国率先开展并完成旅游资源大普查，收获一大批极具观赏价值和开发前景的优良级旅游资源。在全国率先统一全省不动产登记信息平台和登记标准，较国家要求提前15个月实现一般和抵押登记5个工作日以内办结，贵州省营商环境评价登记财产指标排名从全球第59位提升到第28位。地质资料成果汇交总量连续五年排名全国第六。省、市、县级自然资源机构组建全面完成。

（三）“十四五”时期形势

“十四五”时期是我国全面建成小康社会、实现第一个百年奋斗目标之后，乘势而上开启全面建设社会主义现代化国家新征程、向第二个百年奋斗目标进军的第一个五年。这一时期，贵州自然资源保护和利用迎来了重要战略机遇：

党和国家深切关怀指明发展方向。习近平总书记高度重视自然资源管理工作，对耕地保护、国土空间规划和用途管制、生态保护修复、自然资源资产产权制度改革、能源资源安全保障等作出一系列重要指示批示。党中央高度重视贵州发展、深切关怀贵州人民，习近平总书记多次充分肯定贵州发展成效，曾赞誉“贵州取得的成绩，是党的十八大以来党和国家事业大踏步前进的一个缩影”。生态文明贵阳国际论坛、数博会等重大国际活动落地贵州，彰显了国家寄予贵州生态文明建设与新兴产业发展的殷切厚望。国家领导对自然资源管理和贵州工作的重要批示明确了贵州在国家发展中的战略地位，提出了守好发展和生态两条底线的要求，指明了在新时代西部大开发上闯新路，在乡村振兴上开新局，在实施数字经济战略上抢新机，在生态文明建设上出新绩的前进方向。党和国家深切关怀指导是“十四五”时期贵州省开创百姓富、生态美的多彩贵州新未来的强心剂，为整体保护与高质量利用自然资源吹响了冲锋号角。

重大战略催生赶超先机。全省经济综合实力快速提升，内需动力愈发强劲、城镇化进程不断加速、基础设施日趋完善、大数据产业迅速崛起、数字经济快速发展。我国加快构建新发展格局，深入实施“一带一路”建设、新时代西部大开发、西部陆海新通道建设、成渝地区双城经济圈建设、长江经济带发展、粤港澳大湾区建设等国家重大战略，贵州具备独特优势，区位重要、空间充足、潜力巨大，为贵州省更高质量更高水平推进区域协调发展、实现后发赶超带来了重大机遇。

重大政策打造创新平台。国家生态文明试验区支持政策有利于开拓创新生态文明体制机制，解决事关人民群众切身利益的资源环境问题，探索创新山地生态系统保护利用新模式；国家内陆开放型经济试验区支持政策有利于探索内陆开放型经济发展的新路径；国家大数据综合试验区支持政策有利于探索自然资源高效利用新模式，提升自然资源决策精准性；毕节试验区支持政策有利于加快建设贯彻新发展理念示范区；巩固拓展脱贫攻坚成果五年过渡期支持政策有利于保持主要帮扶政策总体稳定，有效衔接乡村振兴。系列重大政策赋予了体制机制先行先试的使命，有利于突破利益固化的藩篱，促进政策红利最大化，激发出贵州自然资源优势转化为经济优势的强大动力。

丰富资源拓展发展空间。相对东部省份，贵州省发展潜力更足、韧性更强、回旋余地更大。优良生态环境是贵州最大的发展优势和竞争优势，生物多样性得天独厚，生态保护修复成效明显，生态建设与文化旅游、健康养老、绿色食品开发等协调发展。自然资源供给在推动城镇化发展、完善基础设施体系、支撑高端高新产业发展，推进要素市场化配置改革等方面充分发挥了基础作用。矿产资源种类多、储量大、分布广、门类全，新能源和可再生能源开发前景广阔，畅通矿产资源供应链条大有作为。优良的生态环境和丰富的自然资源，提振了贵州“一方水土养富一方人”的坚定信心。

改革突破释放制度活力。党的十八大以来，贵州省自然资源管理体制发生重构性重大变革，全要素自然资源统一确权登记、集体经营性建设用地使用权入市、矿业权出让等自然资源产权制度改革走在全国前列，全民所有自然资源资产有偿使用制度改革有序推进，不动产统一登记制度改革全面完成，“多规合一”的国土空间规划体系顶层设计和总体框架基本形成，自然保护地体系加快构建。自然资源领域改革红利不断释放，有利于提高协同管理效益，优化营商环境，激活市场主体，推动要素市场化配置改革，充分发挥市场在资源配置中的决定性作用。

这一时期，贵州以高质量发展统揽全局，围绕“四新”主攻“四化”，守好发展和生态两条底线，对全省自然资源保护和利用提出了更高要求：

“十四五”时期是国土空间开发保护格局优化的关键期。这一时期，经济和人口向重要城市群、核心都市圈、区域中心城市集中的趋势更加明显，黔中城市群、贵阳—贵安—安顺和遵义都市圈等区域将成为全省重要的经济发展动力源，六盘水、毕节、铜仁、凯里、都匀、兴义等区域中心城市将成为全省发展的重要增长极，县城是城乡融合发展的关键纽带，城乡融合发展更加深入，城市内部用地结构进一步优化，但国土空间开发不平衡不充分，以及国土空间功能格局不清晰不均衡的问题依然突出，国土空间开发保护格局亟须紧跟发展形势，不断调整和优化。

“十四五”时期是自然资源保护和利用矛盾的凸显期。这一时期，贵州省大力推进新型工业化，实施工业倍增行动，奋力实现工业大突破；大力推进以人为核心的新型城镇化，实施“强省会”五年行动，强化区域中心城市和县城支撑，全省城镇化率提高到62%左右；大力推进农业现代化，全面巩固拓展脱贫攻坚成果，构建高质量乡村振兴建设发展体系；大力推进旅游产业化，构建高质量发展现代服务业体系。推进“四化”发展对资源要素保障能力提出了更高要求，必须处理好保护和利用的关系，实行资源总量管控和节约利用制度，大力推进绿色发展。

“十四五”时期是加强生态保护修复改善生态环境的攻坚期。这一时期，贵州省将继续守好发展和生态两条底线，深度参与长江经济带高质量发展，筑牢长江和珠江上游生态安全屏障。但贵州省生态环境脆弱，既面临全国普遍存在的结构性生态环境问题，又面临水土流失较重和喀斯特石漠化突出问题；同时全省矿山开采年限久远，损毁面积大，历史遗留问题多。“十四五”时期，将深入践行“绿水青山就是金山银山”“山水林田湖草是一个生命共同体”的理念，大力实施生态保护修复重大工程，不断改善和提高生态环境质量。

“十四五”时期是推进自然资源节约集约利用的提速期。这一时期，贵州坚持以高质量发展统揽全局，把资源高效利用作为高质量发展的基础。截至 2020 年底，全省批而未供土地 34.4 万亩、闲置土地 21.06 万亩，闲置土地和低效建设用地规模较大；城乡建设用地同步增长，农村居民点用地不降反增；部分工业园区投入产出效率不高、产业集中度低；矿产资源综合利用效率有待提升，主要优势矿产开采强度和产能比低，就地转化率不高，高端化利用程度较低。“十四五”时期，必须牢固树立节约集约循环利用的资源观，实行资源总量和强度双控，加大改革创新力度，推动全面节约集约和高效利用资源。

“十四五”时期是推进自然资源治理能力和治理体系现代化的提升期。这一时期，全面深化改革进入攻坚期和深水期，重点领域和关键环节改革制度框架初具雏形，还需持续深化，以改革促发展、促创新、促转型升级的要求更加紧迫；全面依法治省对自然资源领域依法行政水平、执法监督检查能力提出了更高要求，制度建设和法治建设步伐需进一步加快；新一轮科技革命和产业变革深入发展，科技创新和成果转化应用需进一步加强；基础支撑能力需进一步提高，干部队伍培养和技术人才引进需进一步加强，综合素质和履职能力需进一步提升。这一时期，必须加快补齐短板，应对各种挑战，加快完善自然资源治理体系，着力提升治理能力和治理水平。

二、总体目标

到2025年，自然资源保护和利用取得新成效。全省国土空间规划体系全面建成，全域全类型国土空间用途管制制度基本建立，国土空间开发保护新格局基本形成；高质量发展的资源要素保障能力全面加强，自然资源市场化配置效率显著提高，高质量发展的用地需求应保尽保，优势矿种保障能力明显提升；自然资源保护体系更加完备，山水林田湖草沙一体化保护修复力度不断加强；自然资源节约高效利用水平不断提升，耕地保护持续加强，单位地区生产总值建设用地使用面积稳步下降；自然资源资产管理改革取得新突破，全民所有自然资源资产所有权委托代理制度初步建立；自然资源治理现代化基础支撑能力取得新进步。

远景展望到2035年，全省建成经济更加发达、环境更加优美、文化更加繁荣、社会更加和谐、人民更加幸福的多彩贵州。形成生产空间集约高效、生活空间宜居适度、生态空间山清水秀，安全和谐富有竞争力和可持续发展的国土空间新格局；能源、水、土地等资源集约利用效率达到全国平均水平，广泛形成绿色生产生活方式，生态文明建设达到更高水平；资源保护体制机制进一步健全；基本实现自然资源领域治理体系和治理能力现代化；生态系统质量实现根本好转，基本实现人与自然和谐共生的现代化。

表4-1 “十四五”期间贵州省自然资源保护和利用主要指标

类别	序号	指标	2020年	2025年	属性
生态保护	1	生态保护红线面积（平方千米）		国家下达任务	约束性
	2	自然保护地面积占比（%）		国家下达任务	预期性
	3	森林覆盖率（%）	61.51	≥64	约束性
	4	森林蓄积量（亿立方米）	6.09	≥7	预期性
	5	湿地保护率（%）	51.53	≥55	预期性
	6	草原综合植被盖度（%）	88	≥90	预期性
	7	新增国土空间修复面积（万亩）		≥100	预期性
资源利用效率	8	单位地区生产总值建设用地使用下降率（%）	20	15	约束性
	9	万元地区生产总值用水下降（%）		16	约束性
	10	新建矿山绿色矿山建设比例（%）		100	预期性

续表

类别	序号	指标	2020 年	2025 年	属性
资源保障	11	耕地保有量（万亩）		国家下达任务	约束性
	12	永久基本农田保护面积（万亩）		国家下达任务	约束性
	13	新增建设用地（万亩）	104.1	≤ 110	约束性
	14	煤层气探明储量（亿立方米）		≥ 800	预期性
	15	页岩气探明储量（亿立方米）		≥ 500	预期性
基础支撑	16	1 ： 50000 区域地质调查覆盖率（%）	[72]	[80]	预期性
	17	1 ： 50000 水文地质调查覆盖率（%）	[8.5]	[9]	预期性
	18	1 ： 50000 矿产地质调查覆盖率（%）	[13.3]	[14]	预期性
	19	1 ： 50000 基础地理信息调查覆盖率（%）	[67]	[100]	预期性
	20	优于 1 米分辨率卫星遥感影像覆盖	1 次 / 年	2 次 / 年	预期性

注：[] 为累计数。

三、构建国土空间规划管控体系

坚持实施区域重大战略、区域协调发展战略、主体功能区战略，建立全省国土空间规划体系，着力营造空间，大力优化空间，推动共享空间，逐步形成生产空间集约高效、生活空间宜居适度、生态空间山清水秀，安全和谐、富有竞争力和高质量发展的国土空间开发保护新格局。

（一）构建国土空间开发保护新格局

推动构建新型城镇化空间格局。坚持集约发展，高效利用国土空间，合理确定国土开发强度，科学划定城镇开发边界。适当增加城镇建设用地空间规模，扩大建设用地供给，提高存量建设用地利用强度，完善基础设施和公共服务设施，推进国土集聚开发，引导人口、产业相对集中布局，促进产城融合、职住平衡，推动形成全省高质量发展的重要经济增长极。支持贵阳高质量发展，实施“强省会”五年行动，推进贵阳贵安深度融合发展，提升省会城市首位度；支持遵义做强，与贵阳共同唱好“双城记”；支持毕节、六盘水、兴义、安顺、凯里、铜仁、都匀等区域中心城市做优做特，增强辐射带动能力；支持七星关—大方、凯里—麻江、西秀—普定、碧江—江口等同城化发展；支持处于交通枢纽和节点、具有区域带动作用的盘州、威宁、仁怀、德江、赤水、松桃、兴仁、正安、独山、榕江等城市（县城）打造成为重要区域性支点城市；支持晴隆、普安、长顺、罗甸、沿河、从江等发展空间受限的县城向用地条件较好的地方拓展；支持100个省级特色小镇和小城镇建设，推动形成高质量发展的新型城镇化空间格局。

推动构建现代农业发展空间格局。按照“总体稳定、局部微调、应保尽保、量质并重”的原则，以现有永久基本农田划定成果为基础，开展永久基本农田核实整改补足，科学划定永久基本农田。推进粮食生产功能区、重要农产品生产保护区及特色农产品主产区建设。在贵阳市和贵安新区全域，安顺市西秀区、平坝区、普定县，黔南自治州龙里县、惠水县、长顺县构建黔中农业区。在遵义市全域构建黔北农业区。在毕节市和六盘水市全域构建黔西北农业区。在铜仁市和黔东南自治州全域构建黔东北—黔东南农业区。在黔南自治州大部（除龙里县、惠水县、长顺县外）和黔西南自治州全域以及安顺市镇宁自治县、关岭自治县、紫云自治县构建黔南—黔西南农业区。分区推进现代山地特色高效农业发展，打造全国现代山地特色高效农业示范区，逐步形成农业生产与资源环境相匹配的现代农业空间发展格局。

推动构建重要生态安全空间格局。统筹考虑自然生态整体性和系统性，按照“应划尽划”的原则，评估调整生态保护红线。依托大娄山、武陵山、乌蒙山和苗岭四条主要山脉生态带，乌江、沅江、牛栏江—横江、赤水河—綦江、北盘江、南盘江、红水河和都柳江八大水系生态廊道，构建“四屏八水”生态安全格局。加强与周边省（区、市）协作，共建铜仁至洞庭湖、黔北经渝东南至神农架、黔北经川东平行岭谷至秦巴山、黔北经川南/川西至若尔盖湿地、威宁草海经川西至若尔盖湿地、黔西南—黔南—黔东南至武夷山区、黔西南至西双版纳、黔西南至桂西南等生态廊道，共同提升黑颈鹤等珍稀生物迁徙环境，强化生态廊道的贯通性，协同建立和完善区域生态网络系统。坚持自然修复为主、人工修复为辅、分区开展生态修复与国土综合整治，逐步形成山清水秀的生态安全空间格局。

统筹划定“三条控制线”。一是划定永久基本农田。充分运用第三次全国国土调查成果和最新卫星遥感影像，全面核实永久基本农田利用现状，根据国家下达贵州永久基本农田保护任务，将现状永久基本农田中的非耕地、不稳定利用耕地等实事求是调出，在稳定利用耕地中补足，更新永久基本农田数据库，纳入国土空间规划“一张图”，确保图、数、地相一致。二是划定生态保护红线。根据国家部署和调整规则，开展生态保护红线（2018 版）评估调整，采用贵州省第三次全国国土调查成果、森林资源二类调查成果、矿业权、永久基本农田等最新数据，以资源环境承载能力和国土开发适宜性评价的生态保护极重要区为基础，有效衔接自然保护地优化整合成果，重点对数据完整性与规范性、应划尽划、整合聚合、边界修饰、图斑破碎、县域接边等问题进行评估，穷举各类矛盾冲突，深入分析问题，实行分类处置，科学调入调出，对生态功能极重要生态极脆弱、各类自然保护地、各类禁止开发等区域应划尽划，以及对破碎零散图斑进行聚合修饰，确保生态系统的完整性和生态空间的连通性；对人类活动强烈地区、重大工程项目等区域应调尽调，妥善处置矿业权、能源交通水利项目、旅游开发项目等各类矛盾冲突，守住发展和生态两条底线。三是划定城镇开发边界。统筹发展与安全，坚持保护优先、节约集约、紧凑发展、因地制宜，在确保粮食安全、生态安全等资源环境底线约束的基础上，基于自然地理格局、城市发展规律，结合资源环境承载能力和国土开发适宜性评价、国土空间保护开发现状和风险评估、水资源承载能力评估等成果，以及国家下达贵州新增建设用地规模，科学划定全省城镇开发边界，在城镇开发边界内部区域进行功能细化，划定城镇集中建设区、城镇弹性发展区和特别用途区，并完成规划现状基数分类转换。

（二）建立编制审批体系

坚持“开门编规划”，打造国土空间规划“众筹工程”，编制国土空间规划体现战略性、提高科学性、加强协调性、注重操作性。坚定不移推进和实施“多规合一”，全面落实全国国土空间规划纲要，组织编制省、市、县、乡四级国土空间总体规划。有序推进“多规合一”实用性村庄规划编制。建立健全国土空间相关专项规划目录清单管理制度，并按需推进相关专项规划编制。根据国土空间保护利用活动实际，有序编制详细规划。建立国土空间规划编制、修改、审批和备案制度，规范国土空间规划编制和修改程序。

建立实施监督体系。强化规划权威性，规划一经批复，任何部门和个人不得随意修改、违规变更，坚决防止一届“党委政府一版规划”。加强对市、县级国土空间规划确定的各类管控边界、约束性指标等落实情况进行监督检查，将国土空间规划执行情况纳入自然资源执法督察内容。建立健全国土空间规划动态监测评估预警和实施监管机制，完善资源环境承载能力监测预警长效机制，定期开展国土空间规划评估。

建立法规政策体系。根据国家层面国土空间规划相关法律法规制定情况，推进与国土空间规划相关地方性法规、政府规章立改废释工作。完善适应主体功能区要求的配套政策，保障国土空间规划有效实施。按照“多规合一”要求，做好过渡时期相关行政规范性文件、政策文件的衔接。

建立技术标准体系。在国家国土空间规划技术标准体系框架下，结合贵州实际，按照“多规合一”要求，制定各级各类国土空间规划编制办法、技术指南和技术规范。鼓励各地积极运用城市设计、乡村营造、大数据等手段，改进规划编制方法，探索具有地方特色的国土空间规划编制技术方法。

加快国土空间规划编制审批。完成省、市、县、乡四级国土空间总体规划，贵安新区、双龙航空港经济区等跨行政区域总体规划编制。制定国土空间相关专项规划目录清单，按需组织编制交通、能源、水利、农业、信息、市政等基础设施、公共服务设施，以及生态环境保护、文物保护、林业草原、特定区域（流域）等专项规划。按照单独编制村庄规划和上位国土空间规划明确用途管制规则、建设管控要求作为村庄规划两种形式，分类推进“多规合一”的实用性村庄规划编制。

强化国土空间规划实施监督。依托国土空间规划“一张图”实施监督信息系统，加强对规划编制、审批、修改、实施、监督全周期管理。建立国土空间规划定期评估制度，按照“一年一体检、五年一评估”的方式，对国土空间规划实施效果定期进行分析和评价，提高国土空间规划实施的有效性。结合国民经济社会发展实际和规划评估结果，适时调整完善国土空间规划。

完善国土空间规划政策法规。根据国家相关法律法规和政策要求，结合贵州实际，开展重大问题研究，制定国土空间规划编制审批、实施管理、动态调整和定期评估等配套政策，推进地方性法规建设。

制定国土空间规划技术标准。制定市、县、乡三级国土空间总体规划编制技术指南，以及详细规划、村庄规划编制技术指南和规划设计技术导则，全省国土空间规划用地分类标准、国土空间规划“一张图”数据库建设标准、城镇开发边界划定技术指南等技术规范。

（三）加强国土空间用途管制

落实国土空间用途管制规则。以国土空间规划为依据，对所有国土空间分区分类实施用途管制，在城镇开发边界内的建设，实行“详细规划 + 规划许可”的管制方式；在城镇开发边界外的建设，按照主导用途分区，实行“详细规划 + 规划许可”和“约束指标 + 分区准入”的管制方式。构建差别化的国土空间用途转用机制，对以国家公园为主体的自然保护地、重要水源地、文物等实行特殊保护制度。加强城镇地下空间开发利用的规模和布局管控，促进地下空间依法有序开发利用。制定国土空间准入正负面清单，建立国土空间开发重大项目的全过程管理制度。严格建设用地环境准入管理，保障人居环境安全。

强化建设用地年度指标管理。坚持总量控制、节约集约、分类保障、统筹调剂的原则，落实要素跟着项目走的改革要求，切实保障有效投资用地需求，科学合理安排新增和存量建设用地，巩固拓展脱贫攻坚成果同乡村振兴有效衔接项目用地实行应保尽保；省级以上能源、交通、水利、军事设施、产业单独选址项目和重大项目直接配置计划指标；其他项目用地计划指标分配与盘活存量和违法占地查处整改挂钩，优先保障新型工业化、新型城镇化、农业现代化、旅游产业化，以及教育、医疗等公共服务，水网、综合立体交通网、电网、地下管网、油气管网、新型基础设施网等“六网会战”项目用地；农村村民住宅建设用地计划指标单列管理。按照科学、合理、适度的原则，规范开展城乡建设用地增减挂钩和工矿废弃地复垦利用，统筹管理增减挂钩指标。

提高审批监管服务效能。建立健全横向部门协同、纵向三级联动的用地保障快速服务协调机制，坚持项目跟着规划走、土地跟着项目走、要素引导项目走，国家和省“十四五”规划纲要及相关专项规划确定的重点项目，优先办理规划选址、用地预审、用地审批和土地供应。采取疏堵结合方式，从源头上解决线性工程严重违法用地问题。以“多规合一”为基础，统筹规划、建设、管理三大环节，深入推进“多审合一”“多证合一”“多测合一”。审慎稳妥下放省级用地审批权。建立全省用地审批、工程建设项目规划许可

“双随机、一公开”监督管理机制，重点对涉及永久基本农田、生态保护红线、越权审批等问题进行检查，发现违规问题及时督促纠正，重大问题及时向省人民政府报告。

（四）落实区域协调发展战略

保障国家区域重大战略落地。落实新时代西部大开发战略，推进国家内陆开放型经济试验区建设，积极参与长江经济带、泛珠三角区域、西部陆海新通道建设，加强与粤港澳大湾区、成渝地区双城经济圈等协作。强化自然资源要素保障，支持新渝贵、黔桂铁路增建二线、遵义至泸州、盘州至六盘水至威宁至昭通等铁路建设，推进毕节南环、贵阳绕城西南段扩容工程建设，支持G75兰海高速重庆至遵义段、G60沪昆高速贵阳至安顺段、安顺至盘州段等国家高速公路繁忙路段扩容改造和榕江至融安（黔桂界）等省际高速公路建设，支持盘州机场建设和荔波、黎平、安顺等支线机场改扩建。发挥西部陆海新通道节点优势，推动构建现代物流体系，支持贵阳和遵义陆港型国家物流枢纽建设，以及具有较强集散功能的物流园区建设。积极对接成渝地区双城经济圈建设，协同做好渝东南至铜仁市际互联互通输气管道等项目前期工作，支持南川至道真输气管道项目建设。加强页岩气勘探、开采、利用等领域合作，建设黔渝页岩气智能化开发基地。支持重庆煤炭科技企业参与毕水兴等煤层气产业化基地建设。加强与湖南、湖北、江西等省份在能源、新材料等领域交流合作，共建新型锰资源开发与深加工等产业基地。协同推进长江流域生态环境保护，完善赤水河流域跨省横向生态补偿机制。

促进区域协调发展。支持打造贵阳—贵安—安顺都市圈和遵义都市圈，支持黔中经济区率先发展，统筹资源要素配置，优化城市布局和空间结构，提升黔中城市群一体化发展速度和质量，助力打造西部地区新的经济增长极。支持环黔中城市群核心区的“四环”建设。支持毕节加快发展，推动贵阳、遵义、毕节“三角联动”。支持黔北经济协作区加速崛起，制定差别化土地利用和供应政策，引导不同类别产业项目的转移、承接和联动，促进产业结构和布局调整优化，推动创建国家承接产业转移示范区。支持毕水兴经济带转型发展，加快推进地质调查和矿产勘查，提高能矿资源供应能力，推动建设全国南方重要战略资源支撑基地。支持“三州”等少数民族地区加快发展，重点保障旅游以及绿色产业用地，助推打造具有国际影响力的原生态民族文化旅游目的地、全国重要的绿色食品工业基地。

支持赤水河流域协调推进生态优先绿色发展。深入推进赤水河流域生态保护修复，系统梳理和掌握生态隐患和环境风险，研究提出从源头上系统开展生态环境保护修复的整体预案和行动方案；实施重点区域生态环境系统保护修复示范项目，推动生态环境从单一要素治理向多元协同治理转变；加强沿河综合生态廊道建设和湿地保护修复，提升水源涵养能力；推进赤水河流域水资源保护与合理开发；加强赤水河干支流生物多样性保护与恢复。严格落实赤水河流域空间管控，优化调整产业和城镇开发建设布局，编制实施赤水河流域酱香白酒产区保护规划，拓展特色产业、高新技术产业新发展空间，合理控制城镇发展规模，严格控制赤水河两岸海拔300米至600米范围内建设规模和强度；加强生态空间保护，进一步细化落实省、市生态保护红线划定范围，并按管控要求严格管理；强化农业空间管控，重点保护赤水河流域高粱主产区，推进高粱耕地数量—质量—生态“三位一体”系统提升。开展赤水河流域内生态产品基础信息调查，摸清各类生态产品数量和质量等底数。

支持毕节试验区建设成为贯彻新发展理念示范区。支持毕节市深化自然资源领域改革探索，创新山地生态系统保护利用新模式。依据资源环境承载能力，结合示范区建设实际，合理确定新增建设用地规模，优化耕地、永久基本农田、林地、建设用地等布局。支持在建设用地地上、地表和地下分别设立使用权，实行分层供应政策，推进建设用地立体开发、综合利用。支持开展优势矿产资源大普查。支持采矿用地改革试点。支持开展煤层气、地热（温泉）、浅层地温能等清洁能源资源勘查开发利用，推动织金煤层气产业化基地建设。支持深化乌蒙山区国家山水林田湖草生态保护修复工程试点，推进草海国家级自然保护区生态保护工程实施。

支持其他特殊类型地区创新发展。支持革命老区振兴发展，优化土地资源配置。支持长征国家文化公园贵州重点建设区建设，保障长征数字科技艺术馆、红二·红六军团长征纪念馆等红色文化标志性项目，以及红色文化、红色旅游等特色产业用地。支持生态退化地区加强生态修复和环境保护，持续推进生态保护修复工程实施，恢复生态系统功能，增强生态产品生产能力，促进经济社会与人口资源环境协调发展。支持资源型地区统筹推进资源开发与转型发展，实现开发与产业转型、环境保护、资源保护相互协调，促进资源优势转化为经济优势。支持六盘水产业转型升级示范区建设，支持万山资源枯竭型城市转型发展，指导编制国土空间规划，优化形成产业聚集发展、要素合理配置、资源集约高效利用、特色鲜明、优势互补的产业发展布局，助推老工业城市激发发展的新动力新活力。

四、构建服务高质量发展的自然资源支撑体系

以全力助推“四化”为目标，找准自然资源供给在推动全省经济社会高质量发展中的定位，不断提升各类自然资源和生态产品供给体系对满足人民需求的适配性，在努力开创百姓富、生态美的多彩贵州新未来中发挥好自然资源支撑保障作用。

（一）支撑新型工业化发展

优化工业产业空间布局。按照节约集约、集聚发展、优势互补、分工协同的原则，根据各类开发区（产业园区）的定位和条件，结合资源禀赋、环境承载能力、交通区位和工业发展基础，以开发区（产业园区）为主，有效利用低效存量土地，科学做好工业产业空间布局，突出地方特色，推动区域错位发展首位产业、首位产品。支持贵阳、铜仁等地打造新能源电池及材料产业基地，支持黔中地区重点打造世界级磷化工产业基地、“中国数谷”电子信息产业发展核心区和高端装备制造基地，支持黔北地区重点打造世界级酱香型白酒产业基地核心区，支持毕水兴地区加快建设全国重要能矿资源走廊、打造国家新型能源化工基地，支持“三州”等民族地区重点打造全国重要的绿色食品工业基地和中药生产加工基地，支持黔东地区重点打造国家级新型功能材料产业基地。支持打造黔西南黄金基地和黔北铝工业基地。

引导工业向开发区集中。积极引导对资源、环境、地质等条件没有特殊要求的新办工业企业到开发区集中发展，存量工业企业逐步向开发区集中，引导符合条件的工业企业使用现有标准厂房，充分发挥开发区的集聚效应，资源型项目可靠近资源所在地规划建设。开发区规划布局以集中连片为主、“一区多园”为辅，避免零散规划布局。因地制宜规划建设开发区，优化完

善开发区规划，开发区土地利用低效、产业结构需调整、开发率不足50%的，原则上不再新增规划建设用地布局，开发区有条件提质增效、实现产业倍增、土地开发率超过70%或产业承载量即将饱和的，科学预留产业发展用地空间。开发区工业用地原则上应占建设用地的70%以上，适度安排基础设施、公共服务设施、居住、商业等配套用地，实现以工兴城、职住平衡。鼓励在城市（县城）周边、规划建设开发区，与城区共建共享基础设施和公共服务设施，实现一体规划、无缝衔接、产城融合、互动发展。

助力实施工业倍增行动。研究制定支持新型工业化发展的自然资源政策措施，优先保障开发区工业用地指标，奋力实现工业大突破。提高工业用地供应和利用效率，实行工业用地弹性年期出让制度，鼓励采取弹性年期出让、长期租赁、先租后让、租让结合的方式出让工业用地。开展工业用地合理转换，探索增加混合产业用地供给。坚持"亩产论英雄"，建立健全工业用地控制指标体系，分类制定开发区土地出让的亩均投入产出标准、单位工业增加值能耗、亩均税收等土地出让指标体系。研究制定开发区节约集约用地政策，推进开发区低效建设用地再开发，有效盘活开发区存量土地，推进"标准地"改革，提高投入产出和经济效益，引导低产低效企业逐步退出，实现"腾笼换鸟"，提高开发区土地节约集约利用水平，促进新型工业化高质量发展。力争到2025年，国家级、省级开发区亩均工业总产值分别达到500万元、300万元。

推进自然资源领域与国防建设融合发展。加大涉军用地统筹保障力度，合理预留发展空间，项目用地应保尽保。探索推进军地土地资源置换整合，提高空余土地资源综合利用效益。支持相关融合企业参与战略性重要矿产资源开发利用。强化测绘地理信息基础设施和数据资源共建共享。充分发挥测绘事业单位平台作用，推进军民科技协同创新。推进军民灾害危机与事故危情应急测绘保障服务能力建设。

（二）支撑新型城镇化发展

优化城镇空间结构。结合资源环境承载能力，围绕全省城镇化实现城区新增人口突破"3个100万"的目标，合理确定城镇规模、人口密度、开发强度、开发时序，统筹安排城市建设、产业发展、生态涵养、基础设施和公共服务。

按照主体功能定位和空间治理要求，优化城市功能空间布局，合理确定中心城区各类建设用地总量，优化建设用地结构和布局，保障城镇现代物流、文化旅游、金融、健康养老、会展等产业用地需求，推动人、城、产、交通一体化发展，促进城镇经济做大做强。促进产业园区与城市服务功能融合，保障发展实体经济的产业空间，在确保环境安全的基础上引导发展功能复合的产业社区，促进产城融合、职住平衡。提高城镇空间连通性和可达性，坚持公交引导城市发展，支持贵阳城市轨道交通建设，支持遵义等符合条件的中心城市规划建设轨道交通，优化公交枢纽和场站布局与集约用地要求，提高站点覆盖率，鼓励站点周边地区土地混合使用，引导形成综合服务节点，促进节约集约、高质量发展。

促进城镇品质提升。结合不同尺度的城乡生活圈，优化居住和公共服务设施用地布局，完善开敞空间和慢行网络，提高人居环境品质。严格规范城市用地性质变更和容积率调整的程序，完善征地拆迁补偿机制。按照“小街区、密路网”的理念，优化中心城区城市道路网结构和布局，提高中心城区道路网密度。支持城镇停车场、立体车库，以及城镇供水供电供气、公共卫生、公共安全、污水处理、防洪排涝、消防救援等基础设施建设，提升城镇基础保障能力，增强城市韧性。加强自然和历史文化资源保护，运用城市设计方法，优化空间形态，突显城镇特色优势。统筹存量和增量、地上和地下、传统和新型基础设施系统布局，支持构建集约高效、智能绿色、安全可靠的现代化基础设施体系，提高城市综合承载能力。完善详细规划和相关专项规划，引导和促进城市更新行动；推进国土整治修复，实施城市生态修复，完善城市生态系统，提高城镇空间的品质和价值。基于国土空间基础信息平台，探索建立城市信息模型和城市时空感知系统，促进智慧规划和智慧城市建设，提高城镇治理水平。

推动城乡融合发展。有序推进乡镇国土空间规划和村庄规划编制，统筹县域产业、基础设施、公共服务、永久基本农田、生态保护、城镇开发、村落分布等空间布局，强化县城综合服务能力。支持壮大县域经济，承接适宜产业转移，培育支柱产业。支持小城镇加快发展，完善基础设施和公共服务，发挥小城镇连接城市、服务乡村的作用，统筹规划布局城乡道路、供水、供电、信息、防洪、垃圾污水处理、邮政等基础设施，以及教育、医疗等公共服务设施，强化建设用地保障，助推城乡基础设施一体化、基本公共服务均等化。完善城镇建设用地新增规模与农业转移人口市民化挂钩机制，保障农业转移人口在城镇落户的合理用地需求，重点保障人口流入较多城镇的市政设施、教育医疗等公共服务设施用地。完善城市住宅用地保障政策，建立保障性住房用地保障机制；公开年度住宅用地供应计划、存量住宅用地清单，适当集中公开出让住宅土地。保障进城落户农民农村土地承包权、宅基地使用权、集体收益分配权，鼓励依法自愿有偿转让；助推城乡要素合理配置，支持农户将土地经营权入股从事农业产业化经营，支持依法合规开展农村集体经营性建设用地使用权、集体林权抵押融资以及承包地经营权、集体资产股权等担保融资。

（三）支撑农业农村现代化发展

统筹做好巩固拓展脱贫攻坚成果同乡村振兴有效衔接。落实“四个不摘”要求，保持自然资源领域主要帮扶政策举措总体稳定、平稳过渡，实现巩固拓展脱贫攻坚成果同乡村振兴有效衔接。统筹用好国家安排 66 个脱贫县每年每县 600 亩新增建设用地计划指标，专项保障巩固拓展脱贫攻坚成果和乡村振兴用地需求。继续规范开展城乡建设用地增减挂钩，根据需求、自然资源禀赋、项目实施情况等科学下达增减挂钩计划指标，66 个脱贫县和革命老区产生的节余指标可在省内跨县域调剂。在新的东西部协作框架下，支持 20 个国家乡村振兴重点帮扶县开展增减挂钩节余指标跨省域调剂，所得收益用于巩固拓展脱贫攻坚成果和乡村振兴。探索农村存量建设用地通过增减挂钩实现跨村组区位调整。支持乡村振兴重点帮扶县统筹实施高标准农田建设、土地综合整治、土地开发等项目，所产生的新增耕地指标，在落实本县建设项目占补平衡后剩余指标可优先在省内调剂，所得收益用于乡村振兴。保障易地扶贫搬迁后续扶持项目用地，完成易地扶贫搬迁安置住房不动产登记。在项目、资金等安排上向巩固拓展脱贫攻坚成果和乡村振兴任务重的地区倾斜。

加强村庄规划促进乡村建设。遵循村庄发展规律和演变趋势，根据县域生产力布局、村庄人口变化、区位条件和发展趋势，实事求是、因地制宜划分集聚提升、城郊融合、搬迁撤并、保留观察等类型村庄。严格控制村庄搬迁撤并范围，对生存条件恶劣、生态环境脆弱、自然灾害频发等地区的村庄，因重大项目建设需要搬迁的村庄，以及人口流失特别严重的村庄实施搬迁撤并，严禁随意撤并村庄搞大社区、违背农民意愿大拆大建。优化布局乡村生活空间，严格保护农业生产空间和乡村生态空间，科学划定养殖业禁养区域。有条件有需求的行政村（含30户以上自然村寨）实现“多规合一”的实用性村庄规划全覆盖，规划成果采取“一图一表一说明”简易表达。推动实施乡村建设行动，分类分级推进夯实基础县、重点推进县、引领示范县乡村振兴。强化乡村规划技术服务保障，选派一批村庄规划师，打造一批特色田园乡村·乡村振兴集成示范试点，支持红色美丽村庄建设。加强村庄风貌引导，保护传统村落、传统民居和历史文化名村名镇。统筹县域城镇和村庄规划建设，加强规划实施管理，让乡村“望得见山、看得见水、留得住乡愁”。

保障乡村产业融合发展用地。研究制定保障和规范农村一二三产业融合发展用地的实施意见。编制国土空间规划时，引导农村产业在县域范围内统筹布局，在县城范围内因地制宜合理安排建设用地规模、结构和布局及配套公共服务设施、基础设施，有效保障农村产业融合发展用地需要，推动农业加工、流通、休闲农业与乡村旅游、电子商务等农村产业交叉融合发展，为农村产业发展壮大留出用地空间。支持企业、单位或个人使用规划确定的建设用地，通过集体经营性建设用地入市，以出让、出租等方式使用集体建设用地。大力盘活农村存量建设用地，腾挪空间用于农村产业融合发展和乡村振兴。在符合规划前提下，鼓励对依法登记的宅基地等农村建设用地进行复合利用，发展乡村民宿、农产品初加工、电子商务等农村产业。

加强农村村民住宅建设管理。制定并落实贵州省农村村民住宅建设管理办法，建立农村建房联审联办和动态巡查监管机制，进一步明确农业农村、自然资源、住房和城乡建设等部门职责，依托乡镇政务服务大厅，实行一窗受理、部门协同、联审联办，统筹开展规划选址、行政审批、现场放线、动态巡查、质量监督、竣工验收和不动产登记，村级组织做好村民建房审查和公示，协调开展农村宅基地腾退、调整和有偿使用，指导村民依法实施农村村民住宅建设活动。保障农村村民住宅建设用地需求，在县、乡级国土空间规划和村庄规划中，保障农村村民住宅建设用地空间，通过“留白”机制预留一定比例建设用地机动指标灵活安排。采用优先安排新增建设用地计划指标、村庄整治、废旧宅基地腾退、建设农民公寓和住宅小区等多种方式增加宅基地空间，满足符合宅基地分配条件农户的住宅建设需求。对农村村民住宅建设占用耕地的，由县级人民政府通过多种途径统一落实占补平衡。

推进农村集体产权制度改革。深入抓好息烽县第二轮土地承包到期后再延长 30 年试点。拓展贵州省不动产统一登记云平台功能，将农村土地承包经营权纳入统一登记。加快宅基地和集体建设用地使用权确权登记颁证，登记成果与土地承包经营权和林地登记成果一并汇交国家。在息烽、湄潭、金沙开展新一轮农村宅基地制度改革试点，探索推进宅基地所有权、资格权、使用权“三权分置”，落实宅基地集体所有权、保障宅基地农户资格权和农民房屋财产权，适度放活宅基地和农民房屋使用权。深化集体林权制度改革，推进林地“三权分置”和适度规模经营。选择入市需求集中、积极性高、工作基础好的县（市、区、特区），先行稳妥有序推进集体经营性建设用地入市。

实施农村全域土地综合整治。全面开展国家级全域土地综合整治试点，积极争取在黔西市新仁乡、习水县同民镇开展试点，统筹推进规划和实施方案编制。开展农用地整理，统筹推进低效林草地和园地整理、农田基础设施建设、现有耕地提质改造等。推进建设用地整理，有序开展农村宅基地、工矿废弃地以及其他低效闲置建设用地整理，优化农村建设用地结构布局。实施乡村生态保护修复，按照山水林田湖草沙一体化保护修复要求，结合农村人居环境整治等，优化调整生态用地布局，保护和恢复乡村生态功能。加强乡村历史文化保护，充分挖掘乡村自然资源和文化资源。定期评估试点的整体产出、效益、满意度等，及时总结试点经验。

五、构建重要生态系统保护修复体系

坚持节约优先、保护优先、自然恢复为主的方针，遵循生态系统演替规律和内在机理，按照突出安全功能、生态功能、兼顾景观功能的次序，以系统观念科学推进山水林田湖草沙一体化保护修复，加强地质灾害综合防治，守住自然生态安全边界，提升生态系统质量和稳定性，提供更加优质的生态产品，增强生态系统固碳能力，促进碳达峰碳中和目标实现，筑牢长江、珠江上游重要生态安全屏障。

（一）严守生态保护红线

严格生态保护红线管控。制定并落实贵州省生态保护红线管理有关规定，按照科学、简明、可操作的原则，对生态保护红线范围内的核心保护区和一般控制区实施差别化管控。自然保护地核心保护区原则上禁止人为活动，其他区域严格禁止开发性、生产性建设活动，在符合现行法律法规前提下，除国家重大战略项目外，仅允许对生态功能不造成破坏的有限人为活动。开展生态保护红线勘界定标并严格管护。

落实生态环境分区管控。落实全省生态保护红线、环境质量底线、资源利用上线硬约束，根据生态保护红线以及相关生态功能区域评估调整情况，对“三线一单”的生态环境分区管控单元进行优化和动态更新，保持国土空间规划与生态环境分区管控动态衔接。优化区域岸线空间格局，科学划定水生态保护红线边界，严格水域岸线分区管理和用途管制。

开展生态保护红线勘界定标。结合市、县级国土空间规划编制，以及地理实体边界、自然保护地边界等，采取设置电子界桩、电子围栏等手段，开展生态保护红线勘界定标，成果数据通过国土空间基础信息平台逐级汇交，并纳入国土空间规划“一张图”管理。

强化生态保护红线监管。落实中央生态环境保护督察制度，加强生态保护红线面积、功能、性质和管理实施情况的监控，开展生态保护红线监测预警。定期开展生态保护红线生态状况遥感调查评估和保护成效评估。通过非现场监管、大数据监管、无人机监管等应用技术，强化对生态保护红线内破坏生态行为监督和综合行政执法。

完善生态保护红线管理制度。根据国家生态保护红线管控规则，结合贵州实际，研究制定生态保护红线管理有关规定，明确生态保护红线划定要求、管控规则、调整原则、监督实施、责任分工等内容。

（二）实施重大生态保护修复工程

实施山水林田湖草沙一体化保护和修复工程。依据国土空间生态修复总体布局，重点实施“武陵山区山水林田湖草沙一体化保护和修复工程”；组织开展“黔中城镇生态修复和国土整治重点工程”“北盘江下游石漠化综合治理和流域生态修复重点工程”实施方案编制、申报入库，争取中央资金支持；结合“贵州省协同推进赤水河流域生态优先绿色发展工作方案”，统筹开展赤水河流域生态保护修复。重点实施武陵山区、乌江流域片区、赤水河流域片区等重要区域历史遗留矿山生态修复。到2025年，基本完成贵州省历史遗留矿山综合治理，治理面积7.5万亩，石漠化综合治理532.5万亩，水土流失综合治理2235万亩。

实施自然保护地体系建设工程。编制实施全省及各市（州）自然保护地发展规划。对各类自然保护地交叉重叠的进行整合、相邻相连的归并优化，实事求是处理好保护区内的村庄、永久基本农田、矿业权和国家重大建设工程、风景名胜区调规等问题，妥善处理历史遗留问题和现实矛盾冲突，开展勘界定标并建立矢量数据库，全面完成现有自然保护地整合优化。加强自然保护地管理和监督考核，理顺各类自然保护地管理职能，加快自然保护地能力建设，建立自然保护地控制区经营性项目特许经营管理制度。积极申报贵州梵净山、大苗岭国家公园。到2025年，初步构建科学合理的以国家公园为主体的自然保护地体系。

实施生物多样性保护工程。构建生物多样性保护网络。开展生物多样性监测调查，及时掌握生物多样性动态变化趋势，提高生物多样性预警水平。统筹就地保护和迁地保护，加强重要栖息地保护，推进绿色生态廊道建设，开展生态廊道试点。加强野生动植物保护，完善野生动植物监测防控体系。加大古树名木保护力度。加强外来物种管控。加大遗传资源多样性保护，建设珍稀濒危野生动植物基因保存库、救护繁育场所，完善生物资源保存繁育体系，开展油茶优良品种选育和基因保存。到2025年，生物多样性得到系统性保护。

实施国土绿化美化行动。科学编制绿化相关规划，综合考虑土地利用结构、土地适宜性等因素，科学划定绿化用地范围。充分考虑水资源的时空分布和承载能力，坚持宜绿则绿、宜荒则荒，科学恢复林草植被。巩固退耕还林成果。实施困难立地造林，推进城乡绿化，提高绿化覆盖率。对新造幼林地进行封山育林，加强抚育管护、补植补造。到2025年，森林覆盖率达到

64%，森林质量稳步提高。

提升生态系统碳汇能力。积极实施碳达峰碳中和行动，编制贵州省生态系统碳汇能力巩固提升实施方案，强化国土空间规划和用途管控，有效发挥森林、草原、湿地、土壤、岩溶等的固碳作用，提升生态系统碳汇增量。加大清洁低碳能源勘查力度，不断提升矿业绿色发展水平。研究探索废弃矿山等碳储存新路径，选取地质封存潜力区进行试点示范。积极融入全国碳排放权交易市场。到 2025 年，碳排放总量和单位地区生产总值二氧化碳排放降低达到国家下达的目标要求。

（三）完善生态保护修复制度

完善生态保护修复统筹协调机制。依据国土空间总体规划和生态修复专项规划，统筹安排生态保护修复重大工程，结合生态保护修复任务下达补助资金，转变现有生态保护修复重大工程组织模式和实施方式，压实主体责任，明确牵头单位，强化部门协同，共享工作信息，加强督促调度，形成工作合力，实现多部门、多层次、跨区域一体化统筹推进，构建政府主导、部门协同、多方参与的生态保护修复长效机制。

健全生态保护修复多元化投入制度。建立健全生态保护修复新机制，按照“职责不变、渠道不乱、资金整合、打捆使用”的原则，整合现有相关专项资金，集中用于生态保护修复。研究制定鼓励和支持社会资本参与生态保护修复的实施意见，明确修复目标任务和自然资源资产配置要求，细化参与内容、参与方式、参与程序，完善规划管控、产权激励、资源利用、财税支持、金融扶持等配套政策措施，充分调动社会资本参与自然生态系统、农田生态系统、城镇生态系统、矿山生态系统等生态保护修复，探索导向明确、路径清晰、投向持久、回报稳定的资源导向型可持续发展模式。

完善生态保护补偿制度。加大生态保护补偿力度，落实重点生态功能区财政转移支付政策。在重点生态功能区转移支付中实施差异化补偿，加大对生态保护红线覆盖比例较高地区支持力度，适当减少发展破坏生态环境相关产业地区补偿资金规模。发挥资源税、环境保护税等相关税费，以及土地、矿产等自然资源资产收益管理制度的调节作用。推进国家生态综合补偿试点。探索以受益者付费原则为基础的市场化、多元化生态补偿机制。落实公益林补偿标准动态调整机制，探索对公益林实施差异化补偿。探索建立湿地、重要水利工程生态效益补偿制度，探索多因素的补偿测算方法，逐步扩大生态效益补偿试点范围。实施纵横结合的综合补偿制度，因地制宜研究制定生态保护补偿引导性政策和激励约束措施。建立健全“统一方式、统一因子、统一标准”的流域横向补偿机制，采取横向补偿与省级奖补相结合的方式开展省内流域生态补偿，完善赤水河流域跨省横向生态补偿机制。

探索生态产品价值实现机制。推进省级生态产品价值实现试点，形成贵州内陆山区生态产品价值核算技术规范和多元化生态产品价值实现模式，初步建立生态产品价值实现制度体系。充分借鉴国内外生态产品价值实现案例经验，在全域土地综合整治、高标准农田建设、矿山修复、林业碳汇、河湖生态治理、水土流失综合治理、土地出让、退耕还林还草等自然资源领域开展生态生产价值实现机制试点，在严格保护生态环境前提下，探索原生态种养、生态旅游开发等价值实现模式。综合利用国土空间规划、建设用地供应、产业用地政策、绿色标识等政策工具，促进生态产业化、产业生态化，将生态产品价值附着于农业、工业、服务业的产品价值中，直接进入市场交易。

加强生态保护修复项目监管。建立健全科学实施生态修复工程的政策和标准。明确各县（市、区、特区）人民政府为生态修复工作责任主体，对施工质量和工程进度进行检查、督促和指导，实行一把手负责制和目标管理责任制，确保工程顺利实施。严格项目资金管理，各级财政专账管理，强化财务审计和监督制度，切实提高资金综合效益。探索建立差异化的生态修复考核评价体系，开展动态监测监管和后期修复成效跟踪监测评估，开展跟踪检查督办，综合以奖代补和奖惩结合方式，加强项目建设考核，对“假修复”“乱修复”等行为严格责任追究。

（四）加强地质灾害综合防治

加强地质灾害调查与风险评价。以“空天地”一体化的综合遥感早期识别为基础，完成1 ∶ 50000地质灾害详细调查及风险评价，以重点调查区的乡镇、村组等人口聚居区为重点，完成1 ∶ 10000地质灾害精细化调查。划定地质灾害易发分区和防治分区。建立健全“点面双控”地质灾害风险管控机制。适时更新全省地质灾害信息数据库，编制省、市、县三级地质灾害风险区划图，基本掌握全省地质灾害风险底数。科学评估地质灾害风险等级，夯实地质灾害防治工作基础。

强化地质灾害专业监测和群测群防。持续加强隐患点自动化监测，合理配置和维护监测设备，推动全省地质灾害监测预警由传统方式向自动化、数字化、网络化和智能化转变。以贵州省地质灾害综合防治“1155”大数据平台为基础，优化预警算法，提高监测可靠性和预警准确性。变形隐患点全覆盖安装自动化监测设备，提升专业监测预警平台的覆盖面和精准度。发动全民参与地质灾害防治，推广地质灾害巡查员制度，加大地质灾害防治宣传力度，引导群众积极参与识灾报灾。探索建立群测群防、专业监测和气象风险一体化预警预报系统，着力化解“灾害什么时候发生”的技术难题。

实施地质灾害避险搬迁和工程治理。积极争取国家政策和资金支持，统筹发展和安全，充分借鉴易地扶贫搬迁经验，扎实做好避险搬迁基础工作。探索与乡村振兴、新型城镇化以及生态修复、城乡建设用地增减挂钩、全域土地综合整治等相结合，采取多种方式统筹实施地质灾害避险搬迁工程。结合生态宜居、新型基础设施、新型城镇化等建设工程，有计划、有步骤地实施地质灾害综合治理，最大限度保障人民群众生命财产安全。

严防工程活动诱发地质灾害。科学安排国土空间开发保护布局，引导各项建设选址尽量避让高风险区域。推动建设项目危险性评估管理改革。推进工程建设配套防治项目具体化。加强防治工程项目管理，提早谋划防治工程项目实施，严防治理工程安全生产事故。强化重点行业危险性评估管理，特别是矿产开采、道路修建、切坡建房等领域，完善建设项目危险性评估对策措施，切实防范人为活动诱发地质灾害。

六、构建自然资源保护和高效利用体系

坚持保护优先、节约集约、严控增量、盘活存量，科学把握自然资源省情，牢固树立节约集约循环利用的资源观，加大改革创新力度，实行资源总量管理和全面节约集约制度，健全资源节约集约循环利用政策体系，促进资源配置更加合理、利用效率大幅提升。

（一）科学利用山地特色自然资源

创新山地生态系统保护利用模式。按照“山顶保生态、山腰建特色、山脚建新村、坝区保口粮”的工作思路，优化山地保护利用空间布局，统筹划定国土空间规划“三区三线”，将优质耕地布局为农业空间，优先划入永久基本农田保护区，实行严格保护。建立健全用途管制规则，统筹山地资源保护与开发，综合利用城镇开发边界内的山地资源，引导城市建设和产业发展逐步向适合开发的缓坡地带布局，建设山地特色城镇和“工业梯田”。城镇开发边界外，积极引导建设项目科学选址，避让重要生态功能区和良田好土。充分利用坝区、山地、林地等资源，鼓励具备产业发展条件的区域因地制宜发展山地特色农业、文化旅游产业。科学规划黔石保护和综合利用，促进山地资源综合利用与耕地保护高效协同，实现耕地保护更加有效、山地利用更为科学、村镇建设更显特色、生态保护更有质量。

（二）严格耕地保护监督

强化耕地“三位一体”保护。采取“长牙齿”的硬措施，落实最严格的耕地保护制度。强化对耕地特别是永久基本农田的管理保护，牢牢守住国家下达的耕地保有量和永久基本农田保护面积。有序实施退耕复耕和耕地质量等级提升，保障粮食产量和可以长期稳定利用的耕地总量不减少，对耕地转为其他农用地及农业设施建设用地实行年度“进出平衡”。即可恢复和工程恢复土地按一定比例调整恢复为耕地。推进建设占用耕地耕作层剥离再利用。加强旱涝保收、高产稳产的高标准农田建设，提高亩均单产。推进耕地资源质量分类工作，开展耕地质量等别年度更新评价。开展耕地轮作休耕，因地制宜实行免耕少耕、翻耕土壤、秸秆还田、增施有机肥、粮（经）与绿肥轮作套作的保护性耕作制度。加强对耕地污染的调查评价和治理。加强耕地与周边生态系统协同保护，探索农林牧渔融合循环发展模式，修复和完善耕地生态功能，恢复田间生物群落和生态链，建设健康稳定田园生态系统。

规范落实耕地占补平衡。改进和规范建设占用耕地占补平衡管理，严格落实先补后占和占一补一、占优补优、占水田补水田。开展耕地后备资源调查评价。市（州）人民政府年初下达补充和恢复耕地年度计划任务，县级人民政府通过引入社会投资等多种方式统筹实施补充耕地项目，大力生产新增耕地指标；土地整理复垦开发、高标准农田建设、全域土地综合整治等新增耕地经核定后可用于占补平衡；耕地后备资源匮乏的，通过流转方式完成补充耕地任务。严格补充耕地检查验收，严格新增耕地数量质量认定，补充耕地逐地块落图、拍照入库，公开接受全社会监督。适时调整耕地开垦费标准。制定补充耕地指标统筹管理有关规定，建立健全省、市、县三级统筹指标库，规范补充耕地指标入库和申请调剂。

严格落实耕地用途管制。研究细化贵州省耕地转为林地、草地、园地等其他农用地及农业设施建设用地的管制措施，明确落实年度耕地“进出平衡”的具体办法，建立目标明确、规则明晰、措施严格的耕地用途管制制度。严格控制非农建设占用耕地，引导新增建设不占或少占耕地，一般建设项目不得占用永久基本农田。加强设施农业用地管理，规范作物种植、畜禽养殖、水产养殖等设施用地。永久基本农田不得转为林地、草地、园地等其他农用地及农业设施建设用地；严格控制一般耕地转为林地、草地、园地等其他农用地。县级人民政府负责组织编制年度耕地“进出平衡”总体方案并组织实施，市（州）人民政府加强日常监督和年度检查。“进出平衡”首先在县域范围内落实，县域范围内无法落实的，在市域范围内落实；市域范围内仍无法落实的，在省域范围内统筹落实。

明确耕地利用优先序。永久基本农田重点用于粮食生产，主要用于保障稻谷、小麦、玉米等粮食作物种植。一般耕地优先用于粮食和棉、油、糖、蔬菜等农产品及饲草饲料生产，在不破坏耕地耕作层且不造成耕地地类改变的前提下，可以适度种植其他农作物。引导新发展林果业、不符合种植要求的特色产业上山上坡，不与粮争地，防止耕地“非粮化”。充分利用耕地质量地球化学调查评价成果，优化农业产业结构和区域布局，打造富硒、富锗特色农产品，大力发展现代山地特色高效农业，推动农业提质增效，支持十二个农业特色优势产业做大做强。

完善耕地保护补偿机制。加强对耕地保护责任主体的补偿激励，积极推进涉农资金整合，统筹安排资金，按照谁保护、谁受益的原则，加大耕地保护补偿力度。建立完善耕地退耕、休耕、轮作补偿制度。统筹安排财政资金，制定对承担耕地保护任务的农村集体经济组织和农户给予奖补的政策。实行跨地区补充耕地的利益调节，调动补充耕地地区保护耕地的积极性。完善激励补偿机制，鼓励有条件的地区建立耕地保护基金，对农村集体经济组织和农户给予奖补。落实产粮大县支持政策，在预算内投资、省级统筹的土地出让收益使用、耕地占补平衡指标交易等方面给予倾斜扶持。

（三）加强建设用地节约集约利用

强化建设用地总量和开发强度管控。实行建设用地总量控制，研究制定建设用地总规模和人均建设用地指标分区管控措施，合理把握年度用地计划指标安排节奏和时序。控制人均城市用地面积，严格核定各类城镇新增用地，有效管控新城新区和开发区无序扩张。严格控制农村集体建设用地规模，保障农村发展合理用地需求。规范开展城乡建设用地增减挂钩和工矿废弃地复垦利用，统筹管理增减挂钩指标。严格执行国家土地使用标准制度，完善全省各行业用地控制指标，实行更加严格的用地定额标准，倒逼节约集约利用土地。发挥建设用地预审和规划选址对项目的前端控制作用，用地面积定额标准有浮动区间的各类建设项目，用地总面积在建设用地预审和规划选址时原则上以最小额基准线进行控制。到 2025 年，全省建设用地规模低于国家下达控制总量，单位国内生产总值建设用地使用面积下降 15% 以上。

盘活低效存量建设用地。建立健全增量安排与消化存量挂钩机制。开展建设用地起底大调查，建立存量土地数据库并实施年度更新；按照“一宗一策”“一地一案”原则，鼓励通过依法协商收回、协议置换、费用奖惩等措施，推动城镇低效用地腾退出清。推进国有企事业单位存量用地盘活利用，鼓励市场主体通过建设用地整理等方式促进城镇低效用地再开发。盘活农村闲置建设用地，鼓励农业生产和村庄建设等用地复合利用；在依法自愿有偿的前提下，允许将存量集体建设用地依据规划改变用途入市交易。探索工矿废弃地原地盘活利用和异地调整利用。全面开展节地评价与考核，推广各行各业节地技术和节地模式。

注重土地精准供应。市、县人民政府科学编制国有土地年度供应计划，并向社会公开发布。加强土地收储，优先储备重点项目、重点工程、公共基础设施项目和城市棚户区、城中村、旧城区等城镇连片开发土地，探索建立全生命周期、全用途、全覆盖的收储管理体制。按季分析土地储备及供地情况，准确把握储备存量与供应流量关系，合理安排土地储备、供地数量、节奏、时序和结构，科学有序投放土地，增强土地供应的灵活性和精准度，推动扩大有效投资，保障土地市场平稳运行。探索将已查清的未明确使用权的历史存量建设用地、闲置土地等国有土地纳入土地储备。规范土地出让程序，严格“净地”出让。开展产业混合用地试点，探索增加混合产业用地供给。

（四）提高矿产资源开发保护水平

加强能源资源安全保障。围绕构建全国重要能源基地和资源深加工基地，坚持和完善能源工业运行新机制，加快转型升级，推进煤炭、煤层气、页岩气、地热（温泉）等能源资源勘查开发利用，着力构建清洁低碳、安全高效的现代能源体系。推进煤炭资源勘探，加快煤炭矿区规划详查和后备区勘查补查，增强煤炭资源保障能力。科学有序发展露天煤矿，开展采煤沉陷区和土地复垦复绿治理。坚持采煤采气一体化，加快毕水兴煤层气产业基地建设，到 2025 年煤层气探明储量达到 800 亿立方米。加快页岩气勘探开发和综合利用，推动遵义—铜仁页岩气示范区增储上产，到 2025 年页岩气探明储量达到 500 亿立方米。结合资源环境承载能力，加快主要城镇区域浅层地热能资源勘查评价，因地制宜推进浅层地温能、中深层地热水等新能源开发利用。加快推进地热（温泉）资源勘查开发利用，助力打造“温泉省”。

增强非能源矿产资源保障能力。优化矿产资源勘查开发保护布局与结构，科学划定战略性矿产资源保护区、国家规划矿区、重点勘查区、重点开采区，明确布局安排和准入要求，引导要素聚集。按照国家部署开展新一轮找矿突破战略行动，聚焦战略性矿产、优势矿产、新能源电池及材料产业发展所需矿产，注重科技创新和先进找矿技术应用，加大勘查力度，织密勘查网络，重点突出深部找矿，有效盘活国有地勘单位找矿成果，新增一批地质找矿成果，力争新发现一批大中型矿产地。持续推进重点（优势）矿产资源“大精查”，提高勘查工作程度，实现“提级增量”，增强初级矿产品供给保障能力。

推进黔石保护与综合利用。编制实施贵州省“十四五”黔石保护与利用综合规划，开展黔石类资源调查研究，规划 37 个资源保障区，进一步摸清资源家底，优选勘查开发区块，因地制宜进行保护性开发。引导企业兼并重组，提升矿山生产规模，优化石材产业布局，实施“黔石保护与利用”工程，探索生态修复与黔石综合开发、综合建材产品生产相结合的市场模式，促进石漠化集中连片区综合治理和废弃矿山砂石土资源综合利用，结合区位条件平整复垦土地，形成新增耕地等农用地，或者整治形成建设用地。大力发展石材特色产业，支持石材基地、石材产品交易市场建设，推动新建或改建综合建材产业园或综合建材产品生产基地，推进交通、运输等配套设施规划建设。加快推进玄武岩资源开发及产品应用研究，积极发展玄武岩复合材料，打造玄武岩产业基地。

大力推动矿产资源高端化利用。坚持节约优先、综合利用、绿色发展，加强矿产资源节约与综合利用，支持鼓励资源循环利用，推广应用矿产资源节约和综合利用先进技术，充分发挥重大工业企业技术创新的主体作用，加强与关联产业的协同合作，大力支持煤、磷、锰、铝、金、钛、锂、钡、铅锌等矿产资源开发利用，以及共伴生资源、尾矿资源综合利用和关键技术攻关，推动资源开发向深加工、高精尖领域提升转化，促进资源有效保护、规模开发和集约利用，助力打造煤化工、新能源电池及材料等产业集群。严格执行矿产资源绿色开发利用（三合一）制度，开展矿产资源开发利用水平调查评估，督促实施矿产资源"三率"最低指标。

（五）强化林草资源保护和适度利用

强化林草资源保护。实行严格的森林资源保护管理制度，严格林地用途管制。实行天然林保护与公益林管理并轨。强化林木采伐管理，严格凭证采伐和限额采伐，继续全面停止天然林商业性采伐。加强对退化防护林、低产经济林等退化林修复。推进林木种质资源保护和良种选育推广。全面实行林长制，建立健全以党政领导负责制为核心的省、市、县、乡、村五级责任体系，全面落实森林资源保护发展目标责任制。加强森林资源分类保护，强化森林抚育，提高森林质量。加强林草资源保护和林草防火防灾，强化山地草甸等南方典型草地保护，开展人工种草、草地改良和围栏等草原建设，严格落实草畜平衡，到 2025 年全省草原综合植被盖度大于等于 90%。

推进林草资源适度利用。注重林草资源保护与科学利用相结合，优化林业产业布局，充分发挥林业的经济功能。采取新造与改培相结合方式，重点打造以人工商品林为主的用材林基地，以油茶、竹、花椒、皂角、刺梨和核桃等为主的特色经济林基地。加强国家储备林建设。用好地方公益林和商品林地，大力发展林药、林菌、林花、林苗等林下种植业，适度发展林禽、林蜂等林下养殖业，积极发展野生菌类、竹笋、林菜等林业产品采集业。大力发展林产品精深加工，培育一批林产品品牌，延长产业链，提升林产品附加值。用好荒山荒坡，科学合理利用草地草场资源，发展牛、羊等生态畜牧业。到 2025 年，全省林草产业总产值达到 4500 亿元。

加强自然资源和林业系统协同配合。各级自然资源与林草部门之间就职能、流程加强衔接和配合，在自然资源调查监测所涉及的概念和技术标准，用地、用矿审批与用林、用草、占用自然保护区、生态保护红线审批，森林、湿地等生态保护修复，执法监管工作的协同配合等方面，建立一体化联合工作机制，确保中央和省委改革决策落实到位，充分产生化学反应，推动全省自然资源和林业事业协同发展。

（六）加强水资源节约利用

强化用水总量和强度双控。坚持以水而定、量水而行的原则，强化水资源刚性约束，严格用水总量控制。建立水资源监测预警机制，水资源超载地区实施用水总量消减计划。加强地下水管理，完善地下水监测网络。严格加强规划水资源论证、建设项目水资源论证、取水许可管理、水资源费征收的事前事中事后监管，强化用水全过程管理，持续提升水资源监管能力。健全省、市、县三级行政区域用水总量、用水强度控制指标体系，合理制定区域年度用水计划，强化节水约束性指标管理，开展节水目标责任考核。到 2025 年，全省用水总量控制在国家下达指标范围内，万元地区生产总值用水量下降 16%。

深入实施节约用水行动。坚持把节水作为水资源开发、利用、保护、配置、调度的基本要求，推进水资源节约集约利用。落实国家和省节水行动实施方案，推进农业节水灌溉，加快建设现代化灌区，推进农业节水增效。推进工业节水改造，鼓励支持企业开展节水技术改造及再生水回用改造，严控高耗水项目，推动工业节水减排。开展节水型城市和节水型社会建设，推进城镇节水降损，到 2025 年，全省 40% 以上县达到节水型社会标准。加强雨水、再生水、矿井水等非常规水利用，逐年提高利用效率。建立健全城镇供水价格形成机制和动态调整机制，全面落实城镇居民阶梯水价制度和城镇非居民用水超定额累进加价制度，发挥水资源价格调节功能。

科学合理配置水资源。坚持以水定城、以水定地、以水定人、以水定产的原则，优化生产、生活、生态用水结构和空间布局。围绕“四化”和“强省会”战略要求，科学布局一批重点水源和引调提水骨干工程，保障建设用地空间，加快构建互联互通、合理高效、绿色智能、安全可靠的贵州大水网；开展水利“百库大会战”，进一步提升水源工程供水能力，加强水源之间连通建设，推进城乡一体化供水，开展灌排渠体系现代化升级改造，促进空间均衡，全面提升全省水资源综合调配和城乡供水安全保障能力。加强重点河湖生态流量管理，统筹生活生产生态用水需求。在严格保护的前提下，科学发展水产养殖和观光旅游，充分发挥水资源开发利用综合效益。

七、构建自然资源治理现代化的基础保障体系

坚持固根基、扬优势、补短板、强弱项，推动科技创新应用，夯实工作基础，强化业务支撑，完善工作机制，推进法治建设，强化大数据应用和数字治理，加强人才队伍建设，不断提升自然资源治理基础支撑保障能力。

（一）提高测绘地理信息服务能力

加强北斗卫星大数据基础设施建设。加密和升级改造贵州省北斗卫星导航定位基准站网，建成全省北斗卫星观测和位置服务数据资源池，升级北斗位置服务平台。优化现代测绘基准体系，增补及复测 C 级控制网，精化似大地水准面模型。加强测量标志管理，摸清测量标志家底，落实分类分级保护制度，完善委托保管机制。开展北斗高精度位置服务关键技术研究，提升区域高精度位置服务能力，拓展“北斗 +”融合创新和“+ 北斗”时空应用。

推进新型基础测绘体系建设。开展新型基础测绘相关技术研究，推进基于地理实体的新型基础测绘标准体系建设，建立省、市、县三级协同的新型基础测绘生产组织体系、全省统一的基础地理实体库。推动实景三维贵州建设。探索遥感影像 AI 自动解译，实现地理实体智能高效提取，探索新型基础测绘成果示范应用，提升基础测绘地理信息服务能力和保障水平。

推进测绘地理信息服务能力建设。加强遥感影像统筹获取，实现航天遥

感影像高频覆盖，航空遥感影像按需覆盖。按需开展 1 ∶ 10000 基础地理信息产品生产，力争实现省域全覆盖。升级“天地图·贵州”地理公共服务平台，完成市级节点一体化和数据融合建设。加强测绘地理信息行业管理，加强测绘成果汇交，改革测绘资质管理，强化测绘安全生产管理。推进地理信息保密处理技术研发和服务，促进地理信息成果应用。编制贵州省历史地图集、人文地理地图集，丰富公益性地图产品，强化地图服务保障能力。

加强应急测绘保障能力建设。健全应急测绘保障体系，强化应急测绘队伍建设，加强部门间应急协作共享。完善更新现代应急测绘技术装备，开展日常应急测绘技术培训和演练，提升突发事件测绘数据快速获取、处理、分析和共享的服务能力。开展常态化测绘应急保障服务。

促进地理信息产业发展。推进地理信息产业“集聚区”建设，建立产业创新应用示范基地，建立健全地理信息产业“集聚区”监管机制，形成多学科、多领域融合创新发展格局。促进北斗卫星定位、导航、授时、监控等多功能的应用创新，强化测绘地理信息与新技术及多学科融合发展，构建完善的地理信息产业创新链条，培育产业发展新的经济增长点。

（二）推动自然资源科技创新与转化应用

加强自然资源科技成果转化应用。落实国家“一核两深三系”自然资源重大科技创新战略，在资源能源探测勘查、自然资源监测监管、空间规划技术、生态保护修复等方面培育一批科技创新成果，提升自然资源科技创新水平和效能。加快自然资源卫星遥感、北斗卫星导航定位、深地矿产资源勘查开发等先进适用技术和成果推广应用。加强自然资源领域标准体系建设，促进科技进步、技术融合与成果转化。

推进自然资源科技创新平台建设。推进复杂构造区非常规天然气评价与开发重点实验室建设，支持以自然资源部基岩区矿产资源勘查工程技术创新中心为龙头的省部级科技创新平台发展，积极申报自然资源部重点实验室、工程技术创新中心和野外科学观测研究站。探索创新与工程技术平台相适应的运行管理模式，加大对共性关键技术和产品研发、成果转化及应用示范激励力度。积极申报自然资源科普基地建设，充分利用省地质博物馆和市、县级城乡规划展览馆等载体，打造自然资源科普平台。

激发自然资源科技自主创新活力。完善自然资源科技创新管理机制，建立健全创新绩效考核机制。加强自然灾害监测预警防治技术攻关。强化产学研用协同创新与融合发展，加强与优势高校、企业合作，有力有序推进创新攻关“揭榜挂帅”机制，组建跨学科研发团队和产业技术创新联盟，开展关键共性技术攻关、装备研制和成果转化。加强自然资源科技创新人才激励，制定创新人才梯队发展计划，建立健全以实绩和贡献为主要依据、注重科技创新的绩效工资内部分配办法，形成科技创新人才成长跟踪联系机制。

（三）强化自然资源大数据应用

构建安全高效自然资源“一张网”。按照“一云一网一平台”，构建涵盖业务网、电子政务内外网、互联网、应急通信网等多级互联的统一自然资源“一张网”。依据“云上贵州”，建立覆盖全要素多节点的自然资源云数据中心运行体系。构筑省级分层安全防护技术机制及制度规范，完善安全可控的基础设施，保障涉密信息和不动产登记等敏感信息安全。

构建自然资源三维立体“一张图”。标准化处理基础地理、遥感影像、土地、地质、矿产、森林、草原等数据，纳入自然资源数据目录，叠加自然资源调查监测评价、确权登记、资产清查、开发利用、空间规划、用途管制、生态修复、耕地保护、地质勘查、矿产开发、地质灾害、执法监管等数据，形成全省统一的地上地下一体三维可视化自然资源“一张图”。不断完善数据汇交、备案、交换与同步机制，适时更新完善自然资源“一张图”核心数据库。

构建自然资源大数据应用支撑平台。健全自然资源全息大数据平台，利用分布式、云计算、大数据等前沿技术方法，推动实现全省自然资源大数据的纵横联通、共享交换、深度融合，为全省国土空间规划编制、行政审批、监测监管、生态修复、自然资源保护和利用、决策分析提供应用服务和技术支撑。完善国土空间基础信息平台，依托大数据、云计算、人工智能等新技术，支撑国土空间规划编制、动态监测评估预警、实施监管和决策分析。建成全省建设用地“一码管地”信息系统。

构建自然资源三大应用体系。构建自然资源调查监测评价应用体系，统一工作基础和调查标准规范，建设以高分辨率遥感卫星、无人机为主体的“空天地”一体化调查监测技术体系，全面提升数据获取能力，加强数据衔接整合，深化数据应用服务。构建自然资源监管决策体系，建设国土空间规划“一张图”实施监督系统，建立国土空间生态修复监管系统。构建“互联网＋自然资源政务服务”应用体系，深化数据开放共享服务与政务信息公开，实现线上“一网通办”和线下“一窗通办”融合发展，让数据多跑路、群众少跑腿。

（四）加强自然资源业务技术支撑

推进事业单位改革。落实中央和省委关于事业单位改革重大决策部署，围绕统一行使全民所有自然资源资产所有者职责和统一行使所有国土空间用途管制和生态保护修复职责“两统一”职责，按照“一类事原则上由一个部门统筹，一件事原则上由一个部门负责”的要求，合理控制总量，着力优化结构，完善制度机制，强化支撑保障职能、强化公益属性，提高治理效能。加强和完善国土空间规划、国土空间用途管制、自然资源资产管理、国土空间生态修复、自然资源调查监测等自然资源业务技术支撑体系。坚持优化协同高效原则，突出事业单位的社会公益性，为社会提供自然资源公益服务。

建立自然资源智库。坚持开放、聚才、引智原则，组建贵州省自然资源高端智库，完善自然资源重大问题决策咨询建议制度，聚焦自然资源领域重大战略和热点难点问题，发挥专家学者严谨的科学思维和敏捷的观察能力，深入实践、深入基层、深入企业、深入群众，开展基础性、战略性、创新性、针对性、实用性、储备性政策研究，提出可行性、操作性、建设性决策建议；及时解读自然资源公共政策，发挥政策“外溢”效应，引导社会热点、回应社会关切。依托技术事业单位，建立自然资源智库运行机制，建设成为联系专家学者的桥梁纽带、科学决策的重要载体、服务大局的智力平台，为自然资源保护和利用提供综合论证、技术咨询、决策评估、智力支撑。

统筹用好各方技术力量。充分利用“外脑”，以自然资源智库、科技创新平台等为载体，通过政府购买服务、战略合作等方式，引导省内和省外自然资源领域事业单位、科研院所、企业、专家学者等技术力量，积极参与贵州自然资源保护和利用相关技术性工作，逐步形成技术合力，提高技术支撑水平。协同办好生态文明贵阳国际论坛，加强自然资源领域国内国际交流合作。

八、规划实施保障

切实提高政治站位，充分发挥党的领导核心作用，强化各级党委政府主体责任，注重人才培养，合理配置各类资源，最大程度激发市场主体活力和创造力，凝聚全社会力量，上下联动、勠力同心，形成规划实施合力，保障规划有效实施。

（一）坚持党的全面领导

深入学习贯彻习近平新时代中国特色社会主义思想和习近平总书记视察贵州重要讲话精神，增强“四个意识”，坚定“四个自信”，做到“两个维护”，落实党把方向、谋大局、定政策、促改革的要求，不断提高政治判断力、政治领悟力、政治执行力，切实把党的领导贯穿到规划实施各领域和全过程。压实各级党委政府自然资源保护和利用责任，加强基层党组织建设，充分发挥党员领导干部的带头示范作用、基层党组织的战斗堡垒作用和党员的先锋模范作用。

（二）强化规划协同落实

在省人民政府的统一领导下，省直有关部门和市、县级人民政府按照职责分工，密切配合，做好项目立项、资金筹措、风险评估、过程监管等。自然资源部门加强与发展改革、财政、水利、林业等省直部门搞好政策衔接，将主要指标、重大任务、重大改革举措要求逐项分解。市（州）人民政府应制定本规划实施方案。省自然资源厅加强规划实施全过程跟踪，确保规划目标任务全面实现，取得预期效果。

（三）加强人才队伍建设

编制实施全省自然资源人才发展规划，深化人才发展体制机制改革，优化人才发展环境，注重人才引进培养，补齐人才结构短板，优化干部队伍结构。有效激发事业单位活力，充分发挥在自然资源事业发展中的业务支撑作用。推进基层自然资源管理标准化规范化建设，提升基层装备水平，加强队伍能力建设，注重一线人才培养使用，逐步优化队伍年龄结构、知识结构和专业结构。加强干部监督管理，建立健全干部考核评价激励制度。

（四）加大投入力度

积极争取国家在自然资源领域转移支付重大工程项目和中央预算内投资补助等方面向贵州倾斜。创新投融资模式机制，充分发挥各级财政资金引导撬动作用，统筹协调各类财政资金，运用好开发性政策性金融贷款、地方人民政府债券等金融举措，保障各项自然资源重点工作顺利实施，确保国家和省重大决策部署的落实。完善多元化、多渠道、多层次的投入机制，引导和促进各种投资机构和民间资本参与自然资源保护和利用。

（五）注重公众参与

强化公众参与意识，加强规划与公众之间的互动，注重多层次、多形式的规划宣传，将规划实施变成全社会参与的共同行动，提高全社会对自然资源保护和利用重要性的认识。采取多种宣传方式拓宽公众参与渠道，扩大公众参与度，增强规划编制实施管理的民主性、科学性和公开性。提高公众参与的质量，广泛汲取社会各界对规划实施的意见建议。完善规划实施社会监督机制，确保公众对规划实施进行有效监督。

（六）强化监督评估

建立健全规划实施评估制度，将规划实施情况纳入各级政府考核体系。组织开展规划实施中期评估和终期考核，加强对规划年度目标实施的考核力度，定期公布重点工程项目建设情况和规划目标完成情况，分析实施进展情况、存在问题，并提出合理化解决方案。省、市、县相关专项规划注重与本规划的衔接，及时协调、解决规划实施中的重大问题，确保规划目标如期高质量实现。

第三节　能源可持续发展

一、贵州省“十三五”规划指标完成情况

《贵州省新能源与可再生能源“十三五”发展规划》提出了可再生能源指标考核约束指标：到2020年，可再生能源年利用量占全省能源消费总量的15%以上；全省非水电可再生能源发电量占全部发电量的5%以上。截至

2020年底，可再生能源年利用量占比17.6%，较2015年增长4.1个百分点；非水可再生发电量占比7.8%，较2015年增长4.2个百分点，两个约束性指标均超额完成规划目标任务。

到2020年底，全省新能源和可再生能源开发利用总量2904万吨标煤，超额完成“十三五”规划2400万吨标煤的目标任务。

光伏发电：截至2020年底，全省光伏发电累计建成装机规模达到1057万千瓦，超额完成“十三五”200万千瓦规划目标。贵州省光伏发电产业发展迅速，2019年、2020年连续两年取得的建设规模位居全国第一。

风电：截至2020年底，贵州省风电装机达到580万千瓦，完成规划目标的97%。“十三五”期间部分风电项目停建、缓建，主要受生态红线、林地、征地等因素影响。

水电：截至2020年底，全省水电累计装机2281万千瓦，超额完成“十三五”规划2175万千瓦的装机目标。“十三五”期间贵州省科学合理建设了一批中小水电，促进了贵州省水能资源的深度开发利用。

生物质能发电：截至2020年底，全省生物质能发电装机规模35.4万千瓦，完成“十三五”规划目标的88.5%，其中农林生物质发电装机12万千瓦、垃圾发电装23.4万千瓦。垃圾发电受城镇化发展、垃圾无害化处理等支持发展较快，农林生物质受流动资金、原料收集等影响，发展停滞。

生物天然气：全省已投产大型生物天然气项目1个，年产量1100万立方米，固态和液态有机肥量6.51万吨，年处理有机废弃物量10万吨；在建大型生物天然气项目2个，生物天然气年产量1446万立方米，固态和液态有机肥量7万吨，年处理农作物秸秆量1.8万吨，畜禽粪污量1.7万吨，其他有机废弃物量7万吨，生物天然气和有机肥利用方式有并入管网、居民、交通燃料、工业燃料等。

地热能：“十三五”末，全省已建成的浅层地热能开发利用项目50余处，主要分布于贵阳、遵义、铜仁，用于医院、住宅、行政办公楼及酒店等行政机关和公共建筑，供暖制冷面积约500万平方米；已开发利用温泉及地热井63处，主要用于洗浴理疗及旅游度假。

二、发展机遇与面临的挑战

“十四五”时期，随着我国积极构建国内国外双循环新发展格局，大力推动“碳达峰、碳中和”发展战略，为贵州省新能源和可再生能源推广应用带来新的机遇和挑战，全行业要深刻把握新时代新特征新要求，抢占先机，开创贵州省能源高质量发展新格局。

（一）发展机遇

1.“碳达峰”目标与“碳中和”愿景加快新能源和可再生能源发展进程

“碳达峰、碳中和”目标的提出，为能源高质量发展提出了更高的要求，需要在更高起点上推动“四个革命、一个合作”能源安全新战略走深走实。因此，在“十四五”时期乃至更长时期内，亟须大力发展新能源和可再生能源，着力减少化石能源开发利用，逐步实现贵州省能源转型增量替代、存量替代，以及全面转型，积极构建清洁低碳、安全高效的能源体系。

2. 贵州省经济发展和能源消费的需求

贵州数字经济增速连续多年保持在全国“第一方阵”，按照“六个大突破”要求，精准落实“六个抓手”，着力实施工业倍增行动，省领导领衔推动十大工业产业，总产值突破1.5万亿元。“十四五”时期是贵州省全面建成小康社会奋斗目标、推进新型城镇化建设的关键时期，全省经济发展和能源消费将持续增长。

3. 国家政策支持贵州在新时代西部大开发上闯新路

《国务院关于支持贵州在新时代西部大开发上闯新路的意见》（国发〔2022〕2号）明确表示，将贵州建设成西部大开发综合改革示范区、内陆开放型经济新高地、数字经济发展创新区、生态文明建设先行区。实现贵州省经济实力迈上新台阶，参与国际经济合作和竞争新优势明显增强，基本公共服务质量、基础设施通达程度、人民生活水平显著提升，生态环境全面改善，与全国同步实现基本实现社会主义现代化。意见提出贵州要加强清洁能源开发利用，积极发展新能源，扩大新能源在交通运输、数据中心等领域的应用，为贵州新能源发展带来了新的机遇。

4. 技术进步促进设备效率不断提升

随着风机制造产业技术升级，陆上风电主流机型已发展到效率更高的3MW及以上的风电机组。风机由中小容量向大型化、智能化发展成为必然趋势。低风速风机、大叶片、高塔筒等新技术将为风电产业带来更广阔的开发空间。太阳能发电方面，近十年来光伏系统成本大幅下降，随着单晶PERC电池得到大规模应用，双面、半片、MBB、叠片等组件技术取得快速发展，光伏发电成本在未来仍有一定下降空间。技术进步带来的建设及运维成本降低将使得风电和光伏的市场竞争力不断提升。在其他新能源领域，新材料、新设备、新技术也日趋成熟，为贵州省新能源发展提供有力支撑。

（二）贵州省面临的挑战

1. 生态环境挑战

贵州是我国石灰岩大面积分布、喀斯特地貌广泛发育的地区，也是中国石漠化面积最大、程度最深、危害最重的省份，大部分地区处于我国八大生态脆弱区之一的西南岩溶山地石漠化生态脆弱区，风电、光伏发电等新能源项目在建设过程中对生态环境造成一定影响，需及时采取水保、环保措施，及时进行生态修复；同时受自然资源、林业、环保和耕地保护等因素影响，新能源开发受土地限制日益加大。

2. 局部地区新能源发电送出消纳受限

风电和光伏发电是贵州省新能源发展的主要组成部分，而从资源分布来看，贵州省西部地区风能和太阳能资源相对丰富，新能源建成规模较大，贵州省现有“两横一中心”网架结构的中西部地区已无富余送出通道，而西部地区并非贵州省负荷中心，新增新能源电力难以就地消纳，电网规划建设短期内难以适应贵州省新能源大规模发展需求。

3. 开发建设成本短期居高

风电、光伏新核准备案的项目全面实现平价上网，国家不再补贴。贵州省燃煤指导价属全国较低水平，风资源属于全国四类地区，太阳能资源属于全国五类地区，全面平价上网将成为贵州省“十四五”时期光伏和风电发展的一大挑战。同时，受当前大宗材料涨价和储能建设需求影响，新能源开发企业不得不增加开发建设成本，必然对贵州省新能源开发进度和规模带来一定影响。

三、发展目标

（一）总体目标

“十四五”期间，贵州省加大新能源和可再生能源开发利用，进一步扩大化石能源利用替代进程，积极提高新能源和可再生能源消费占一次能源消费占比。预计到2025年，贵州省新能源和可再生能源利用总量折合标煤约4048万吨，非化石能源消费占比提高到21.6%。

（二）分项目标

新能源与可再生能源发电装机。到2025年，新能源与可再生能源发电装机6546万千瓦；非水电可再生能源装机4265万千瓦。其中水电装机2281万千瓦，风电装机。1080万千瓦，光伏发电装机3100万千瓦，生物质能发电装机85万千瓦。

地热能供暖制冷面积到2025年，地热能供暖制冷面积达到2500万平方米以上，折合替代化石能源232.2万吨标煤。

生物天然气。到2025年，全省生物天然气产能达到2亿立方米。

表4-2　“十四五”时期贵州省新能源和可再生能源开发利用主要指标

种类	2020年（实际）	“十四五”新增	2025年末（预计）	替代化石能源（万吨标煤）
一、水电（万千瓦）	2281		2281	2220.6
二、风电（万千瓦）	580	500	1080	589.4
三、光伏发电（万千瓦）	1057	2043	3100	868.8
四、生物质能				
生物质能发电（万千瓦）	35.4	49.6	85	112.8
生物天然气（亿立方米）	0.11	1.89	2	24.0
五、地热能（万平方米）	500	2000	2500	232.2
非化石能源消费比重（%）	17.6	4	21.6	
非化石能源装机比重（%）	52.9	4.5	60.6–58.5	
非化石能源发电量比重（%）	42.3	–1.1	41.2–40.6	
可再生电力消纳占比（%）	39.3	0.2	39.5–39.0	
非水可再生电力消纳占比（%）	7.2	9.9	17.1–16.9	

（三）远景目标

到2030年，新能源和可再生能源利用持续增长，新增的清洁电力成为能源消费增量的主要组成，非化石能源消费占比争取达到25%左右；基本形成涵盖全产业链的技术研发、检验检测体系，新能源开发成本持续下降，核心技术不断突破。自主创新能力提升，新能源科技水平赶上全国先进水平；现代新能源市场体制更加成熟完善，构建清洁低碳安全高效的能源体系，控制化石能源总量，着力提高利用效能，初步形成以新能源为主体的新型电力系统。

四、重点任务

（一）积极拓展光伏发电多元化产业布局

大力推进光伏基地建设。为适应新能源大规模、高比例发展，在太阳能资源较好的毕节、六盘水、安顺、黔西南、黔南等市（州）打造百万千瓦级大型光伏基地，引领新能源基地化、规模化发展。充分发挥规模化开发优势，降低建设成本，加强送出通道规划和建设，提高新能源消纳能力和送出通道利用水平。五个百万千瓦级光伏基地为毕节市百万千瓦级光伏发电基地、六盘水市百万千瓦级光伏发电基地、安顺市百万千瓦级光伏发电基地、黔西南州百万千瓦级光伏发电基地、黔南州百万千瓦级光伏发电基地。

积极推进风光水火储一体化发展。以大型水电基地及现有（规划）火电厂为依托，统筹本地消纳和外送，建设乌江、北盘江、南盘江、清水江流域四个水风光一体化可再生能源综合基地以及风光水火储多能互补一体化项目。充分利用水电及火电的调节能力，合理布局新型储能或抽水蓄能，优化调度、联合运行、高效利用，建设水（火）风光储一体化可再生能源综合开发基地，降低可再生能源综合开发成本，提高水电或火电送出通道利用率。火风光一体化项目基地为发耳电厂、兴义电厂等已建成火电通道，探索开发火风光互补示范项目，新建织金电厂、新光电厂等火电厂，统筹规划火风光一体化项目。水风光一体化基地为乌江流域水风光一体化基地、北盘江流域水风光一体化基地、南盘江流域水风光一体化基地、清水江流域水风光一体化基地积极推进整县屋顶分布式光伏开发试点。加快负荷中心及周边地区分布式光伏建设，积极推进工业园区、经济开发区等屋顶光伏利用，推广光伏发电与建筑一体化应用。在开阳县、播州区、关岭县、镇宁县、盘州市、钟山区、镇远县、长顺县、兴义市、望谟县、威宁县、黔西市、松桃县等13个试点县（市、区），按照就地消纳、整县推进、因地制宜、宜建尽建、分步实施的原则，以及整县（市、区）屋顶分布式光伏开发试点基本要求，在2023年底前各试点县（市、区）屋顶分布式光伏项目建设达到国家要求。在开阳县、播州区、关岭县、镇宁县、盘州市、钟山区、镇远县、长顺县、兴义市、望谟县、威宁县、黔西市、松桃县开展整县屋顶分布式光伏试点，形成示范后在全省范围内推广。

积极推进“光伏+”发展。结合光伏场区岩溶、石漠化、煤矿塌陷区等脆弱区域的生态修复，提升光伏发电发展方向，创新各类符合贵州省实际的“光伏+”综合开发利用模式，积极打造农光互补、林光互补、牧光互补以及水光互补等光伏利用方式，提高资源利用效率，增加农村就业岗位，壮大农村集体经济实力，增加农民收入；积极推进风电开发和乡村振兴和旅游开发，提升边远地区交通基础建设；大力推进垃圾发电项目建设，因地制宜推进农林生物质发电项目和沼气发电项目建设，促进农村人居环境整治，促进生态文明建设。

（二）稳步推进风电协调发展

大力推进集中式风电开发。在落实好环境保护、水土保持和植被恢复等措施的基础上，鼓励采用先进技术因地制宜建设低风速风电场。加强风能资源勘测和评价，提高微观选址技术水平，针对不同的资源条件，加强设备选型研究，探索同一风电场因地制宜安装不同类型机组的混排方案，因地制宜选择大功率抗凝冻低风速风机及配套高塔筒、长叶片，提高风资源开发效率，减少用地需求，提高经济效益，适应大规模平价上网风电发展。

鼓励分散式风电开发建设。鼓励因地制宜建设中小型风电项目，充分利用电网现有变电站和线路，综合考虑资源、土地、交通、电网送出消纳以及自然环境等建设条件，开发建设就近接入、就地消纳的分散式风电项目。

鼓励风光互补项目建设。根据光伏白天发电，风电大风时段多集中于夜间的特性，利用风能和太阳能互补发电，实现全天候发电功能，提高送出通道利用效率，向电网提供更加稳定的电能，实现资源最大程度的整合，降低风光送出成本。在全省因地制宜利用已建成的1000万千瓦光伏项目的送出工程建设配套风电项目，利用已建成的580万千瓦风电项目送出工程建设配套光伏发电项目；新建风电、光伏发电项目，按照同一区域统筹互补开发。在全省因地制宜利用已建成的1000万千瓦光伏项目的送出工程建设配套风电项目，利用已建成的580万千瓦风电项目送出工程建设配套光伏发电项目；新建风电、光伏发电项目，按照同一区域统筹互补开发。

（三）因地制宜开发生物质能

大力发展城镇生活垃圾焚烧发电。加快布局和推进各市（州）政府所在地垃圾发电项目，提升城市生活垃圾处理能力；积极推进人口50万以上市县或区域建设生活垃圾焚烧发电项目，促进提升农村人居环境。加快应用现代垃圾焚烧处理及污染防治技术，提高垃圾焚烧发电环保水平。

因地制宜发展农林生物质发电。按照因地制宜、统筹兼顾、综合利用、提高效率的思路，充分利用贵州省较为丰富的农林生物质资源，稳步发展生物质发电，加快推进西秀区等农林生物质发电项目。

积极发展生物质天然气。积极开展生物质天然气示范项目建设，加大利用酒糟、养殖粪便等废弃物力度。以县为单位建立产业体系，选择有机废弃物丰富的种植养殖大县，编制县域生物天然气开发建设规划，发展生物天然气和有机肥，建立原料收集保障、生物天然气消费、有机肥利用和环保监管体系，构建县域分布式生产消费模式。结合城市餐厨垃圾、垃圾填埋场等，因地制宜发展生物天然气或沼气发电。

（四）加快发展地热能产业

抓好地热能产业规划实施，加大资源开发利用。认真抓好全省地热能产业发展“十四五”规划及各市州、贵安新区地热能开发利用实施方案实施，围绕“五区”（城市功能区、城镇集中区、工业园区、农业园区、旅游景区）驱动，做好顶层设计，按照市场驱动原则，分析需求和供给，积极推进地热能供暖制冷项目建设，加大地热能资源开发利用。

提升资源勘查评价水平，加大科技攻关力度。加快全省主要城镇区域浅层地热能资源和有条件地区中深层地热能资源勘查评价，进一步探明贵州省浅层地热能和中深层地热能赋存地质条件、热储特征、空间分布及其资源储量，并对开采技术经济性作出系统评价；加大贵州省地热能勘查开发科技攻关力度，加快构建适合贵州岩溶地区地热能开发利用技术标准体系。

积极引进培育优强企业，开展地热能利用试点示范。积极引进优强能源企业，培育本地骨干企业参与贵州省地热能资源勘查开发利用。围绕“五区”驱动，开展不同利用方式、不同应用场景的试点示范项目推广应用，通过示范项目实施，充分总结地质勘探、开发模式、建设管理等经验，为开展全省资源评价、开发利用打下坚实基础。

重点发展浅层地热能供暖制冷应用，探索中深层地热能多元梯级综合利用。围绕“五区”驱动，加大浅层地热能资源开发利用，初步实现浅层地热能供暖制冷建筑规模化、商业化应用；充分利用现有温泉开发利用基础条件，积极探索中深层地热能多元梯级综合开发利用，进一步提高贵州省地热能能源利用效率。加快推进赤水市人民医院整体搬迁地源热泵系统建设项目、贵州钢绳股份有限公司异地整体搬迁生产热量循环系统项目、百里杜鹃管理区杜鹃地产三期地源热泵系统建设项目等浅层地热能开发利用项目建设；试点探索息烽温泉、金沙安底桂花温泉、石阡城南温泉等中深层地热能项目多元梯级综合利用。

借鉴省外发展经验，推动出台有关政策措施。充分借鉴省外地热能产业发展经验，厘清各部门在地热能项目规划、备案、勘查、设计、施工、运行、监测等方面的职能职责，加大协同配合，推动出台支持贵州省地热能产业发展的有关政策措施，实现贵州省地热能产业快速健康发展。

（五）促进新能源和可再生能源消纳

加强电网基础设施建设及智能化升级，提升电网对新能源和可再生能源的支撑保障能力。加强新能源和可再生能源富集地区电网配套工程及网架建设，提升关键局部断面送出能力，支撑可再生能源在区域内统筹消纳。推动配电网智能化升级，提升配电网柔性开放接入能力、灵活控制能力和抗扰动能力，增强电网就地就近平衡能力，构建适应大规模分布式新能源并网和多元负荷需要的智能配网。

提升新能源和可再生能源就地消纳能力。积极推进煤电灵活性改造，推动自备电厂主动参与调峰，在新能源资源富集地区合理布局一批天然气调峰电站，充分提升系统调节能力。优化电力调度运行，合理安排系统开机方式，动态调整各类电源发电计划，探索推进多种电源联合调度。引导区域电网内共享调峰和备用资源，创新调度运行与市场机制，促进可再生能源在区域电网内就地消纳。

（六）加强新能源和可再生能源直接利用

推动新能源和可再生能源发电在终端直接应用。在工业园区、大型生产企业和大数据中心等周边地区，因地制宜开展新能源电力专线供电，建设新能源自备电站，推动绿色电力直接供应和对燃煤自备电厂替代，建设一批绿色直供电示范工厂和示范园区，开展发供用高比例新能源示范。结合增量配电网试点，积极发展以分布式可再生能源为主的微电网、直流配电网，扩大分布式可再生能源终端直接应用规模。

开展高比例新能源和可再生能源应用示范。在学校医院、机场车站、工业园区等区域，推动可再生能源与终端冷热水电气等集成耦合利用，促进可再生能源技术融合、应用方式和体制机制等创新，建设高度自平衡的可再生能源局域能源网，实现高比例可再生能源自产自用。在新能源和可再生能源资源富集、体制机制创新先行先试等地区，扩大分布式能源接入和应用规模，以县域为单位统筹新能源和可再生能源开发利用，创新可再生能源全产业链开发利用合作模式，因地制宜创建绿色能源示范县（园区）。

（七）扩大乡村可再生能源综合利用

加快构建以可再生能源为基础的乡村清洁能源利用体系。利用建筑屋顶、院落空地、设施农业、集体闲置土地等推进风电和光伏发电分布式发展，提升乡村就地绿色供电能力。提高农林废弃物、畜禽粪污的资源化利用率，发展生物天然气和沼气，助力农村人居环境整治提升。推动乡村能源技术和体制创新，促进乡村可再生能源充分开发和就地消纳，建立经济可持续的乡村清洁能源开发利用模式。开展村镇新能源微能网示范，扩大乡村绿色能源消费市场，提升乡村用能清洁化、电气化水平，支撑生态宜居美丽乡村建设。

持续推进农村电网巩固提升。加大农村电网基础设施投入，加快实施农村电网巩固提升工程，聚焦脱贫地区等农村电网薄弱环节，加快消除农村电力基础设施短板，提升农村电网供电可靠性。全面提升乡村电气化水平，建设满足大规模分布式新能源接入，筑牢乡村振兴电气化基础。

提升乡村可再生能源普遍服务水平。统筹乡村可再生能源发展与乡村集体经济，通过新型集体经济模式，支持乡村振兴。强化县域可再生能源开发利用综合服务能力，积极开展乡村能源站行动。结合数字乡村建设工程，推动城乡可再生能源与农业农村生产经营深度融合，提升乡村智慧用能水平。积极探索能源服务商业模式和运行机制，引导鼓励社会主体参与，壮大乡村能源队伍，构建功能齐全、上下联动、自我发展的乡村可再生能源服务体系

（八）推进可再生能源技术革命

加快数字新能源发展。推进新能源网络与物联网在数字层面实现互联互通，推进储能多元化应用支撑能源互联网应用示范，实现“源网荷储”的智能化调度与交易。构建电、热、冷、储、氢等多能流综合运行的区域能源管理系统。

加大创新技术的推广应用。加快新能源装备制造技术、开发利用技术应用推广，创新科技融入新能源开发建设及生产运维。推动微风风机、大功率风机、大子阵、高容配系统广泛应用；提升智能化程度，采用无人机、AI、5G 技术提高运维效率；围绕新型电力系统要求研究新能源大规模消纳技术。

加强新能源科技基础研究。实施人才发展战略，重点提高新能源科学领域的研究能力和水平，进一步强化新能源技术研发，搭建良好的产业平台，形成一批能源集团企业、高校、科研院所、技术中心等机构，进一步吸引更优质的人才及市场主体

五、保障措施

（一）强化规划实施监管

建立规划实施常态化监测机制，及时发现和解决规划实施中出现的问题。在实施中期评估和末期评估的基础上，建立年度实施评估制度，跟踪分析规划实施情况，及时掌握目标任务进度。规划确需做重大调整时，及时研究提出调整方案，报省发展改革委、省能源局批准后实施。创新监管方式，提高

监管效能，建立高效透明的能源规划实施监管体系，重点监管规划发展目标、重点任务和重点工程落实情况，及时协调解决突出问题，实施闭环管理，确保规划落实到位。

（二）强化要素保障

在土地、林业、税收、财政等方面加大对可再生能源增长、消纳、协调有序发展的支持力度。做好规划衔接，预留项目国土空间，保障用地指标；出台用地用林支持性政策，支持符合光伏发电项目等不改变原有用地性质的设施采取以租代征或临时占用的方式用地、用林，明确按要求不征收城镇土地使用税和耕地占用税；完善和制定有关价格政策；提升对风电、光伏发电的观测评价、功率预测、灾害预警能力等。

（三）加强政策引导

各级政府要服务全省新能源发展大局，积极制定新能源和可再生能源发展、消费等政策。按照辖区资源禀赋、用地保障、电网接入和消纳、建设成本等条件，科学合理制定发展目标和建设规模。积极营造良好的投资建设环境，统筹好资源配置和项目建设，积极帮助企业克服资源禀赋不足、建设成本高、消纳责任落实难等问题，切实推动项目早落地、早见效。

（四）加快配套电网建设

加快威宁、盘州等西部风、光资源富集区域电网建设，解决送出通道问题。威宁地区在 2023 年建成乌撒变主变扩建以及乌撒—奢香第Ⅱ回线路，对相应区域火电、水电机组合理调峰，满足送出需求。确保 2022 年盘州 500 千伏变建成投产，对相应区域火电、水电机组合理调峰，满足新能源送出需求。

（五）健全电力消纳保障机制

强化可再生能源电力消纳责任权重引导，明确可再生能源电力消纳责任权重目标并逐年提升，引导各地加强可再生能源开发利用，推动跨省区可再生能源电力交易。建立健全可再生能源电力消纳长效机制，科学制定可再生能源合理利用率指标，形成有利于可再生能源发展和系统整体优化的动态调整机制。统筹电源侧、电网侧、负荷侧资源，完善调度运行机制，多维度提升电力系统调节能力。推动源网荷储消纳责任，构建由电网保障消纳、市场化自主消纳、分布式发电交易消纳共同组成的多元并网消纳机制。

第五章 贵州省区域绿色发展

第一节 典型绿色区域规划

一、贵阳市绿色发展

贵阳，简称“筑”，别称林城、筑城，贵州省辖地级市、省会，国务院批复确定的中国西南地区重要的中心城市之一、重要的区域创新中心和全国重要的生态休闲度假旅游城市。贵阳地处黔中山原丘陵中部，东南与黔南布依族苗族自治州的瓮安、龙里、惠水、长顺4县接壤，西靠安顺市的平坝区和毕节市的织金县，北邻毕节市的黔西市、金沙县和遵义市的播州区，境内有山地、河流、峡谷、湖泊、岩溶、洞穴、瀑布、原始森林、人文、古城楼阁等32种旅游景点，是首个国家森林城市、国家循环经济试点城市、中国避暑之都，曾登“中国十大避暑旅游城市”榜首。

（一）“十三五”期间贵阳市生态环境保护成效

1. 生态环境优势日益凸显

全市森林覆盖率从2015年的45.5%提高到2020年的55%；建成区人均绿地面积从10.95平方米提高到13.16平方米，建成“千园之城”；环境空气质量优良率连续五年稳定在95%以上，连续四年稳定达到国家二级标准，在全国省会城市名列前茅；29处城市黑臭水体全面消除，国控、省控河流断面水质和县级以上集中式饮用水水源地水质达标率稳定保持在100%，南明河复现出水清岸绿、鱼翔浅底的美丽景象；全市工业固废处置利用率98%以上，城区城市生活垃圾无害化处理率99%以上，农村生活垃圾收运体系实现行政村全覆盖，危险废物全部实现依法安全处置。

“十三五”生态环境保护专项规划设置的主要目标指标和重点任务总体完成情况较好，基本达到了预期目标。

2.“一河百山千园”自然生态格局基本建立

“十三五”期间，贵阳市始终坚持发展与生态并重，强力实施“一河百山千园”行动计划。一是推进南明河流域水环境综合治理，大力开展控源截流、内源治理、疏浚活水、生态修复，新建18座污水处理厂，将南明河流域污水处理能力提升至165.08万吨/日；分离清水入河、污水入管，对19条排水大沟实施清污分流等整治工程。目前，南明河中心城区水质稳定达到Ⅳ类，部分区域达Ⅲ类及以上，流域水质得到明显提升。二是推进“百山治理”，完成全市230个山头绿化提升和景观美化。三是深入推进“千园之城”建设，新建森林公园、湿地公园、山体公园、城市公园、社区公园等各类公园660个，全市大、中、小、微各类公园达1025个，拓展了市民生态活动空间。经过四年努力，一河清流、百山拥城、千园竞美的“山水林城”已然呈现。

3. 绿色经济发展取得积极成效

“十三五”以来，贵阳市坚持产业生态化、生态产业化发展道路，充分挖掘地理气候、生态环境、公园景区等资源优势，大力发展数字经济、旅游业和大健康产业，加快建设以生态为特色的世界旅游名城，建成观山湖区、花溪区两个国家级生态文明建设示范区，乌当区、观山湖区入选全国“绿水青山就是金山银山”实践创新基地，贵阳经开区入选国家生态工业示范园区，建成一批绿色园区和绿色工厂。全市工业企业污染物排放稳定达标，万元GDP综合能耗较“十二五”预计下降25.64%，高技术制造业增加值占规模以上工业增加值比重提高到18.9%，新经济、绿色经济占地区生产总值比重分别提高到24%、46%，全市绿色低碳循环共享经济体系基本建立。

4. 态环境保护制度逐步完善

过去五年，贵阳市先后修订《贵阳市大气污染防治办法》《贵阳市绿化条例》等地方性法规，进一步完善地方生态环境保护法规体系；出台《贵阳市生态环境保护司法执法联动机制的实施意见》，建立生态保护“司法、行政、公众”三方联动机制；印发实施《贵阳市党政领导干部生态环境损害问责实施办法》《贵阳市“三线一单”生态环境分区管控实施方案》《贵阳市生态环境损害赔偿制度改革实施方案》等文件严格落实生态环境管理。围绕生态环境治理现代化目标，大力推动生态环境机构改革，成立了市、县两级生态环境保护委员会，组建了新的市级生态环境局、各区（市、县）生态环境分局及生态环境保护综合行政执法支队，生态环境保护统筹、监管及执法能力显著提升。

5. 全社会生态环境意识明显提升

“十三五”期间，贵阳市通过强化党政领导干部生态文明培训，开设中小学生态文明地方课程，建设生态环境科普教育基地，开放生态环境基础设施，实施生态文明志愿服务，通过第三方监督实施非对抗环境社会治理模式等，大力宣传生态文明理念，抓实生态环境教育，提升全社会生态环境保护意识。民众对保护与发展关系的认识更加深刻，“人与自然是生命共同体”“绿水青山就是金山银山”等理念正在牢固树立，全社会关心环境、参与环保、贡献环保的行动更加自觉，节约资源和保护环境日益成为社会主流风尚。

表 5–1　　贵阳市“十三五”环境保护规划目标指标及完成情况

领域	序号	指标名称	单位	背景值（2015 年）	目标值（2020 年）	实际值（2020 年）	完成情况	指标属性
大气环境质量	1	空气质量优良率	%	96.7	≥ 86	98.9	完成	约束指标
	2	SO_2 年平均浓度	μg/m^3	13	≤ 31	10	完成	约束指标
	3	NO_2 年平均浓度	μg/m^3	25	≤ 33	18	完成	约束指标
	4	CO 第 95 百分位数浓度	mg/m^3	1.0	≤ 1.5	0.9	完成	约束指标
	5	O_3 第 90 百分位数浓度	μg/m^3	123	≤ 140	113	完成	约束指标
	6	PM_{10} 年平均浓度	μg/m^3	62	≤ 70	41	完成	约束指标
	7	$PM_{2.5}$ 年均浓度	μg/m^3	36	≤ 35	23	完成	约束指标

续表

领域	序号	指标名称	单位	背景值（2015 年）	目标值（2020 年）	实际值（2020 年）	完成情况	指标属性
水环境质量	8	地表水水质达到或优于Ⅲ类比例	%	93 以上	≥ 93	93.75	完成	约束指标
	9	饮用水源地水质达标率	%	100	100	100	完成	约束指标
	10	城镇污水收集处理率	%	97.6（主城区）98.39（开阳）97.5（清镇）91.9（修文）99.25（息烽）	100（主城区）、85（三县一市建成区）、60（乡镇）	98.5（主城区）	未完成	约束指标
	11	建成区黑臭水体治理率	%	66.7	无黑臭水体	黑臭水体基本消除	完成	约束指标
	12	污水厂再生水回用率	%	59.58	≥ 44.1	95%（城区再生水处理率）	统计口径变更	预期指标
声环境质量	13	区域昼间环境噪声平均值	dB（A）	58.8	≤ 60	55.2	完成	约束指标
	14	区域昼间交通噪声平均值	dB（A）	69.1	≤ 70	69.7	完成	约束指标
固体废物	15	城镇生活垃圾无害化处理率	%	100（主城区）	98 以上（主城区）、85（三县一市建成区）	99（主城区）、95（包括三线一市城镇）	完成	约束指标
	16	工业固废处置利用率	%	100	≥ 99	100（含暂存部分）	完成	预期指标
	17	污泥无害化处理率	%	100	>90	>90	完成	约束指标
	18	危险废物安全处理		危险废物均实现依法安全处置	均依法安全处置	达到目标值	完成	约束指标
土壤环境	19	耕地土壤环境质量达标率	%		达到“土十条”规定要求	无相关基数		约束指标
	20	土壤污染修复治理率	%		达到“土十条”规定要求	无相关基数		预期指标
污染防治	21	国、省控废气污染源达标排放率	%	100	100	达到目标值	完成	约束指标
	22	国、省控废水污染源达标排放率	%	93.75	100	达到目标值	完成	约束指标

续表

领域	序号	指标名称	单位	背景值（2015 年）	目标值（2020 年）	实际值（2020 年）	完成情况	指标属性
污染防治	23	农村生活污水治理行政村覆盖率	%	35	≥ 30	56%	完成	预期指标
	24	农村生活垃圾无害化处理率行政村覆盖率	%	52.39	≥ 90	91	完成	预期指标
总量控制	25	SO_2 排放量	吨	满足相关要求	按国家“十三五”总量减排指标和贵阳市“十三五”主要污染物总量削减目标责任书执行	满足相关要求	完成	约束指标
	26	NO_x 排放量	吨	满足相关要求		满足相关要求	完成	约束指标
	27	COD 排放量	吨	满足相关要求		满足相关要求	完成	约束指标
	28	氨氮排放量	吨	满足相关要求		满足相关要求	完成	约束指标
	29	总磷排放量	吨	满足相关要求		满足相关要求	完成	预期指标
	30	VOCs 排放量	吨	满足相关要求		未下达排放量要求	完成	预期指标
环境公共服务基础建设能力	31	水源地常规监测覆盖范围		7 个自动监测站	所有乡镇级饮用水源地均纳入常规监测范围	县级以上饮用水源地已实现在线监测，乡镇级饮用水源地每月定期开展常规监测	完成	约束指标
	32	环境空气质量监测体系覆盖范围		主城区	覆盖重点乡镇	完成全市覆盖重点乡镇的空气质量（噪声）网格化微型站点的建设	完成	约束指标
	33	土壤常规监测点		目前在基础数据调查中	达到国家要求	达到国家要求	完成	约束指标
	34	环保目标责任制落实		落实到党委政府班子，制定考核内容，建立考核机制	落实到党委政府班子，制定考核内容，建立考核机制	满足相关要求	完成	约束指标

（二）总体思路

“十四五”期间，贵阳市将深入贯彻习近平新时代中国特色社会主义思想，全面贯彻党的十九大、十九届二中、三中、四中、五中全会精神和习近平总书记对贵州生态文明建设工作的重要指示精神，深入贯彻习近平生态文明思想，全面落实省委十二届八次全会和市委十届十次全会精神，把实施“强省会”五年行动贯穿始终，围绕“一个目标”，坚持“两条路径”，统筹好“三大空间”，建设“四个示范”，干出“五个新绩”，打好“六大战役”，健全“七个体系”，实施“十大任务”。

“一个目标”：巩固和提升生态环境质量，筑牢长江珠江上游生态安全屏障，紧紧围绕“美丽贵阳”建设目标，全力构建生态环保新格局。

“两条路径”：坚持绿色低碳发展路径。

“三大空间”：统筹好生产、生活、生态三大空间，推进生态环境整体统筹、分块管控、分类指导、差异化考核、生态补偿，守住生态底线。

“四个示范”：围绕高质量建设国家生态文明试验区示范区，以绿水青山就是金山银山实践创新基地和生态文明示范区（市、县）建设为带动，建设更高水平的全国生态文明示范城市；以固体废物的源头减量、资源化利用、无害化处置为导向，推进“无废城市”建设工作；以生态环境基础设施建设为着力点，大力建设韧性城市；以推动“千园城市”建设和各类旅游景区、旅游度假区、特色小镇、美丽乡村提质升级为抓手，构建城市公园体系，建设以生态为特色的旅游名城。

“五个新绩”：在巩固优良生态环境质量上拿出新举措，在污染防治攻坚上迈出新步伐，在生态保护上做出新拓展，在推动绿色发展上走出新路子，在生态文明制度建设上创出新特色。

“六大战役”：坚决打赢蓝天保卫战，着力打好碧水攻坚战，扎实推进净土保卫战，全力打赢农村污染治理攻坚战，全面打赢固体废物治理攻坚战，全面打响生态环境风险防控战。

“七个体系”：健全环境治理领导责任体系，健全环境治理企业责任体系，健全环境治理全民行动体系，健全环境治理监管体系，健全环境治理市场体系，健全环境治理信用体系，健全环境治理法律法规政策体系。

“十大任务”：以建设更加美丽宜居的“爽爽贵阳”为目标导向，重点实施八大任务：一是提升生态系统质量和稳定性，守住自然生态安全边界；二是控排温室气体，积极应对气候变化；三是坚持精准施策，巩固大气环境质量和声环境；四是深化系统治理，稳步提升水生态环境；五是加强源头防控，保障地下水和土壤安全；六是加强安全监管，提升固体废物和辐射防护水平；七是提升农业农村环境，推进乡村振兴战略；八是强化风险防控，牢守环境安全底线；九是建设现代环境治理体系，提升现代环境治理能力；十是开展全民行动，推动形成绿色生活方式。

（三）主要目标与指标

展望 2035 年，广泛形成绿色生产生活方式，碳达峰后稳中有降，生态环境质量根本好转，美丽贵阳基本建成。节约资源和保护环境的空间格局、产业结构、生产方式、生活方式总体形成；绿色低碳发展和应对气候变化能力显著增强，空气质量根本改善，水环境质量巩固提升，地下水和土壤安全得到有效保障，农业农村环境基础设施加快补齐，环境风险得到全面管控，山水林田湖草生态系统服务功能总体恢复，青山常在、绿水长流、空气常新的美丽贵阳基本建成，基本满足人民对优美生态环境的需要；生态环境制度健全高效，生态环境治理体系和治理能力现代化基本实现。

到 2025 年，生产生活方式绿色转型成效显著，生态环境质量持续巩固和改善，生态系统质量和稳定性稳步提升，土壤和地下水安全有效保障，无废城市建设深入推进，农业农村环境保护得到加强，环境安全有效保障，现代环境治理体系建立健全，生态文明建设取得新成绩。

——生产生活方式绿色转型成效显著。“三线一单”生态环境分区管控全面落实，国土空间开发保护格局不断优化；能源资源配置更加合理、利用效率大幅提高，碳排放强度持续降低，简约适度、绿色低碳的生活方式加快形成。

——生态环境质量持续巩固改善。主要污染物排放总量达到省下达的目标要求，空气质量全面巩固，水生态环境质量稳步提升，声环境质量稳中向好，受污染耕地和污染地块安全利用，核与辐射环境质量安全可控。

——生态系统质量和稳定性稳步提升。长江珠江上游生态安全屏障功能更加牢固，生物多样性得到有效保护，生物安全管理水平显著提升，生态系统结构更加稳定，服务功能不断增强。

——地下水和土壤安全有效保障。地下水环境监控能力明显提升，土壤安全利用水平巩固提升。

——无废城市建设深入推进。一般工业固体废物、建筑垃圾综合利用率稳定提高，工业危险废物处置利用率达到省下达要求，生活垃圾分类和处置能力显著提升。

——农业农村环境保护得到加强。农业农村生活污水、生活垃圾、畜禽粪污等污染治理基础设施“短板”加快补齐，农村人居环境明显改善。

——生态环境安全有效保障。生态环境应急监测预警和应急物资保障体系建设得到完善，核与辐射安全监管持续加强，环境风险得到有效管控。

——现代环境治理体系建立健全。生态文明制度改革深入推进，生态环境基础设施突出短板弱项加快补齐，现代化环境治理体系系统不断完善，现代环境治理能力明显增强。

（四）指标体系

按照可监测、可评估、可分解、可考核的原则。规划指标体系按环境治理、应对气候变化、环境风险防控、生态保护和群众满意度等五个方面，规划设计22项指标。

表5–2　　贵阳市“十四五”生态环境保护目标指标

指标类别	序号	指标名称	单位	基数值（2020年）	目标值（2025年）	指标属性
环境治理	1	城市空气质量优良天数比率	%	98.9	≥95	约束指标
	2	地表水质量好于Ⅲ类水体比例	%	95	≥95	约束指标
	3	地表水质量劣Ⅴ类水体比例	%	0	0	约束指标
	4	城市黑臭水体比例	%	0	达到省下达的目标要求	约束指标
	5	地下水质量Ⅴ类水比例	%		达到省下达的目标要求	约束指标
	6	农村生活污水治理率	%		达到省下达的目标要求	约束指标
	7	一般工业固体废物综合利用率	%	83.27	稳定提高	预期指标
	8	城市生活垃圾回收利用率	%		＞35	预期指标

续表

指标类别	序号	指标名称	单位	基数值（2020 年）	目标值（2025 年）	指标属性
环境治理	9	畜禽粪污综合利用率	%	89	≥ 90	预期指标
	10	氮氧化物、挥发性有机物减少 化学需氧量、氨氮减少	%		达到省下达的目标要求	约束指标
应对气候变化	11	单位生产总值二氧化碳排放降低	%	[38.02]	达到省下达的目标要求	约束指标
	12	单位生产总值能耗降低	%	[25.64]	达到省下达的目标要求	约束指标
	13	非化石能源占一次能源消费比例	%		达到省下达的目标要求	约束指标
	14	绿色经济占地区生产总值比重	%	46	50	预期指标
环境风险防控	15	受污染耕地安全利用率	%	91.01	达到省下达的目标要求	约束指标
	16	污染地块安全利用率	%	100	达到省下达的目标要求	约束指标
	17	放射源辐射事故年发生率	起 / 每万枚		达到省下达的目标要求	预期指标
生态保护	18	生态功能指数（新 EI）	无量纲		保持良好	约束指标
	19	森林覆盖率	%	55（53.8）	>55（53.8）	约束指标
	20	生态保护红线面积占面积的比例	%		根据优化结果确定严格保护	约束指标
	21	新建建成区海绵城市达标面积比例	%	20	30	预期指标
公众满意度	22	生态文明建设公众满意度	%	92.59	稳定在 90% 以上	预期指标

备注：1.[ ] 内为五年累计数；（ ）内为贵阳贵安融合指标。

2. 表中指标值为初步统计值，若后期有核准值，则以核准值为准。

（五）提升生态系统质量和稳定性

按照“山水林田湖草生命共同体”的理念，坚持保护优先、自然恢复为主的基本方针，深化生态安全格局构建，加强生态系统保护修复，稳定森林覆盖率，实施生态统一监管，强化生物多样性保护和生物安全保障，提升生态系统质量与服务功能，增值生态资产，提高生态安全保障水平，大力提升生态品质，把城市镶嵌在绿地、森林、河流、湿地之间，通过山、水、林、城的有机组合，形成城中有山、山中有城、城在林中、林在城中的城市特色，不断厚植绿色发展优势、增强绿色发展动力，切实把绿水青山建得更美、金山银山做得更大，建设人与自然和谐共生的现代化。

1. 强化重要生态系统保护

继续强化森林、湿地等重要生态系统保护，实施新一轮退耕还林工程，加大天然林保护修复力度，促进形成地带性顶级群落，完善天然林保护修复制度。促进森林提质增效，重点在开阳县、息烽县建设国家储备林基地，实施低质低效林改造，以乡土树种、珍贵树种为主，积极营造混交林，增强森林碳汇能力。持续开展国土绿化，推进森林城市体系建设，以环城林带和贵阳贵安生态廊道森林为重点，开展城市森林提质增彩，形成色彩丰富、形态多样、花果飘香的城市森林，提升林城品牌形象。实施废弃矿山、生态退化区和重要生态节点恢复，提升生态系统质量以及服务功能。加强湿地系统保护与修复，组织开展重要湿地和湿地公园的申报，继续探索湿地保护小区和小微湿地试点建设，建立湿地保护动态监测数据库，推动湿地可持续利用示范工程等建设。

2. 加强生物多样性保护

开展全市生物多样性（含生态系统、种群、遗传多样性）调查评估、监测，建立市、县多级生物多样性本底资源编目数据库，完善青岩油杉、红山茶等原地种质资源保存库建设等。制定区域保护与利用野生动物资源的规划和措施，开展废弃矿山、破碎生境等生态廊道重要节点的修复工程，统筹推进陆生、水生生物养护、珍稀濒危物种救护、栖息地恢复发展、疫源疫病监测等。健全生物入侵防范机制，加强林业有害生物防治体系建设。建立生物多样性监测网络体系与生物多样性保护体制机制，强化生物安全监测评估与监督管理，全面提高全市生物安全保障能力。

3. 推进石漠化和水土流失综合整治

建立水土流失动态监测预报机制，加强监督机制建设，严格禁止"边治理、边破坏"现象。加大天然林保护力度，实施水土保持工程，加强生态系统修复和综合治理。加强对高速、省道两旁山体的水土流失的治理，开展生态护坡治理工程，强化水土保持，提升道路景观带。在贵阳市北部石漠化严重区域内实施封山育林，巩固退耕还林成果，实施山体复绿，覆草等生态治理。在市区周围山地及清镇等石漠化中等敏感地区实施退耕还林还草工程等。在植被稀疏、侵蚀强烈的白云质砂石山、石山半石山、重度石漠化山地等极困难造林地上，因地制宜采取适生乡土树种容器苗造林和人工促进封山育林等措施，提高困难地造林绿化成效。

4. 加强绿色矿山建设与矿区修复

按照绿色矿山建设相关要求，积极推进绿色矿山建设，推动原有矿山升级改造，新设矿山按照绿色矿山标准进行建设并在矿业权出让时进行约定，在开阳、清镇开展绿色矿业发展示范区建设。以息烽县为重点，对废弃矿山开展生态系统保护与修复工程，采用工程、生物措施，进行土地复垦、斜坡复绿、水资源环境治理等，促进矿山修复，并结合矿山特色，打造旅游景区、农业基地、休闲公园等，形成多元化的矿山修复机制。调动矿山企业争创绿色矿山的积极性和主动性，将绿色矿山建设与开展绿色勘查示范行动、露天矿山综合整治、长江经济带废弃露天矿山生态修复、矿山地质环境“治秃”行动等工作紧密结合，协调推进绿色矿山建设。建立矿山修复成效评估和监管体系，实施“一矿一策”。加强矿山修复成效评估，建立修复或监管体系。

（六）打通“绿水青山”向“金山银山”转化通道

1. 提升生态产品供给能力

纵深推进“千园之城”建设，打造“山环水抱，林城相融；公园棋布、绿廊环绕”高品质绿色空间，推动城市功能由“城市中的公园”升级为“公园中的城市”。重点推进南明河沿线公园建设，整合花溪区十里河滩湿地公园、花溪公园、花溪河等生态资源，打造交融山水、连接城乡、覆盖全域的世界级城市中央公园，提升全市绿色供给能力。

2. 强化自然资源保护利用

开展自然资源调查监测评价。贯彻执行国家和省自然资源调查监测评价的指标体系、统计标准和自然资源调查监测评价制度。实施市域自然资源基础调查、专项调查、监测评价和监督管理。合理开发利用全市自然资源，贯彻执行国家、省自然资源发展规划，执行自然资源开发利用标准，实施自然资源价格体系政府公示制度，组织开展自然资源分等定级价格评估，开展自然资源利用评价考核，指导节约集约利用。积极推进自然资源有偿使用，探索自然资源市场化机制。

3. 推进生态环境与产业深度融合

切实践行“绿水青山就是金山银山”理念，推动生态环境与产业深度融合，促进“绿水青山”与“金山银山”相互转化。依托区域气候宜人、森林资源丰富、环境质量优良等优势，探索生态系统生产总值核算与考评机制，研究生态产品价值实现机制，拓展生态产品目录与转化机制，推进生态产业化，提升旅游休闲、文化创意、健康养生等产业品质和能级。围绕环阿哈湖、红枫湖和百花湖联合打造马拉松、自行车等活动品牌，大力发展山地旅游和体育产业。发展县域经济，推动农村一二三产业融合发展，融合科技、人文等元素，培育发展生物科技农业、创意农业、观光农业、“互联网＋农业”等新产业新业态，丰富乡村经济业态，拓展农民增收空间，使居民吃上“生态饭”。

（七）控排温室气体

1. 开展碳排放达峰行动

根据国家和贵州省要求，开展排放碳达峰基础研究工作，实施碳排放达峰行动。推动电力、钢铁、建材、有色、化工、磷煤化工等重点行业企业开展碳排放强度对标活动。加大对企业低碳技术创新的支持力度，鼓励减排创新行动。

到2025年，全市碳达峰基础研究取得明显成效，碳达峰行动深入推进。

2. 控制工业行业二氧化碳排放

落实工业节能诊断服务行动计划，实施重点用能单位“百千万”行动。升级能源、建材、化工领域工艺技术，控制工业过程温室气体排放。推动实施贵州开阳化工有限公司年产50万吨合成氨装置增产节能改造项目、贵州开阳川东化工有限公司绿色节能技改示范项目等一批节能降碳项目。鼓励水泥生产企业利用工业固体废物、转炉渣等非碳酸盐原料生产水泥。支持煤电、磷煤化工等行业开展二氧化碳捕集、利用与封存全流程示范工程。加大对二氧化碳减排重大项目和技术创新扶持力度。

3. 控制交通领域二氧化碳排放

完善绿色、低碳综合交通体系，推进智慧交通应用，着力优化道路运输结构。积极发展城市公交和轨道交通，推进公转铁、公转水重大项目实施，推广节能和新能源、清洁能源车辆，加快充电基础设施建设，拓展清洁能源使用范围。到 2025 年，全市新能源、清洁能源公交车占城市公交车比重达到 98% 以上；营运车辆和船舶的低碳比例进一步提高，营运车辆和船舶单位运输周转量二氧化碳排放比 2020 年下降比例达到国家和省下达的目标要求。

4. 控制建筑领域二氧化碳排放

全面推行绿色低碳建筑，积极发展被动式超低能耗建筑，鼓励具备条件的既有居住建筑和公共建筑实施绿色化改造，政府投资既有办公建筑、医院、学校等公共建筑宜率先实施建筑绿色化改造示范。加大绿色低碳建筑管理，强化对公共建筑用能监测和低碳运营管理。到 2025 年，城镇新建建筑中绿色建筑面积占比达到 80% 以上。

5. 控制非二氧化碳温室气体排放

加强电力、电解铝、氟化工行业含氟温室气体和氧化亚氮排放控制，积极推广六氟化硫替代技术。根据实际情况，探索畜禽养殖甲烷和氧化亚氮排放控制。加强污水处理厂和垃圾填埋场甲烷排放控制与回收利用。

（八）未来发展方向

1. 继续提升生态优势

生态文明建设是一项长期系统的大工程，需要持之以恒地付出和努力，才能收到久久为功的成效。要想一直保持贵阳市的生态优势，着力点不外乎建设和保护两大方面。在生态拓展空间接近极限的情况下，只能致力于提高生态质量，全力构建山水林田湖生命共同体。

一是实施森林扩面提质工程，采取林相改造、人工促进封山育林等措施，丰富生物多样性，提升森林质量。二是实施城市添彩增绿工程，完成主要市政道路绿化提升，构建结构丰富和功能多样、生态稳定的城市植物群落，每年增加城市绿地 100 万平方米。三是全力打好“五大战役”，完善长效保护机制。应该看到，经过多年的实践努力，贵阳市已经基本掌握了生态文明建设的正确做法，接下来需要的就是保持道路自信，巩固生态治理成效。通过加大投入力度，提高科技含量，提升治污能力，抓住扬尘、燃煤、汽车、餐饮等重点环节，持续开展整治行动，保持环境空气优良率 95% 以上。

2. 大力发展绿色经济

“绿色经济”的概念自从20世纪末提出以来，很快获得了全世界所有经济实体一致的认可，人民越来越深刻地认识到，经济发展与自然环境之间存在相互制衡的内在联系，只有实现两者之间的和谐，才能确保地球资源维持人类生存的需要。绿色经济要求经济发展的同时尽量减少对自然资源的使用和破坏，因此唯一的手段就是借助科学技术的力量。

贵阳市要提高经济发展质量，可以从以下方面继续着力：一是集聚发展大数据产业，完善大数据全产业链，聚合不同行业的大数据，协同发展核心、关联、衍生三类业态。推进大数据综合创新试验区建设，搭建大数据技术创新平台，突破大数据核心关键技术瓶颈，全力打造“中国数谷”。二是深化供给侧结构性改革。实施千企改造、千企引进“双千工程”，加快传统产业转型升级，优化产业布局提升园区配套能力，推进大数据、互联网、人工智能与制造业深度融合发展。三是大力发展现代农业。利用贵阳作为中心城市的人口优势，积极优化农业产业结构，规模化建设休闲（观光）农业基地、开放式花卉基地、林果木基地、菜篮子保供基地，大力发展采摘农业、体验农业、休闲农业和观光农业。实施一批生态林业提升工程，打造一批田园综合体，建设一批富美乡村。推进大市场带动大扶贫，实施“强村富民”“双百双千”工程，加快发展农村电子商务，完善“农超、农餐、农社、农批”四大平台，健全绿色农产品现代流通体系。

3. 积极推动产业生态化

一是改造升级传统产业，实施绿色经济倍增计划，推进磷铝资源型产业绿色化，全面推广节能减排新工艺、新产品、新设备和新技术的应用，提高资源综合利用效率，形成循环发展产业链。二是培育发展新型建材产业，加快建设贵阳新型建材产业园，加大新型环保节能墙材、建材在绿色建筑工程领域的推广应用，逐步淘汰传统落后建材。三是优化发展特色食品产业，依托“食品安全云”平台，推动食品安全精准化管理，塑造“原生态、绿色、健康”的贵阳品牌。四是加快发展再生资源产业，完善再生资源回收利用体系，开展城市低值废弃物资源化利用，形成覆盖分拣、拆解、加工、资源化利用和无害化处理等环节的完整产业链。

4. 强力推进生态产业化

一是积极发展生态林业产业，整合各种土地资源，结合森林扩面提质工程、农业种植结构调整，集中打造一批花卉苗木基地、特色木本经济林基地、林下种植基地，打造一批"森林城市""森林乡镇""森林村庄""森林人家"，实现生态效益、经济效益最大化。二是精细发展旅游产业，实施规划提升、项目建设提升、基础设施提升等"十大行动"，丰富完善旅游产业体系，打造一批国际旅游产品、国际旅游线路、新型旅游业态，构建多元化发展、共建共享的全域旅游格局，建设以生态为特色的世界旅游名城。三是融合发展大健康产业。完善大健康产业链，打造"医、养、健、管、游、食"六大产业板块，推进资源整合和集群发展，构建上游药材种植、中游健康医药生产、下游健康服务的大健康全产业链。

二、遵义市绿色发展

遵义市坐落于贵州省的北部，南临贵阳、北抵重庆、西接四川、东临贵州省的铜仁市与黔东南州，是昆明、贵阳北上和四川、重庆南下的必经之地，同时也是西南的重要交通枢纽，处于成渝至黔中经济走廊的核心位置。全市总面积共计 30762 平方千米，下辖 3 个区、7 个县、2 个民族自治县、2 个县级市及 2 个新区，即汇川、播州、红花岗三区，绥阳、桐梓、凤冈、正安、余庆、湄潭、习水、道真、务川九县，赤水市、仁怀市和新浦新区、商部新区。

（一）"十三五"期间取得的成就

近年来，遵义市以天然林资源保护、防护林建设、水土流失及石漠化治理、空气污染防治、水污染治理、垃圾无害化处理等为行动重点，加强生态建设与经济发展协调推进，狠抓生态文明建设和环境治理，深入推进绿色贵州三年行动计划，大力开展"月月造林""增色添彩"等系统工程，实施大生态行动取得了良好的效果。

产业发展实现新突破。农村产业向纵深推进，茶叶产量、辣椒和方竹种植面积位居全国地级城市第一，基本实现县县有农业主导产业，农产品加工转化率达 56.2%、位居全省第一；工业经济持续领先全省，酱香白酒产业跨入千亿级产业集群；服务业提质增效，旅游业连续 5 年"井喷"式增长，赤水丹霞旅游区即将成功创建国家5A级旅游景区。

生态文明建设实现新突破。“治污治水·洁净家园”成效明显，成功创建国家生态文明建设示范市（县）6个、生态县（市）2个、生态示范区5个和省级生态县7个，森林覆盖率从55%上升到62%，2019年生态环境质量监测全国第一；城镇生活污水集中处理率从89%上升到95%以上，县级以上集中式饮用水水源地水质达标率保持100%；城乡生活垃圾无害化处理率保持在80%以上；赤水河荣获第二届“中国好水”优质水源称号，赤水市荣获全国“绿水青山就是金山银山”创新实践基地称号。

（二）具体措施

1. 坚持发展现代山地特色的高效农业

坚持农业农村优先发展，把解决好“三农”问题作为全市工作的重中之重，深入推进农村产业升级，全面夯实现代山地特色高效农业基础支撑，全力建设现代化农业强市。

巩固拓展脱贫攻坚成果。落实“四个不摘”要求，保持帮扶政策、资金支持、帮扶力量总体稳定，推动巩固拓展脱贫攻坚成果同乡村全面振兴有效衔接。健全防止返贫监测和长效帮扶机制，建立农村低收入人口动态帮扶机制，继续加大就业、产业等扶持力度，加强政策引导和技能培训，确保不返贫和不发生新的贫困。强化易地扶贫搬迁后续扶持“五个体系”建设，确保搬迁群众稳得住、有就业、逐步能致富。支持脱贫县争取乡村振兴重点帮扶县政策扶持。主动对接、积极争取，持续抓好东西部扶贫协作、定点帮扶和社会力量参与帮扶等工作。

提高农业质量和效益。坚持“四新一高”要求、绿色有机方向、优质优品定位，做大做强农业“八大主导产业”。强化坝长制责任落实，统筹坝区、林区、山区产业发展。大力发展林下经济和林特产业，积极发展道地中药材种植，建设一批高标准种养基地。落实最严格的耕地保护制度，整县推进高标准农田建设，因地制宜推进“一块地”整治。巩固“黔北粮仓”地位，稳定粮油种植面积，提升收储调控能力，保障粮食安全和重要农产品供给。加强现代农业基础设施建设，强化农业科技、种业和装备支撑，加快推进农业产业适度规模化、种养标准化、经营组织化、耕作机械化、管理智能化，建设一批农业现代化示范区。提高农业保险保障水平，增加保险品种，提高特色优势产业保险覆盖面。健全动物防疫和农作物病虫害防治体系。抓好龙头企业、农民合作社、家庭农场等农业经营主体，健全农业专业化社会化服务体系，探索推进“农户＋合作社＋全产业链”利益联结机制，实现小农户和现代农业发展有机衔接。支持农产品（中药材）交易中心、批发市场、产地市场等规划建设和升级改造，加快建设多彩贵州农博城、中国竹笋交易中心。加强农业投入品监管，确保农产品质量安全。深化农产品产销对接，提升农产品产销对接智慧服务中心平台效应，建强农产品产销一体化服务网络和流通体系，提高遵义农产品市场占有率。大力推动农村一二三产业融合发展，丰富乡村经济业态，拓展农民增收空间。

深化农村改革。健全城乡融合发展机制，推进城乡要素平等交换、双向流动，增强农业农村发展活力。深化农村“三变”改革。健全城乡统一的建设用地市场，积极探索实施农村集体经营性建设用地入市制度。扎实推进湄潭全国农村综合改革试验区工作。深化农村宅基地改革试点和农村集体产权制度改革工作，发展壮大新型农村集体经济。保障进城落户农民土地承包权、宅基地使用权、集体收益分配权，鼓励依法自愿有偿转让。健全农村金融服务体系，加快推进农村信用工程建设。推进供销社改革。

实施乡村建设行动。围绕全国前列、西部样板、贵州第一目标，实施“四在农家·美丽乡村”升级行动，打造乡村振兴“十百千”示范工程升级版。加强农村人居环境整治，因地制宜推进农村厕所革命、垃圾处理、污水治理，打造生态宜居美丽乡村。分类推进传统村落、特色村寨保护发展。保障农村发展和村民建房合理用地需求，严格农房建设管理。持续完善和升级农村基础设施，建立健全长效管护机制。深入实施“双培养”工程，扎实抓好“乡村振兴指导员”选派工作，大力培育爱农业、懂技术、善经营的新型职业农民，为乡村振兴提供充足有力的人力支撑和智力支持。

2. 加快建设“两山论”实践样板城市

牢固树立绿水青山就是金山银山的理念，坚决贯彻落实推动长江经济带发展“共抓大保护、不搞大开发”要求，大力实施生态环境提升行动，推动经济社会发展全面绿色转型，建设国家生态文明示范市。

加强国土空间开发保护。立足资源环境承载能力，科学有序统筹布局生态、农业、城镇等功能空间，严守生态保护红线、永久基本农田、城镇开发边界等控制线，建立健全国土空间规划体系，严格落实长江经济带战略环评“三线一单”硬约束。实行自然资源开发利用总量和强度双控制，强化山地和地下空间开发利用，提升自然资源节约集约利用水平。落实长江十年禁渔，实施乌江流域、赤水河流域生态保护修护工程。持续开展国土绿化行动，着力推进国家储备林建设，积极构建自然保护地体系。推进绿色生态廊道建设。深入实施水土流失、石漠化综合治理和历史遗留矿山生态修复，推进地质灾害综合防治。加强外来物种管控。以保护凤凰山生物多样性为重点，强力推进城市“护肺行动”。推进小水电绿色改造。全面落实河长制和林长制。

持续打好污染防治攻坚战。健全源头预防、过程控制、损害赔偿、责任追究的污染防治体系，改善生态环境质量。推进重点集镇以上集中式饮用水水源地规范化建设，深入实施“双十工程”，巩固生态环境治理成果。持续开展“散乱污”企业清理整治，加强扬尘和挥发性有机物综合整治，降低碳排放强度，不断改善环境空气质量。巩固提升黑臭水体治理成果，全面提升城镇生活污水、园区工业废水收集处理能力，提升中水处理应用水平。健全乡镇集中式污水处理设施管理运行长效机制，探索农村散户污水就近、分散处理。加强地下水污染、农业面源污染、规模化畜禽养殖污染、土壤污染防治。加强白色污染治理，推行垃圾分类和减量化、资源化处置。合理布局垃圾处理、垃圾发电项目。加大问题渣场整治力度。加强危险废物医疗废物收集处理。加强乌江、赤水河等跨界水体环境污染排查治理，持续巩固赤水河（遵义段）全国示范河创建成果。实施以排污许可制为核心的固定污染源监管制度，落实生态环境保护督察制度，建立健全执法司法联动机制，推进跨区域污染防治、环境监管和应急处置联动。

大力发展绿色经济。坚持生态产业化、产业生态化，精心谋划实施一批生态产品价值实现项目，推动绿色经济“四型”产业发展，在提升绿水青山颜值中做大金山银山价值，争创一批“两山论”国家级实践基地。加快传统优势产业绿色循环化改造，建设一批绿色企业、绿色园区、绿色产业链。加快茅台生态循环经济产业示范园实体化运作。积极发展绿色金融，探索建设生态银行。探索实施环境污染强制责任保险。支持绿色技术创新，推动生态环境工程市场化建设运营。完善市场化、多元化生态补偿。主动参与绿色丝绸之路建设。

广泛开展绿色人文建设。全面落实生态文明制度，围绕高质量发展需求，针对重点生态功能区保护，强化地方立法工作。全面导入绿色 GDP 目标绩效观，加快完善生态文明绩效评价考核和责任追究制度。倡导绿色生活，建立绿色消费机制。推广绿色出行，创建国家公交都市。加快节能型机关、节约型社会建设，巩固提升节水型城市创建成果。

3. 积极对接国家战略，推动生态文明品牌建设

遵义市积极对接国家重大战略和示范创建政策，结合自身实际，全力以赴推动生态文明品牌创建，在推动生态文明建设中发挥良好的示范带动作用。首先是全力推动国家环保模范城市创建。自 2007 年启动国家环保模范城市创建工作以来，全市到 2020 年共投入资金 148 亿元，共建设八大类 275 项环保基础设施，环境保护能力不断增强，环境监管水平不断提高，环境质量不断改善，2015 年顺利通过国家验收。其次，全力推进全国文明城市创建，坚持以培育和践行社会主义核心价值观为根本，从经济、政治、文化、社会、生态文明建设和党的建设全方位推进创建文明城市工作，人民群众生产生活环境得到逐步改善，城市文明程度大幅提升，2017 年 11 月被中央文明委授予“全国文明城市”称号。再次，全力推动国家生态文明建设示范市创建，坚持把生态文明建设示范市创建工作作为推进生态文明建设的重要载体和抓手，用多手段、花大力气在提档升级、强化示范上开展工作，不断提高遵义市生态文明创建层次和水平。

截至目前，遵义有国家生态文明建设示范县 1 个、国家生态县（市）2 个、国家生态示范区 5 个、国家生态镇 38 个，省级生态县 7 个、省级生态乡镇 187 个、省级生态村 95 个。最后，全力推动国家节水型城市创建。以省级第一批节水型重点县及节水型示范县试点为抓手，全市创建省级节水型载体 107 个（节水型公共机构 18 个、节水型学校 34 个、节水型居民小区 55 个），2017 年 12 月，遵义市创建省级节水型城市通过验收。

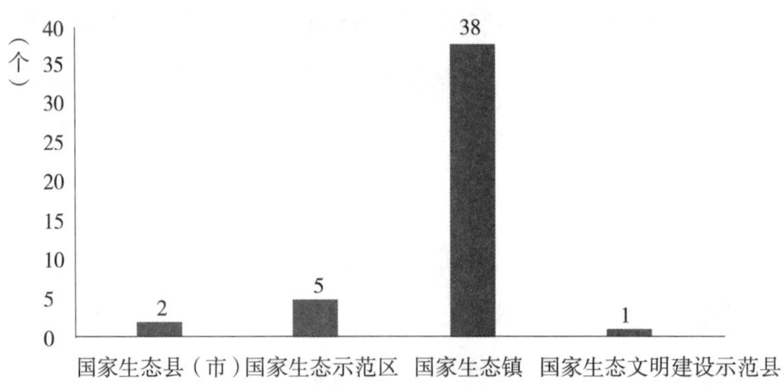

图 5-1 遵义市国家级生态示范县、镇统计

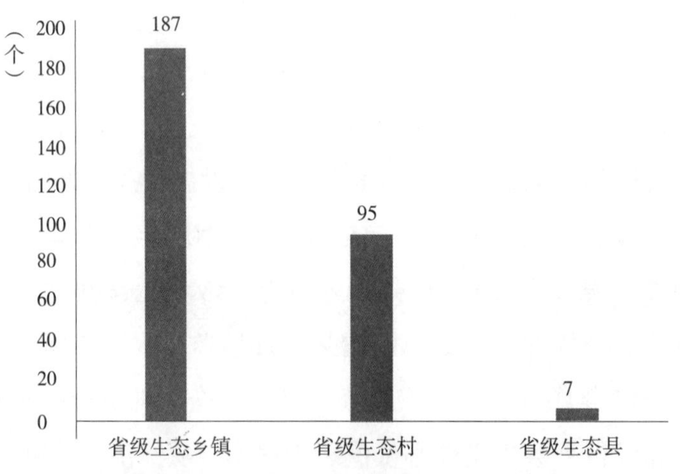

图 5-2 遵义市省级生态县、镇、村统计

（三）未来发展方向

1. 持续加大环保基础设施建设力度

积极争取中央预算内资金、省级资金支持，有效解决资金难题，加快遵义市环境基础设施建设步伐。尽快启动中心城区 1500 吨 / 日生活垃圾焚烧发电项目，督促湄潭县、务川县、道真县等尽快启动生活垃圾处理设施项目。同时，统筹建立区域性协调处置机制，实现生活垃圾跨区域就近转运处置，提高生活垃圾转运处理效率。积极推广城镇生活污水处理设施采用 PPP、BOT 等投融资模式，全面实施提标改造项目。加大督导督查的力度，加强对城镇生活污水处理设施运行情况的监督管理，确保城镇生活污水处理厂规范运行，发挥正常效益。

2. 持续打好污染防治攻坚战

充分发挥好大气污染防治、水污染防治以及土壤污染防治工作领导小组的作用，大力开展建筑施工扬尘、道路扬尘、秸秆焚烧和挥发性有机物的污染防治工作，继续深入实施好"水十条"和"土十条"的年度工作任务。继续加强农村环境综合治理和农业面源污染防治工作，开展农业绿色发展行动，坚持投入减量、绿色替代、种养循环、综合治理，实现农业用水总量控制，化肥、农药使用量降低，畜禽粪便、秸秆、农膜基本资源化利用的"一控两减三基本"目标。有序开展受污染土壤治理和修复，确保农村环境综合治理取得明显成效。认真组织开展《遵义市农村人居环境整治三年行动方案》，实施农村生活垃圾、污水处理、农村卫生厕所、安全饮用水和村容村貌等突出问题集中攻坚行动，确保按期实现农村人居环境整体大改善。

3. 持续推动节能减排

认真贯彻执行好《贵州省"十四五"控制温室气体排放工作实施方案》，开展好国家低碳试点城市建设，加快推进国家低碳工业园区试点贵州遵义经济技术开发区建设。合理确定 2019 年各县节能目标计划，确保全市年度节能目标任务的完成。严格控制能源消费总量，淘汰落后产能，切实推进工业、交通、建筑、公共机构、重点用能单位等领域节能工作。严格实施固定资产投资项目节能评估和审查制度，重点抓好节水工作，深入贯彻落实最严格的水资源管理。严格按照《贵州省实行最严格水资源管理制度考核工作"十四五"实施方案》，严控遵义市"三条红线"控制指标，以创建国家节水型城市为重要着力点，不断增强全民节水意识，建立健全节约用水管理体系，组织实施管网改造、非常规水源利用等节水工程建设，不断提升城市节约用水管理能力和水平，稳步提高城市用水效率。

4. 持续推动绿色经济发展

加强与云贵川其他兄弟市联系，争取国家层面启动《赤水河流域生态经济示范区综合保护和发展总体规划》编制工作，以赤水河流域"四河四带"建设为载体，助推生态文明制度建设先行示范区建设；做好国家低碳试点城市、国家新能源示范城市和遵义经开区国家级循环化改造示范园区建设，推行清洁生产，发展循环经济，组织实施工业废渣综合利用示范工程，规划建设一批符合国家产业政策、节能减排效果显著、工艺技术装备先进的重点项目。加快“绿智园区”建设，大力实施“美丽园区”建设、园区循环化改造工程，促进园区转型升级，着力打造效益显著、环境优良的现代新型绿色低碳智能数字产业园区。积极申报创建产业示范试点基地。针对新能源汽车推广利用短板问题，加快巴斯巴新能源汽车产业园建设，积极引进国内整车知名品牌实施兼并重组，加大新能源汽车研发投入和推广力度，制定落实新能源汽车推广应用优惠政策，加快建设新能源汽车制造集聚区，着力打造百亿级机电制造业。

三、六盘水市绿色发展

六盘水市位于贵州西部，是20世纪60年代建设起来的以煤炭工业为基础的工业城市，素有“江南煤都”“中国凉都”之称。作为“两江”上游重要的生态屏障，六盘水生态区位十分重要，加之地质地貌独特，生态基础脆弱。与20世纪中叶发展起来的其他资源型工业城市一样，过度的资源开发和粗放型的发展，导致水土流失岩石裸露，岩石废渣堆积如山，酸雨、污水四处肆虐，全市森林覆盖率曾经降至7.55%，空气总悬浮物一度超过国家标准的4.4倍，水质达标率最低的时候不及30%。生态环境曾一度成为全市经济发展的“硬伤”，成为人民群众生活的“痛点”。众多资源型城市倚重资源型工业发展模式，环境污染、生态衰退、资源枯竭等外部性问题凸显，同样作为国家“三线”建设时期发展起来的工业城市，六盘水市也陷入了因资源而兴，也因资源而困的“资源诅咒”，增长持续放缓。

近年来，六盘水市始终牢记习近平总书记“守住发展和生态两条底线”的殷殷嘱托，坚持“生态优先、绿色发展”的理念，坚持“生态产业化、产业生态化”的战略定位，将大生态作为加快转型升级、推动绿色高质量发展和实现后发赶超的重大战略行动，生态文明建设取得了新成效，迈出了新步伐。

最具全局性意义的是，坚持“立足煤、做足煤、不唯煤”，坚持“两手抓、两促进”，强产业、优结构、促转型，着力推进传统产业生态化、特色产业规模化、新兴产业高端化，成功获批创建全国第二批产业转型升级示范区，为六盘水赋予了战略使命、带来了重大机遇，转型发展进入新阶段。最具标志性意义的是，矢志不渝推进精神文明建设，在全省率先实现所有县区省级文明城市全覆盖，连续5年在全省“文明在行动·满意在贵州”综合测评中保持一流水平，成功夺取全国文明城市“金字招牌”“中国凉都”影响力和美誉度大幅提升。

生态环境持续向好。2020年森林覆盖率达62%。市中心城区环境空气质量首次达到国家二级标准，并自2018年3月23日以来一直保持100%优良率。省控断面水质优良率达100%，县级以上集中式饮用水水源地水质达标率达100%。获批创建第二批国家城市黑臭水体治理示范城市。农村生活垃圾治理行政村覆盖率达97.3%。改革开放成果丰硕。探索推进农村“三变”改革，“三变”改革8次写入中央文件，获批建设全国农村改革试验区。

（一）绿色发展现状

1. 林业生态建设情况

党的十九大以来各项林业生态建设指标均大幅增长。在森林覆盖率方面，2016年六盘水市森林覆盖率52.77%，同比增加4.27个百分点，森林覆盖率首次突破50%，2020年同比增加9.23个百分点。2016年森林面积是787万公顷，当年营造林面积150.6万亩，新增森林面积达到82万亩，超出以往任何时期。2020林木木蓄积量达到1750万立方米，林木木蓄积量增加值再创历史新高。在石漠化防治方面，虽然2020年治理面积稍有下降，但基本维持同期水平且小幅增长。在水土保持综合治理方面，2020年水土流失治理面积达到489平方千米。

2. 主要污染物控制情况

党的十九大以来，六盘水市化学需氧量（COD）、二氧化硫（SO_2）、氮氧化物指标和烟（粉）尘的排放量总体呈现缓慢下降的态势，四指标总计排放量总体降幅明显，其中，2013年降幅最大，达到93.71%，这主要与烟（粉）尘排放量的非常规超大幅度下降有关。2016年四项指标均出现大幅度下降，总计降幅达到46.718%。截至2020年末，化学需氧量、二氧化硫、氮氧化物指标和烟（粉）尘的排放量分别降至1.66万吨、11.49万吨、4.71万吨、3.94万吨，排放量总计降至21.8万吨。值得注意的是，2017年二氧化硫、氮氧化物排放量有所增加，虽然主要污染物控制指数均在贵州省环保厅的总量控制指标范围内，但应积极采取有效措施，确保完成市“十四五”节能减排的约束性目标。

3. 城乡人居生态环境改善水平

六盘水市城乡人居环境水平逐年改善。千人以上集中式饮用水水源地水质监测达标率保持100%。其他指标在2012—2014年，城市人居环境水平各项指标基本呈现逐年优化趋势，2015年加入乡村数据后，指标数据出现下滑，而实施大生态战略行动以来，2016—2018年，人居环境水平各项指标开始呈现逐年优化的趋势。到了2020年，全市环境空气质量优良率达98.7%，城市（镇）污水处理率、城（乡）生活垃圾无害化处理率达93.41%和87.67%。

4. 自然保护区建设和湿地保护情况

截至2020年，六盘水市新建立湿地小区11个，全市湿地保有量12.2万亩。有陆生野生动物类市级自然保护区1个、县级自然保护点1个、国有林场4个、国家级森林公园3个、国家级湿地公园3个、省级森林公园4个，拥有“六园三乡”9张“国字号”生态名片。

5. 能源资源消耗与利用情况

六盘水自2015年资源产出率和资源重复利用率逐年提高，其中单位GDP能耗同期下降率呈稍微放缓趋势，2017年农作物秸秆综合利用率为85.6%，为历史最高水平，其他指标均在2020年达到同期最高，2020年工业用水重复利用率97%，工业固体废弃物综合利用率76%，城镇污水处理设施再生水利用率87.24%，主要再生资源回收率89%，餐厨废弃物资源化利用率71.49%。综合数据分析表明，实施大生态战略以来，六盘水市从“资源依赖”成功转为“绿色发展”，积极打造资源利用率高、废物最终处置量小的产业体系，加快推进企业、产业、园区绿色发展、循环发展，已经走上了生态产业化、产业生态化绿色高质量发展的道路。

（二）主要工作措施

1. 着力加快绿色经济发展

（1）聚焦“百姓富、生态美”，不断推动农林产业绿色高质量发展

聚焦产业结构调整，持续优化农业产业布局。以产业生态化、生态产业化为引领，立足生态资源条件和产业发展实际，加大农村产业革命力度。已

获批全省唯一的国家首批认定的现代农业产业园1个，已建成32个省级农业示范园区，已发展10个市级现代农业产业园，“1+10”现代农业产业园总产值增长7.76%。聚焦农产品品牌打造，提升农特产品竞争力，成功打造一批名特优品牌，提升了农产品产业价值链，发布了全省首个市级地方标准体系“六盘水市猕猴桃生产技术标准体系”，促进了“弥你红”猕猴桃品牌走向世界。

（2）围绕发展循环经济、改造提升传统产业、培育发展新动能助推工业产业转型升级

深入推进国家循环经济示范城市创建，积极推进红果经济开发区、钟山经济开发区国家园区循环化改造示范试点建设。加快推进传统产业高质量发展。“双百工程”实施技改工业企业148家、引进外来企业110家。启动煤炭工业转型升级高质量发展三年攻坚行动计划，释放煤炭产能890万吨/年，采煤机械化率达到86.4%，位列全省第一，西南地区第一个智能化采煤工作面发耳煤矿通过省级验收且正常生产。加快培育新兴产业，大力发展以物联网为重点的大数据产业，大数据企业主营业务收入增长14%。

（3）依托全域旅游发展新引擎，打造现代绿色服务业增长新高地

一是加快生态体育旅游融合发展。充分发挥六盘水市“一江”（北盘江）、“一泉”（温泉）、“一雪”生态优势和利用好凉爽天气和清爽空气“两口气”气候资源优势，创建了国家4A级景区10个。二是加快生态文化旅游融合发展。积极推进牂柯江打那客运索道、老王山客运索道、韭菜坪景区海嘎索道和中欧装备制造园建设，打造“索道”之都。成功举办2018年中国凉都·六盘水消夏文化节、第六届凉都夏季国际马拉松赛、2020世界雪日暨国际儿童滑雪节、中国凉都·生态水城藏羌彝文化产业走廊·第二届彝族文化产业博览会等活动赛事。三是加快休闲农业和乡村旅游融合发展。以乡村振兴为契机，大力发展农业休闲旅游，建成4个全国休闲农业与乡村旅游示范点、1个中国最美田园、1个中国美丽休闲乡村。四是着力推进旅游提质增效。先后被评为“中国十佳旅游避暑城市”，入围“2018全球避暑名城排行榜”百强的第59位，“中国凉都”荣获2020年腾讯全球合作伙伴大会评选的“最受欢迎旅游目的地”。

2. 着力建设绿色家园

全力推进国家森林城市、国家园林城市和全国文明城市建设。六枝特区、水城县获得省级森林城市认定。成功创建国家卫生城市和省级园林城市，城市品质品位不断提升。依托山水脉络等独特风光，把“绿色”主题融入示范小城镇建设，高标准建设体现自然风光、民族风情、特色产业的绿色小镇，成功创建生态乡镇14个，创建森林小镇10个。打造美丽乡村升级版，通过深入实施“四在农家·美丽乡村”六项小康行动计划，建成市级示范点45个，创建森林村寨20个、森林人家200个。

3. 着力筑牢绿色屏障

统筹山水林田湖系统治理，全面修复生态系统。持续开展“绿色贵州”建设六盘水行动，2020年，完成石漠化治理面积达82.17平方千米、水土流失面积214平方千米，完成营造林面积110万亩，完成矿山地质环境恢复治理面积163公顷。

4. 坚决打好污染防治攻坚战，聚力打赢“五场战役”

聚力打赢蓝天保卫战。深入实施市中心城区蓝天保卫战扬尘治理六大专项行动，不断加大“打赢蓝天保卫战”工作力度，中心城区大气环境质量得到改善，2018年全市环境空气质量优良率达97.6%，主要污染物PM_{10}、$PM_{2.5}$平均浓度首次达到国家二级标准。

聚力打赢碧水保卫战。加快污水处理设施建设，新建污水管网69.80千米，新增雨水管网58.88千米。启动26个乡镇污水处理设施建设，已建成15个乡镇的污水处理设施，污水收集管网99.3千米，实现了乡镇污水处理设施实现全覆盖。全面加强水污染防治，持续推进重点流域环境整治，深入落实“河长制”，全市河湖治理、水环境治理和水资源保护等工作取得明显成效。2020年，水环境质量保持稳定，全市17个省控以上断面水质达标率保持在96.2%。

聚力打赢净土保卫战。完成钟山区大湾镇开化片区白泥巴梁子片区项目主体工程建设，积极开展铅锌废渣污染综合整治工程，项目完成后可治理废渣160.76万吨，治理面积269亩。建成40个乡镇垃圾收运设施，全市处理城市生活垃圾约25万吨，无害化处理率98%。

聚力打赢固废治理战。开展固体废物专项整治，组织开展长江经济带工业固废排查，开展污染渣场、环境隐患渣库集中整治，规范建设新渣场。加强医疗废物集中无害化处置，实现医疗废物安全处置全覆盖。加大危险废物处置监管力度，严厉打击危险废物破坏环境违法行为。2020年，综合利用固体废弃物927万吨。

聚力打好乡村整治战。积极推广节肥、节药、节水和清洁生产技术。以实施“三改三化”六个攻坚为突破口，加大推进农村垃圾、污水治理力度，大力推进农村“厕所革命”，因地制宜、整合资源、统筹推进、全力打造“四在农家·美丽乡村”小康行动计划升级版。实施改厨33.83万户、改厕23.14万户、改圈10.26万户、房屋美化25.47万户、庭院硬化29.54万户。

5. 深化生态文明体制机制创新

深入推进生态文明制度建设，不断推进六盘水市绿色改革、绿色创新。深入推进176项改革重点任务，出台重点事项改革方案31个。主要包括《关于加快推进生态文明建设实施意见》《六盘水市加快绿色发展助推生态文明试验区建设的实施意见》《六盘水市生态文明体制改革实施方案》等相关政策性文件。开展生态文明法治建设创新试验，出台首部地方性实体法规《六盘水市水城河保护条例》，将水城河保护纳入法制化轨道；出台了首部村察规划条例《六盘水市村寨规划条例》，促进改善农村人居环境。

6. 开展绿色绩效评价考核

出台《六盘水市生态文明建设目标评价考核办法（试行）》并完成对各县（市、特区、区）绿色发展指数测算和生态环境公众满意度测评，并将结果及时通过媒体公开，回应社会关切。市生态文明建设领导小组审定并及时通报各县（市、特区、区）年度生态文明建设目标任务评价考核结果，并把结果作为评价领导干部政绩、年度考核和选拔任用的重要依据，充分发挥了绿色绩效评价考核“指挥棒”的作用。

7. 培育和厚植绿色文化

坚持把生态文明的理念贯穿文化生活各领域，大力培育绿色文化，提升全民生态文明意识，绿色文化不断深入人心。以环境日、节能节水宣传周等主题宣传活动为契机，推进大、中、小学生开展形式多样的生态文明知识教育活动，将生态文明理论知识培训纳入领导干部培训计划。保护和开发生态文化资源，大力提倡勤俭节约、绿色低碳、文明健康的生活方式和消费模式，推动群众在衣、食、住、行、游等方面向绿色低碳、文明健康的方式转变。

（三）未来措施

1. 深入推进"两个融入"战略行动

（1）主动融入长江经济带建设

以"共抓大保护、不搞大开发"为导向，加快实施乌蒙山生态带和三岔河及南、北盘江流域生态带等核心区的生态修复治理，筑牢"两江"上游重要的生态屏障。同时，主动加强与周边市（州）协调联动，努力在生态环境联防联控、基础设施互联互通、公共服务共建共享等方面取得重大突破。

（2）主动融入生态文明试验区建设

扎实做好空间规划"多规合一"、自然资源统一确权登记、自然生态空间用途管制、自然资源资产负债表等改革试点工作，努力形成一批可复制、可推广的六盘水试验成果。加快推进 24 项生态文明改革制度成果落地见效，不断提升全市生态文明制度建设水平。

2. 加快发展生态经济

（1）大力发展生态利用型产业

继续念好"山字经"，打好特色牌。一是大力发展山地旅游业。加快创建国家全域旅游示范区，不断提高"康养胜地 · 中国凉都"和"南国冰雪城"品牌影响力。加快完善生态旅游管理体制，推动景区市场化、专业化运营，提升旅游服务接待能力和水平，提高旅游产业发展综合效益。二是大力发展现代山地特色高效农业。坚持走特色化、差异化的现代山地生态农业发展路子，做强做大猕猴桃、刺梨、软籽石榴、小黄姜、早春茶等产业，培育市场竞争力强的特色品牌。按照"引进一批、新建一批、壮大一批"的发展思路，加强农产品加工市场主体培育。加快推进全市现代山地特色高效农业发展示范区建设。三是大力发展特色林业产业。大力发展精品水果、林下经济、苗木培育、森林康养、山地旅游、林产品加工等林业产业，推动林业产值增效。不断延长刺梨、核桃等传统优势产业产业链，提升产品附加值。利用展销会、"互联网 +"和电子商务平台做好包装、宣传和营销，打造凉都林产品专属品牌。

（2）加快发展再循环高效型产业

围绕建设国家循环经济示范城市目标，加快推进企业、产业、园区绿色发展、循环发展，打造资源利用率高、废物最终处置量小的产业体系。一是实施农业循环经济提升行动。开展畜禽粪污资源化利用行动，提升畜禽粪污处理能力。大力开展果菜茶有机肥替代化肥行动，减少核心产区和知名品牌生产基地（园区）化肥用量。二是实施工业循环经济提升行动。加强煤矿安全技术改造和产业升级，提升采掘智能机械化水平。加快推进化工、有色、钢铁等原材料行业升级改造。加快发展绿色轻工业，提升茶、酒、医药、食品等轻工业的循环化、标准化生产水平。推进煤矸石、脱硫石膏、粉煤灰、建筑垃圾等大宗废弃物综合利用。

（3）大力发展低碳清洁型产业

着力推进清洁生产，最大限度减少污染物的产生和排放，实现源头清洁、过程清洁、产品清洁。着力攻关煤炭清洁高效利用，大力推广煤炭清洁利用技术、节能低碳建筑材料和工艺技术，鼓励使用绿色建材产品和绿色装饰材料。

（4）加快发展环境治理型产业

发展节能环保服务业，完善环保投入回报、补贴与风险补偿机制。引导社会资本进入节能环保服务领域，创新环境治理服务模式。加强节能环保装备、配套材料等研发、制造和产业化，培育和引进节能环保设施设备研发、制造等企业。加快推进城区实施生活垃圾分类相关工作。

3. 加大生态系统修复力度

（1）加强森林生态系统保护

继续实施天然林保护工程，全面停止天然林商品性采伐，落实管护责任，对现有森林资源进行有效保护；启动非天保工程区盘州市集体和个人天然商品林区划界定工作，扩大天然林保护范围。加大中幼林抚育和低产低效林改造力度，提升全市森林质量。

（2）保护与恢复湿地生态系统

加快推进湿地保护与恢复工程，开展湿地生物多样性保护，加强湿地周边水生态保护与修复，强化人工湿地减污，扩大湿地面积。开展湿地综合治理，实施河流水库库塘湿地污染治理示范工程，营造湿地周边结构完善的水源涵养林和水土保持林。合理开发利用湿地资源，全面恢复湿地生态系统的自然生态特性和基本功能。

（3）强化生物多样性保护

深入实施生物多样性保护战略与行动计划，大力保护野生动植物栖息等重要生态功能区。加快物种资源调查，开展生物多样性资源本底调查和评估，建立种质资源库。加大典型生态系统、物种、基因和景观多样性保护力度，加强对外来入侵物种的防范和控制。

（4）加强废弃矿山地质环境修复和土地复垦

加强创面和宕口生态环境修复治理。严格执行矿山环境治理恢复基金有关规定，督促企业落实矿山环境治理恢复责任。

4. 全力打好污染防治攻坚战

按照生态系统整体性、系统性以及内在规律，因地制宜、多措并举，统筹山水林田湖草系统综合治理，进一步打好“五场战役”。

（1）坚决打好蓝天保卫战

严格落实国家“大气十条”，聚焦工业、燃煤、扬尘、机动车四大清素源进行重点治理。加大“散乱污”企业整治提升力度，划定县级及以上城市高污染燃料禁燃区和限燃区，持续推进燃煤锅炉淘汰，加快推进以电代煤、以气代煤，逐步提高城市清洁能源使用比例。

（2）坚决打好碧水保卫战

严格落实国家“水十条”，深入开展饮用水源地保护、长江及珠江上游生态屏障保护、城市黑臭水体治理攻坚行动。全面深入落实“河长制”“湖长制”。实施城镇污水处理“提质增效”三年攻坚行动，加快推进源头截污、雨污分流、污水处理设施及管网建设。

（3）坚决打好净土保卫战

严格落实国家“土十条”，深入开展土壤污染防治和修复攻坚行动，加快编制全市土壤污染治理与修复规划，开展土壤污染调查详查，实施耕地土壤环境治理保护重大工程，保护老百姓“舌尖上的安全”。

（4）坚决打好固废治理战

开展固体废物专项整治，降低资源消耗和各类固体废物产生量。加强医疗废物集中无害化处置。加大危险废物处置监管力度，严厉打击危险废物破坏环境违法行为。推进固体废物综合利用，鼓励支持大宗工业固体废物综合利用规模化、产业化项目建设。

（5）坚决打好乡村整治战

实施农村人居环境整治三年行动，加快推进“乡村家园行动计划”，打赢“三改三化”攻坚战，全面改善提升人居环境质量。全面推行垃圾分类处理，积极开展农村生活垃圾分类和资源化利用示范建设，健全垃圾收运处理体系。积极推广“海坝经验”，遵循海绵村庄生态建设理念，成片连村实施水生态系统和水环境治理。大力推进农村“厕所革命”，推进农业清洁生产，开展化肥、农药零增长行动，加大畜禽养殖废弃物和农作物秸秆综合利用力度。

四、安顺市绿色发展

安顺市位于贵州省中部，是世界上典型的喀斯特地貌集中区域，素有“中国瀑乡、屯堡文化之乡、蜡染之乡、西部之秀”的美誉。全市土地总面积有9267平方千米，其中耕地面积有445万亩，而石漠化面积占到2969平方千米，水土流失面积有2462.87平方千米。

自党的十九大以来，安顺市深入践行习总书记提出的生态文明思想，紧紧围绕绿水青山就是金山银山的发展理念，牢牢守住生态与发展“两条底线”，将全市2317.65平方千米划定为生态红线面积，确立310.16万亩为永久基本农田面积，石漠化的综合治理面积达到143.28平方千米，水土流失的治理面积达到314平方千米，同时完成营造林57.24万亩，森林覆盖率逐年上升到62%。邢江河国家湿地公园通过国家验收，紫云格凸河、镇宁高荡·夜郎洞分别获国家地质公园、省级地质公园称号，安顺药王谷荣获第四批全国森林康养基地。全市范围内的6个建制县区成功创建省级森林城市。同时全市持续推进污染防治的“五场战役”，辖区内全面淘汰取缔了燃煤锅炉的使用，2020年全市的环境空气质量优良率也达到99.2%；全力开展落实“河长制”，网箱养鱼在辖区流域范围全面取缔，国控及省控的地表水断面水质优良率均达到 100%，8 个县级以上饮用水源地的水质也实现 100% 达标，县级以上城市污水处理率达到 94.3%，工业固体废物综合利用率达到 83%；与此同时，全市的城市噪声污染防治工作也得到持续强化，在大生态战略行动不断深化实施的过程中，人民群众生活的获得感、幸福感不断得到提升，生态文明建设成效日趋明显。

（一）绿色发展状况

1. 生态环境

根据《贵州省水土保持公告》（2016—2020）的数据，安顺全市的水土流失面积在 2016 年达到 2462.87 平方千米，占到全市总面积的 26.58%，而石漠化面积也达到 2969 平方千米，占全市土地面积的 32.04%，生态环境十分脆弱。在党的十八大后，特别是在 2014—2018 年的 5 年时间内，安顺市委、市政府深入践行习近平生态文明思想，紧紧围绕绿水青山就是金山银山的发展理念，牢牢守住“两条底线”，大力推动对全市生态环境改善整治工作，取得了卓越的成效。安顺市的政府工作报告显示，2020 年全市对石漠化的综合治理面积 143.28 平方千米，水土流失治理面积达到 314 平方千米，全市营造林面积达到 57.24 万亩，森林覆盖率由 2014 年的 44% 上升到 2020 年的 56%，提高了 12 个百分点，年均增长率达到 2.6%。

2. 水环境

安顺市境内主要分布有长江流域乌江水系、珠江流域北盘江水系和珠江流域红水河水系，全市境内水环境由于并未存在较大较严重的污染源，加上近年来对水环境的持续整治，水环境总体质量向好且趋于稳定。根据 2014—2020 年对全市范围内的 19 条河流 5 个湖库上布设的近 40 个水质监测点的动态监测数据，国控、省控地表水断面水质优良率均为 100%，饮用水源地的水质达标率除 2014 年和 2015 年分别为 99.55%、95.8% 外，近三年的达标率则实现了 100%，2018 年在严格执行“河长制”，实行最严格水资源三条红线管理的同时，网箱养鱼在全域实现完全取缔，而城镇污水治理也得到进一步的加强，县级以上城市污水处理率达 94.1%，2020 年对比 2014 年的 79.4% 增长 14.7 个百分点，全市的水环境在实现质“优”目标的同时也保持着动态的稳定。

3. 环境空气质量

根据 2014—2020 年的环境空气质量月报的数据统计，全市近年来市中心城区及各县城区环境空气质量总体良好，市辖区域内共设有 10 个环境空气质量自动监测站点，以国家标准《环境空气质量标准》（GB 3095—2012）中的规定对一氧化碳、二氧化硫、二氧化氮、可吸入颗粒物（PM_{10}）、细颗粒物（$PM_{2.5}$）、臭氧等六个污染物指标进行监测，全市的 6 个县区均达到国家标准《环境空气质量标准》二级要求。

空气降尘方面，在 2015 年市中心城区开展降尘量监测以来，市中心城区的降尘量总体情况呈逐年下降的趋势，且达到国家南方城市暂定标准的要求。近年来市中心城区降水 p 阻值范围维持在 5.5~8.5 区间，pH 值年均值在 6.5 左右，除 2014 年的酸雨率为 0.8% 以外，近几年已无酸雨检出。

4. 声环境质量

近年来，随着安顺市的城镇化建设不断加速发展，人民群众对噪声污染愈加重视，声环境质量也成为城市生态建设中的重要考核指标之一，全市的城市噪声污染防治也得到持续强化。2020 年全市中心城区的声环境质量监测点达到 107 个，昼间平均等效声级值为 49.2 分贝，较 2016 年下降了 3.2 分贝，符合国家二类区昼间（≤ 60 分贝）的标准要求，以《环境噪声监测技术规范城市声环境常规监测》（HJ 640—2012）标准要求进行评价，市区区域环境噪声质量总体水平为“较好”级别。中心城区及各县城区的功能区噪声，根据《声环境质量标准》（GB 3096—2008）中规定的各类功能区标准限值，各类功能区噪声值昼、夜间等效声级均符合该标准的要求，各县（区）功能区噪声达标率均为 100%。

（二）具体措施

1. 四大工程

（1）“青山”工程

以保护优先、自然恢复为原则，严格执行环境保护的“六个一律”和森林保护的“六个严禁”等规定，实施山水林田湖生态保护和修复工程，深入推进绿色贵州建设三年行动计划、新一轮退耕还林、石漠化治理等重点工程；以创建园林城市为目标，全面推进城乡绿化美化建设。加大矿区、山体生态修复力度，有序推进生态扶贫搬迁。加快县城区绿化。全面启动园林县城、园林创建工作，大力开展“四旁”绿化工程，深入推进城市生态修复、城市修补试点工作。

（2）“蓝天”工程

以源头控制、综合治理等方式展开对大气污染的防治工作。持续抓好黄标车淘汰、重点行业挥发性有机污染物治理、建筑工地和道路扬尘治理；强化各部门之间的多方联络联动，共同推进淘汰小蒸吨燃煤锅炉治理、秸秆禁烧和综合利用、重污染天气预警预报等工作。自 2016 年 4 月 1 日起，中心城区全面施行对老旧车全天限行，以最大限度压缩老旧车的活动范围，持续降低其对大气污染的危害。

（3）“碧水”工程

各级各部门将水污染防治作为长期常管常抓工作，共同推进水污染防治。开展黑臭水体整治，实施“沿河大截污”、底泥清淤疏浚、中水回用、远程调水等根本性和实质性工程性措施。扎实开展饮用水水源地保护攻坚行动，加强市、县集中式饮用水水源地和千人以上农村饮用水水源地整治，最终实现饮用水源地水质 100% 达标的目标。深入推进“河长制”，实现最严格水资源三条红线、四级河长制的管理，并开展巡河调研。

（4）“净土”工程

持续加强对建立健全土壤环境管理体系的工作力度，完成土壤污染状况详查点位核实。开展土壤污染状况详查工作，明确责任、细化措施、协同推进。以节约优先、保护优先、自然恢复为主为基本指导方针，牢牢守住生态底线，将自然保护区、风景名胜区、森林公园、饮用水源地、文化遗址保护区、地质公园、公益林列入省级以上保护名录的野生动植物自然栖息地等，划入生态保护红线，严格用地管控。持续推进耕地保护，制定《中共安顺市委安顺市人民政府印发〈关于加强耕地保护和改进占补平衡推进绿色发展的实施方案〉的通知》，通过测土配方施肥、休耕制度试点、耕地质量保护提升和化肥减量增效，实现用地养地相结合，提高耕地质量，提高肥料利用率，降低化肥使用量，降低化肥流失对水资源的污染，有效控制氨氮排放和土壤污染。

2. 四大变革

（1）农业转型升级变革

立足安顺市资源富集、环境良好、气候宜人等优势，以农业供给侧结构性改革引领现代山地特色高效农业发展，坚持走突出特色、集聚集约、绿色生态、增效增收的现代山地特色高效农业发展路子，打造好茶山、药山、林山、花果山，发展好山地生态畜牧业，实施好坡耕地退耕还林还草工程，念好“山字经”，种好“摇钱树”，真正把绿水青山变成金山银山。全市特色产业如精品水果、生态畜禽、茶叶、蔬菜、食用菌、中药材等规模得到不断扩大，农业中畜牧业产值的比重持续保持全省领先位置，绿色农产品得到“泉涌”发展。

（2）工业绿色发展变革

强力推进工业提质增效。以“生态优先、绿色发展”为原则，坚决守住发展和生态两条底线，积极贯彻落实《贵州省绿色制造三年行动计划》，深入实施工业强市战略和大生态战略行动，以促进工业全产业链和工业产品全生命周期绿色发展为目的，实现以绿色产品、工厂、园区及供应链的整体发展。加快企业转型升级改造、淘汰化解落后产能及两化融合步伐，推动企业开展节能降耗、清洁生产、资源综合利用和循环经济等重点项目建设，着力构建以高效、清洁、低碳、循环等模式的工业绿色发展体系，从而助推工业经济高质快速发展。积极开展“万企融合”大行动，鼓励支持企业开展两化融合工作，工业企业合理使用自然资源能源，实现清洁生产、绿色生产的能力不断提升。

（3）生态旅游方式变革

以创建国家全域旅游示范区为目标推进旅游强劲升级，实施了黄果树国家公园、大屯堡旅游区等一批旅游项目，打造了如奇缘谷冰雪小镇、九龙山森林公园休闲度假区等一系列的成熟旅游产品，云峰屯堡、虹山湖等一批景区成功申报为国家4A级旅游景区，黄果树智慧旅游公司也在新三板成功挂牌上市，同时在安顺市境内举办的诸如黄果树国际半程马拉松、格凸河国际攀岩邀请赛及坝陵河国际跳伞邀请赛等体育赛事的知名度及影响力也得到不断提升。旅游方式从点到线到面逐步发展，带动生态旅游、全域旅游“井喷式”增长。

（4）特色产业发展变革

始终坚持“因地制宜、突出特色”的原则，对传统特色产业结构进行不断的优化及调整。在持续发展关岭牛、紫云红心薯、普定白旗韭黄等传统特色产业基础上，重点发展稻田综合种养殖、冷水鱼养殖、休闲渔业特色水产养殖，全市特色养殖面积进一步扩大，养殖新品种逐步增加，全年引进澳洲龙虾、澳洲银鲈、加州鲈鱼、七星鱼等新品种进行推广试验。新建观赏鱼养殖基地1个，养殖面积70余亩，实现全市无观赏鱼养殖基地零的突破。全市水产养殖基地基础设施建设、新品种引进、设施改造等新增投入累计4000余万元，直接带动全市3000余人增收。

3. 四大体系

（1）城乡规划体系

“多规融合”实现突破。安顺是贵州省第一家以地级市为单位完成“多规融合”规划编制的城市，同时在市域及城市规划区两个层级之间划定了生态保护红线等“四界四区”，在统一坐标及规划数据的同时，也为全市下一阶段进行空间规划打下了坚实的基础。积极探索通过大数据、云平台等技术手段来实现“一张蓝图”的精细管控，初步构建“多规融合”信息化管理平台，对各部门中分散及碎片化的规划数据进行归纳整理，统一了录入数据库的标准。逐步打造完善规划编制管控系统、智能选址辅助系统、成果展示系统、数据管理系统、运营维护系统、项目落地管控系统等“六大系统”，让“多规融合”真正实现智能管理。

（2）基础设施体系

安顺作为国家首批新型城镇化试点城市，以新型城镇化为工作主线，集中人力、财力、物力、政策等各类资源，不断加大对基础设施建设的投入，率先两年完成省内提出的“县县通高速公路”的目标，同时各村基本实现互通油路，公路密度占比全省最高。高速铁路方面，沪昆高铁已建成通车。民用航空方面，黄果树机场相继开通至北京、广州等全国各大重要城市的10余条航线。安顺被水利部和省政府批准为石漠化片区精准扶贫示范区，黄家湾水利枢纽工程开工建设，马马崖一级水电站建成发电，黔中水利枢组一期等一批骨干水利工程建成使用，民生水利建设覆盖到全市 77 个乡镇。现已基本实现全市范围内各县均有数字影院、各乡均通有线电视、各村均通广播电视，同时完成与贵阳、遵义的通信同城化。

（3）垃圾处置体系

加速城乡一体化建设步伐，农村生活垃圾基本实现户投、村收、镇运县（区）统一处理。生活垃圾以“焚烧为主，填埋为辅”的模式进行无害化处理，到 2020 年全市范围内共建成投入使用的垃圾无害化处理设施达到 9 个，生活垃圾无害化处置设施每日处理量达到 1680 吨。全市共安放垃圾收集装置（桶）2.1 万个，垃圾转运车辆 1487 辆，投入使用的垃圾转运站 82 座。各县区生活垃圾收运积极探索市场化管理，部分县区市场化管理模式已趋于成熟。同时积极投资研发关于将垃圾分类再利用的相关项目，以实现废弃资源的再利用。

（4）畜禽粪污防治体系

按照“消减存量、控制增量”原则，对全市畜禽规模养殖场废弃物资源化利用情况实行档案化管理、长效化监督、责任化追究，全面完成中央环境保护语察反馈未达环保要求的 18 家养殖场污染整治工作。培育形成了黔农公司滔气工程种养循环利用一体化模式、柳江公司有机肥生产模式、温氏课团生物发酵床处理模式等生态模式，让全市的畜高类污综合利用率达到 59%，安顺的畜禽类污资源化利用工作已成为全省的示范带动标杆。

4. 四个保障

（1）组织保障

安顺市高度重视大生态战略行动的实施及生态文明建设工作，超前谋划、提前部署，2013 年出台了《关于成立安顺市生态文明建设领导小组的通知》。2016 年 9 月，安顺市生态文明建设领导小组成立，开创性地由党委及政府一把手任双组长，全盘负责全市关于大生态战略行动及生态文明建设的规划统筹、协调推动以及督促落实等各项工作，大生态战略行动及生态文明建设工作格局转变为由党委统一领导、政府组织实施、人大政协监督、部门分工协作、全社会共同参与，强化了大生态战略行动及生态文明建设的组织保障。

（2）立法保障

从安顺市城区湖泊管理的实际情况出发，制定了地方性法规《安顺市虹山湖公园管理条例》，并于 2017 年 10 月 1 日正式实施。该管理条例是安顺市第一部实体法，对虹山湖公园在科学规划、有效保护、严格管理及法律责任等方面做出了详细的规定，对安顺市加快大生态战略行动实施及生态文明建设、推进可持续发展以及建设法治安顺都具有十分重要的意义。大生态战略行动的生态文明建设工作纳入法制化轨道将有利于其开展各项工作时更为制度化及规范化，也有利于在实际工作中加强各项决策部署的推进力度，减少实施阻力。

（3）制度保障

不断加强生态环境的保护力度，积极做实做强关于大生态战略行动的生态文明建设各项政策的顶层设计。制定印发《中共安顺市委安顺市人民政府关于推动绿色发展建设生态文明的实施意见》《生态文明体制改革实施方案》《中共安顺市委安顺市人民政府关于贯彻落实《中共中央国务院关于加快推进生态文明建设的意见》深入推进生态文明先行示范区建设的实施方案》《安顺市各级党委（工委）政府（管委会）及相关职能部门生态环境保护责任划分规定（试行）》等一系列文件，有力地推动大生态战略行动的实施及生态文明建设。建立生态文明建设考核体系，制定印发《安顺市生态文明建设目标评价考核办法（试行）》，确保辖区内各县区地方党委政府每年工作考核目标均包含生态文明建设工作，保证生态文明建设各项工作目标能按时保质保量完成，持续推进生态文明建设。

（4）资金保障

大力争取中央、省级预算内资金，中央专项资金等上级补助资金实施生态修复、水利基础设施、城镇污水垃圾基础设施建设，积极助推节能环保、清洁生产、清洁能源等产业的快速发展，对重点用能及排放单位的监管力度不断加强，积极引导绿色消费。生态文明建设项目在积极引入社会资本参与的同时，也大量采用 PPP 模式，共成功签订了西秀区生态修复综合治理项目、贵州省安顺市西秀区旧州景区旅游配套设施项目、安顺市西秀区贯城河下游水环境综合治理工程等 PPP 项目，污水处理、生态修复以及美丽乡村建设等方面的工作都得到持续的推进。

（三）未来发展

从目前安顺的市情出发，全市的大生态战略行动已进入以更多的优质生态产品来满足人民群众日益增长的优美生态环境需求的关键时期，生态环境问题已上升为人民群众越来越关注及重视的民生问题，也成为在全面建成小康社会中的一大软肋。当然，全市在进行生态文明建设及大生态战略行动的实践中也探索出了一些适用于安顺的生态环境保护与经济社会协同发展的经验和方法，这些经验与方法可能在全省乃至全国范围推行存在一定的局限性，但单从安顺市的实践看具有较好的可行性及示范性，并在以后的生态文明建设工作中继续完善及提升。而且全市在深入开展生态文明建设工作时，在思想上必须更加坚定“四个意识”及“四个自信”，在行动上不折不扣地做到“两个维护”，各司其职、分工合作、锐意进取，切实把生态文明建设作为中心工作任务来抓，以最大的决心去解决在改革过程中遇到的各种困难。

1. 总体成效实现新突破

以制定的《安顺市国民经济和社会发展第十四个五年规划》为依据，明确责任主体，加强保障措施，进一步加强对生态建设的保护和恢复工作，促使人民群众在保护和恢复生态建设中实现增收、致富，在这一过程中不断加强人民群众对保护生态环境的自觉性及主动性，最终达到人民富裕与生态美好的有机统一。大力推进林业供给侧结构改革的实施，盘活森林资源资产；积极推进单株碳汇试点工作，经近年来的帮扶实践证明，单株碳汇精准扶贫是一条促进农村贫困户增收、保护林业资源和调动全社会积极参与脱贫攻坚的有效途径。

2. 绿色产业扶贫实现新突破

大力推进产业生态化、生态产业化，引导加快发展森林旅游、森林康养，创建国家级、省级、市级森林康养试点基地，打造生态休闲观光产业园、乡村旅游点等。促进绿色产业的蓬勃发展，将资源优势转化经济优势，有力助推贫困户增收致富。

3. “三权”促“三变”改革实现新突破

以施行“三权”促“三变”改革为契机，不断深化对农村产权制度的改革，努力促使城镇与乡村之间的各要素对等交流，持续缩小城乡之间的各项差距，以实现公共资源的均衡配比，最大限度利用农村资源、资产、资金，开辟出一条具有安顺特色的新型农村改革发展之路。

生态文明建设是一件功在当代、利在千秋的大事，安顺将紧密团结在以习近平同志为核心的党中央周围，以习近平新时代中国特色社会主义思想为指导，从思想上和行动上统一到党的十九大精神上来，不断加强生态文明建设的推进力度，全力以赴解决好生态环境问题，推动形成人与自然和谐发展现代化建设新格局，让中华大地天更蓝、山更绿、水更清、环境更优美，为建设美丽中国，实现“两个一百年”奋斗目标，为中华民族伟大复兴中国梦做出新的更大的贡献。

第二节　乌江流域生态规划

乌江，贵州省第一大河，长江上游南岸支流，干流发源于威宁县盐仓镇西南。乌江干流在化屋基以上为上游，化屋基至思南为中游，思南至涪陵为下游，全长 1037 千米。贵州省境内乌江干流长 889 千米，流域面积 6.68 万平方千米，占乌江流域总面积的 76.0%。贵州省境内乌江流域（以下简称“乌江流域”）主要支流有六冲河、猫跳河、清水河、洪渡河、野纪河、偏岩河、洋水河、息烽河、瓮安河等。

乌江水系呈羽状分布，地势西南高，东北低。流域内多为喀斯特地形地貌；地带性土壤有黄红壤、黄壤和黄棕壤；矿产资源丰富，在全国占优势地位的有煤、磷、铝、锰等。乌江流域属亚热带季风气候，年平均气温为 13~18℃，年均降雨量 900~1400 毫米。

乌江流域常住总人口为 2134.29 万，61.3% 为农业人口。流域国内生产总值为 5378.13 亿元，占全省生产总值的 67.1%，其中第一产业、第二产业和第三产业所占的比重分别为 11.33%、41.81%46.86%。流域人均生产总值为 25199 元。流域工业主要以采掘业和制造业为主。乌江流域城镇化率平均为 37.47%，最高是云岩区，为 97.31%。

一、环境保护现状

（一）污染源及排污现状

乌江流域污染主要来源于工业、城镇生活、农业和规模化禽畜养殖等，主要污染指标化学需氧量、氨氮总排放量分别为16.73万吨2.28万吨，其中，生活污染源排放量所占比例最大分别为57.55%70.93%，其次是农业污染源分别占26.80%和23.31%，工业污染源分别占15.65%和5.76%。流域内一般工业固体废弃物年产生量4639.12万吨；居民生活垃圾年产生量283.68万吨；流域内主要的磷化工企业贵州开磷（集团）、西洋肥业公司、贵阳中化开磷公司等磷石膏年产生量为700万吨。

（二）环保基础设施建设情况

流域内建成并投运55座污水处理厂，设计处理规模119.5万吨/日；共建成35座生活垃圾卫生处理场，已运行27座，设计处理能6606吨/日，实际处理能力6560吨/日。流域内共有104个规模工业渣场和尾矿库。

（三）环境质量现状

1. 地表水环境质量状况

主要河流水质：乌江流域内纳入监测的14条河流共设31个监测断面，其中，干流断面12个，一、二级支流断面分别为16个和3个。2014年监测结果显示，31个断面中，有19个断面水质达标，12个断面超标，达标率为61.3%。12个超标断面中，干流有7个，支流有5个。干流超标的7个断面中，上游的汉河断面水质为Ⅲ类，主要污染指标为氨氮和生化需氧量，金竹沟断面水质为劣Ⅴ类，主要污染指标为化学需氧量；中游的沿江渡断面水质为Ⅴ类，大乌江镇断面水质为劣Ⅴ类，下游的沿河和乌杨树断面水质均为Ⅳ类，主要污染指标均为总磷。支流超标的5个断面响水河支流范家寨、白甫河支流堡河村和高店、清水河支流新庄、瓮安河支流天文均为劣Ⅴ类水质。

2. 集中式饮用水源质量状况

2020年，乌江流域中心城市10个集中式饮用水源地水质达标率为100%，50个县级以上集中式饮用水源地水质达标率为98.47%，污染指标为总磷、溶解氧和总大肠菌群。

3. 主要湖（库）环境质量状况

乌江流域纳入监测的湖（库）有红枫湖、百花湖、阿哈水库、梭筛水库和乌江渡水库。5 个湖（库）共设置监测垂线 19 条。

二、主要环境问题

（一）工业污染严重

乌江干流部分河段及部分支流特征污染比较明显。乌江干流上游三岔河段由于受威宁县炉山镇、东风镇、二塘镇、钟山区、水城县的煤矿废水污染影响，导致特征污染物化学需氧量、氨氮超标，水质达不到水环境功能区划的要求。乌江流域最主要水环境问题为中下游总磷的污染，污染集中在乌江渡水库以下，乌江渡水库以下干流湄潭、余庆、思南、沿河 4 县境内的 4 个断面水质全超标。主要超标因子为总磷。乌江部分支流如清水河、息烽河水体中总磷超标，瓮安河、洋水河总磷和氟化物均超标，主要受当地磷化工企业及矿产开发的影响。

（二）城镇生活污染仍然较重

污染源统计的结果显示，乌江流域主要污染物化学需氧量和氨氮的排放量主要来源于生活污染源，排放量分别占工业、城镇生活、农业污染源排放总量的 57.55%70.93%。流域内各有关县（市、区）及部分重点乡（镇、办事处）均建成并投运污水处理设施，由于城区未实现雨污分流或污水收集管网不完善，导致部分生活污水未能有效处理而直接排入河流，给水质带来了影响。此外，随着镇城化加速推进，现有污水处理设施已不能满足需求，在乌江超标的 10 个监测断面中，大多集中在毕节市、六盘水市、贵阳市和遵义市的城区河段。

（三）农业面源污染日趋明显

乌江流域内河流沿岸乡镇及村寨生活污水、生活垃圾未经处理直排入河的现象较为普遍，对乌江流域水环境质量造成了严重影响。污染源现状调查结果显示，农业面源污染是乌江流域化学需氧量和氨氮污染的重要因素，农业面源贡献的化学需氧量和氨氮的量分别占总排放量的 26.80% 和 23.31%。流域内规模化畜禽养殖年产生的 1475 吨总磷中，有 743 吨（约占规模化畜禽养殖总磷产生量的 50.4%）排放入环境中，对乌江的总磷污染有贡献。乌江流域养殖，特别是乌江渡水库库区水产养殖，对乌江渡水库库区及下游水体总磷有一定贡献。乌江渡水库现存网箱养鱼面积约 17.7 万平方米，总产量 6801 吨。按照一般网箱养鱼物料平衡计算方法估算，乌江渡水库网箱养鱼每年对乌江渡水库排出总磷 42 吨。

（四）环境监管能力薄弱

流域内污染源点多面广，在线监控覆盖面不大，导致环保工作任务繁重且艰巨，环境监测能力建设尚达不到国家西部地区标准要求，尤其是县级环保部门的环境监管人员严重不足，乡（镇、办事处）级环保机构不健全，造成部分环保工作开展的深度和广度不够。乌江流域 7 个市（州）仅贵阳市和遵义市环境监测站能力建设基本达到国家标准化建设标准，其余均未达到标准化建设要求，环境监管能力建设水平亟待提高。

三、环境压力分析

（一）经济发展环境压力分析

2020 年，流域 GDP 达到 13451.00 亿元。工业、城镇生活、农业和规模化禽畜养殖排放的化学需氧量和氨氮将在基准年的基础上分别新增 92254.89 吨和 7754.76 吨。

（二）新建大型磷化工企业环境压力分析

贵州省乌江流域水环境保护规划期内（2015—2020）新增 2 个大型磷化工企业，贵州芭田生态工程有限公司和贵州金正大生态工程有限公司。该 2 家企业投产后，每年约产生磷石膏 234.3 万吨，由于不允许建设磷石膏堆放场，实现磷石膏 100% 综合利用，磷石膏技术开发和规模化应用任重道远。

（三）黔中水利枢纽工程环境压力分析

黔中水利枢纽一期工程 2015 年完工，工程建成后，年调水量 7.41 亿立方米。三岔河径流由降水补给，多年平均径流量自上而下递增，上游径流量 4.82 亿立方米，下游流量 44.7 亿立方米，三岔河总的径流量为 49.52 亿立方米。黔中水利枢纽工程建成后，因调水的影响，三岔河径流量将减 15.0%。三岔河干流及乌江中下游干流部分河段已出现化学需氧量、氨氮、总磷超标现象，黔中水利枢纽工程建成后，由于调水影响，乌江干流水量减小，将面临更严峻的水环境形势。

（四）城镇化发展环境压力分析

到2020年底，全省城镇化率达到49.8%，比基准年提高6.72个百分点，乌江流域城镇生活污水排放的化学需氧量和氨氮将在2018年的基础上新35957.77吨和4051.58吨；产生的生活垃圾将增加45.58万吨。到2020年，乌江流域城镇生活污水排放的化学需氧量和氨氮将在基准年的基础上增加59489.52吨和6703.05吨；产生的生活垃圾增加75.41万吨。城镇化的发展给乌江流域生活污水及生活垃圾的处置带来了巨大压力。

总体来看，贵州省乌江流域干流部分河段及部分支流呈现特征性污染。上游主要受威宁县、六盘水钟山区、水城县煤矿企业排放废水和沿线居民生活污水入河的污染影响，三岔河干流上游段、响水河支流、六冲河支流水质受到污染，主要污染指标为化学需氧量、氨氮、生化需氧量。乌江干流中下游主要污染指标为总磷，乌江干流六广断面之前总磷均能达标，乌江渡水库以下干流湄潭县沿江渡断面、余庆县大乌江镇断面、思南县乌杨树断面、沿河县沿河断面均因为总磷超标致使水质不能达到规定类别，主要污染源为六广断面与沿江渡断面之间乌江34号地质泉眼（乌江水库大坝下右岸约1千米处），系贵阳中化开磷化肥公司交椅山磷石膏渣场渗漏排放的含磷污染物（渣场位于贵阳市息烽县，泉眼位于遵义市乌江镇），该泉眼每年排入乌江总磷为2650吨。对干流总磷污染有贡献的支流为清水河、瓮安河、洋水河、息烽河，贡献量分别为56吨、278吨、274吨、9吨。

乌江流域中下游干流总磷污染主要是流域磷化工企业污染所致，保护乌江重点是控制磷化工企业污染。流域内共有28家涉磷企业，主要分布在开阳县、息烽县、瓮安县和织金县。流域内主要的磷化工企业有贵州开磷集团矿肥有限责任公司、贵阳中化开磷化肥有限公司、贵州西洋肥业有限公司、贵州金正大生态工程有限公司、贵州芭田生态工程有限公司。

四、规划任务

（一）加强污染治理，削减污染物总量

1. 加强企业工业结构调整和废水污染治理

一是加大乌江流域主要磷矿、煤矿、制造等行业结构调整力度，优化产业结构。

二是合理控制行业发展速度和经济规模，推进老工业企业技术升级改造，提高产业技术水平；加快磷化工等行业产业升级；延长煤炭开采和洗选业、有色金属冶炼等行业产业链。

三是加大煤矿、磷矿、制造等污染行业企业的治理力度，加强企业环保设施日常运行管理，确保污水处理稳定达到环境保护标准和要求。在遵义市汇川区、湄潭县等白酒制造业密集地区开展酿酒废水处理设施建设。按照生产、在建、停产分类制定煤矿“一矿一策”整改措施，重点推进“三水一渣”（矿井废水、洗煤废水、淋溶水、矸石废渣）及扬尘污染等问题整改。在产煤矿重点整治污水处理设施能力不足、设施老旧运行效果差、原煤堆场、洗煤厂、矸石堆场淋溶水收集、雨污分流不彻底、扬尘污染等问题（2023年12月底前）。停产关闭煤矿重点整治矿井水处理、原煤堆场、矸石堆场生态修复不到位、雨污分流不完善等问题。在建煤矿严格落实新建项目环保“三同时”及污染防治措施。推动铝产业等重点行业生产废水循环利用，强化赤泥、锰渣资源化利用技术攻关，强化先进技术装备推广应用。以无主尾矿库为重点，按照“一库一策”管理要求，制定细化尾矿库应急预案。对存在较大风险隐患，确需编制方案进行治理的渣场尾矿库，及时编制污染防治方案，明确污染防治目标、措施及进度安排，推进尾矿库环境风险隐患排查及“回头看”发现的问题整治。根据隐患排查情况，按照《全省非煤地下矿山和尾矿库安全生产大排查实施方案》（黔应急〔2021〕6号）有关要求，推进尾矿库（赤泥库、磷石膏库）隐患问题整改。

四是乌江流域现有的38个工业园区必须按照《贵州省产业园区污水集中处理设施五年建设规划》的要求，建设和完善各园区工业废水及生活污水处理设施，新建园区必须建设集中式污水处理厂及配套管网，确保园内企业

排水接管率达 100%。废水排入城市污水处理设施的现有园区，必须对废水进行预处理达到城市污水处理设施接管要求。园内企业应做到"清污分流、雨污分流"，实现废水分类收集、分质处理，并对废水进行预处理，达到园区污水处理厂接管要求后，方可接入园区污水处理厂集中处理。规范入园项目技术要求，园区入园项目必须符合国家产业结构调整的要求，采用清洁生产技术及先进的技术装备，同时，对特征化学污染物采取有效的治理措施，确保稳定达标排放。

五是建立乌江流域环境污染第三方治理和设施第三方运营制度，选择开磷集团、西洋肥业等涉磷废水治理为试点，逐步在流域煤矿、工业园区和城镇生活污水处理厂推行；按照责、权、利相结合的原则，建立和完善乌江流域生态环境保护河长制，明确毕节、六盘水、遵义、贵阳、铜仁各市和各县（市、区）河流考核断面及其水质要求，开展河流实时监测。对流域生态环境保护做得较好的河长给予奖励。

六是以水土流失重点治理区为重点，通过实施国家水土保持重点工程、坡耕地治理、矿山整治修复等工程，并进一步巩固好退耕还林成果，积极推进水土流失综合治理。到 2023 年底，流域水土流失治理面积达 3350 平方千米。加强水土流失防治区监测，对水土保持重点工程实施情况进行跟踪监测，防止和减少人为水土流失。加快绿色矿山建设，督促矿山企业履行矿山地质环境恢复治理责任和义务，推进历史遗留矿山损毁土地修复，改善矿山生态环境，探索息烽县、沿河县等重点区域矿山生态修复。到 2023 年乌江流域内历史遗留矿山治理率达 50%。

表 5-3 贵州省乌江流域环境保护规划范围表

流域区域	市（州）	县（市、区）
上游地区：河源—化屋基	毕节市	威宁县、赫章县、七星关区、纳雍县、织金县、大方县
	六盘水市	钟山区、水城县、六枝特区
中游地区：化屋基—思南	毕节市	黔西县、金沙县
	安顺市	普定县、西秀区、平坝区
	贵阳市	南明区、云岩区、观山湖区、花溪区、白云区、乌当区、
	贵安新区	

续表

流域区域	市（州）	县（市、区）
中游地区： 化屋基—思南	黔南州	龙里县、贵定县、瓮安县
	遵义市	红花岗区、汇川区、遵义县、湄潭县、凤冈县、
下游地区： 思南 – 出境入重庆	铜仁市	石阡县、思南县、德江县、沿河县、印江县
	遵义市	正安县、务川县、道真县

2. 加强集中式饮用水水源地环境保护

一是强化集中式饮用水水源保护区规范化建设。2015 年底前完成所有乡镇集镇所在地集中式饮用水水源保护区划定，依法取缔完成集中式饮用水水源保护区内的违法建设项目和活动。2017 年前，完成所有建制镇集镇所在地集中式饮用水水源保护区界碑、界桩、警示牌等环保设施建设。重点加强水质超标的集中式饮用水水源地的环境保护和综合整治。

二是建立饮用水水源环境安全评估机制。对流域内饮用水水源水质实施达标考核制度。对一年中饮用水水源水质 30% 以上（含 30%）超标的责任政府实行预警通报；对有 40% 以上（含 40%）超标的责任政府实施“领导约谈”制度，由省级环境保护行政主管部门负责人约谈责任政府饮用水水源环境保护责任人，并提出限期整改要求，必要时可报请省政府领导进行“诫勉谈话”。对在监督管理过程中出现的重大饮用水水源环境保护问题，也可执行“领导约谈”或“诫勉谈话”。对问题较重的地区可实施环评文件“区域限批”。

三是加强饮用水水源环境风险防范。严格控制流域内饮用水水源地上游高污染高风险行业环境准入；建设和完善水源地保护区公路水路危险品运输管理系统；加强地下水型水源地补给径流区内垃圾填埋场、危险废物处置场、石化生产和销售区等典型污染源的环境风险防范；县级以上人民政府要制定饮用水水源污染应急预案，建立饮用水水源地风险评估机制，提高饮用水水源地应急能力；建立饮用水源地的污染来源预警、水质安全应急处理和水厂应急处理三位一体的饮用水源地应急保障体系。加快建设贵安新区南明河城市生活废水越域排污工程，加快建设贵安新区猫跳河下游城市生活废水越域排污工程。

四是实施县城和中心城市、“千吨万人”、乡镇级、农村千人以上集中式饮用水水源地环境整治巩固提升工程。全面深入排查集中式饮用水水源地及其上游区域排污口、工业企业、各种违法建设项目等污染情况，编制并实施“一源一策”整治方案。建立和完善集中式饮用水水源地“一源一档”，实施精细化管理。2022年底前完成县级以上及“千吨万人”集中式饮用水水源地环境整治巩固提升工程，2023年底前完成乡镇级及农村千人以上集中式饮用水水源地环境整治巩固提升工程。

3. 加强城镇市政基础设施及配套设施建设

一是加强污水处理厂配套管网建设。优先解决已建污水处理设施配套管网不足的问题，补建配套管网，重点是设市城市以及县城。因地制宜推进雨污分流和现有合流管网系统改造，系统提高城镇污水收集能力和处理效率，推进流域内城镇污水处理厂配套管网建设和示范小城镇污水处理设施建设。促进城市水环境质量的改善。

二是推进污水处理设施建设。从解决流域城镇污水处理设施建设发展不平衡问题着手，按照填平补齐的原则，合理安排各地污水处理设施新增能力。建设重点由大城市向中小城镇倾斜，优先支持目前尚无污水集中处理设施或设施能力不足的城镇加快建设。到2020年，城市污水处理率达到96%以上。

三是城市按照“减量化、无害化、稳定化”的原则，选择适当的污泥处理处置方式，加大污泥资源化和综合利用力度，统筹污泥无害化处理处置设施建设，确保建成的污泥处置设施稳定运行。统筹考虑再生水水源、潜在用户分布情况、水质水量要求和输配水方式等因素，合理确定污水再生利用设施的规模，积极稳妥发展再生水用户，扩大再生水利用范围。

四是着力推进开发区废水处理设施提质增效，深入实施开发区雨污分流工程，完善工业废水收集管网和雨水管网建设，进一步提升开发区污水处理厂进水浓度；依托城镇污水处理厂处理废水的开发区，完善开发区纳污管与城镇污水处理厂管网建设，打通管网建设“最后一千米”，实现管网全覆盖。2022年底，基本实现开发区废水应收尽收，全面处理后达标排放。

五是推进“厂网”一体化，优先进行管网雨污分流改造，同步实施污水处理厂和污水管网建设改造项目。以管网建设为重点，基本建成县城以上生活污水处理体系。开展老旧破损和易造成积水内涝问题的污水管网、雨污合流制管网诊断修复更新，循序推进管网错接、混接、漏接改造，提升污水收集效能。地级及以上城市基本解决市政污水管网混错接问题，基本消除生活污水直排。推进“城乡”一体化，推行“以城带乡”污水处理建设运行。梯次实施整县推进乡镇生活污水处理设施及配套管网提升工程，以县为单位系统解决乡镇生活污水处理设施建设短板问题。推进“泥水”一体化，同步规划建设污泥处置设施与污水处理设施，积极推进污泥耦合焚烧发电、水泥窑协同处置等污泥处置方式，逐步补齐污泥处置设施处理能力短板，减少地级城市污泥填埋量。建立健全污水处理收费机制。按照“污染付费、公平负担、补偿成本、合理盈利”的原则，污水处理成本分担机制、激励约束机制和收费标准调整机制，建立健全覆盖全省、适应水污染防治和绿色发展要求的污水处理收费长效机制。

4. 推进环境综合治理

一是推进流域范围内毕节市、铜仁市和遵义市等规模化畜禽养殖场（区）治理和资源化利用。80% 以上规模化畜禽养殖场和养殖小区配套建设固体废物和废水处理设施。根据养殖场区土地消纳能力合理确定规模化畜禽养殖企业养殖规模，推进乌江流域禁养、限养区域划定工作，科学划分禁养区、控养区和可养区，优化养殖场布局。在饮用水水源地一级和二级保护区和超标严重的水体周边等敏感区域内禁止新建规模化畜禽养殖项目，严格控制畜禽养殖规模。鼓励养殖小区、养殖专业户和散养户适度集中，统一收集和处理污染物，推广干清式粪便清理法，推进畜禽粪污的无害化处理。以肥料生产及沼气工程为主要途径，推进畜禽养殖废弃物资源化利用。积极推进种植－畜禽养殖－沼气利用－渔业养殖—种植四位一体的循环经济养殖模式。

二是加强水产养殖污染防治。积极推进乌江干流水库水产禁养、限养区域划定工作，科学划分禁养区、控养区和可养区，优化养殖区布局；加强流域内湖库的水产养殖管理，合理确定水产养殖规模，严格控制网箱养殖面积；推广循环水养殖、大力发展不投饵网箱养殖，严格控制投饵网箱养殖，减少水产养殖污染。实行多品种混养，发挥鱼类之间的互利作用，加大滤食性鱼类的投放量，充分利用浮游植物等天然饵料。按照“源头减量、过程利用、末端治理”原则，大力推广畜禽养殖新技术、新模式应用，推进畜禽粪污治理，提高畜禽养殖规模场、养殖大户粪污资源化利用率。到 2023 年，规模化养殖场设施配套率达 100%，畜禽粪污综合利用率稳定在 80% 以上，污水处理率达 100%。加强老旧池塘改造力度，积极推广水产养殖尾水治理技术，促进水产养殖尾水处理和循环利用，排入外环境的尾水必须经处理达标后排放。到 2023 年，尾水处理或循环利用率达 90% 以上。加强抗生素等水产养殖投入品管理，进一步降低水产养殖污染负荷。

三是减少农业种植业污染物产生。积极推广农业清洁生产技术，加快测土配方施肥技术成果的转化和应用，提高肥料利用效率，鼓励使用有机肥；推广生物农药和高效低毒低残留农药，严禁高毒和高残留农药的使用，大力发展有机农业；调整种植结构和空间布局。

四是加强农村环境综合整治。推进生活垃圾的定点存放，统一收集，定时清理，集中处理；推广畜－沼－肥生态养殖方式，因地制宜实施集中式沼气工程，建设粪便、生活垃圾等有机废弃物处理设施；加强贵阳市两湖一库入湖（库）支流、乌江小流域等农村环境综合整治，探索和建立“厂地”共同建设、运营污染治理设施的机制。根据不同企业现状制定污染治理方案，制定有效的“一厂一策”制，确保治理力度和有效性。

五是加强生态保护与建设，提高流域水土涵养能力。一要按照生态规律要求，严格审批工业化、城镇化进程中各类生产生活项目，大力支持生态移民、封山育林、保护区划定项目的实施，减少人为活动干扰，避免盲目占地、毁林开荒、乱砍滥伐，以及新增污染物进入流域原生态系统。在人们生产生活已经介入的地区，提高用地效率，还没有彻底介入的地区，减少介入，甚至退出介入，保护土地、植被、山河的原生形态。二要加快恢复已经破坏的生态环境；针对流域内矿山开采造成的生态破坏，加快实施地表林木植被以及地下矿坑漏水等修复工程，减少对生态系统影响；对流域内现有的石漠化重点县，加强石漠化治理，实施覆土造林；对坡度大于 25 度的耕地开展退耕还林还草，防止雨水冲刷土壤流失。三是强化流域内局部范围的水土涵养能力。科学划定生态红线，加快编制森林生态保护规划，保护流域生物多样性，促进各类生态系统完整。在遵义市、毕节市、黔南州丘陵山地分类实施石漠化治理，加快流域石漠化综合治理。到2023年底，完成石漠化治理面积800平方千米。大力实施天然林保护工程，扩大生态林、经济林、用材林种植面积，发展特色农业园区，保护野生药材植物群落，提高森林覆盖率。加强流域水利设施建设，预防洪涝灾害，保障生态用水。切实增加农民收入，鼓励农户改圈、改厨、改厕，减少滥挖滥采。四是按照《贵州省湿地保护利用规划》要求完善和建设流域内湿地保护区、湿地公园、湿地保护小区等生态保护用地，特别是遵义市兴隆国家湿地公园、湄潭县杨家坪国家湿地公园、道真县芙蓉江国家湿地公园、凤冈县九道拐国家湿地公园、汇川区高坪河国家湿地公园、遵义市浒洋国家湿地公园、大方县支嘎啊噜湖国家湿地公园、黔西县大海子国家湿地公园、瓮安县乌江河国家湿地公园、贵定县独木河国家湿地公园的建设。

六是按照"城乡一体化"原则，加快推进农村生活污水治理。重点实施水源保护区、农村黑臭水体集中区、中心村、城乡接合部、旅游风景区等区域生活污水治理。治理路径坚持"分散为主，集中为辅"，人口较为分散的村庄，优先采取分散治理；人口密集程度高的村庄，建设农村生活污水集中处理设施；城镇所在村及周边村，有条件的纳入城镇生活污水处理系统处理；地处偏远，人口较少的村庄，采取农村改厕后粪污进行资源化利用的方式处理。2023年底流域涉及行政县（市、区）农村生活污水治理率达到20%。

（二）加强固体废物处置和综合利用

1. 加强工业固体废物处置和综合利用

按照循环经济理念，积极推进磷石膏、电石渣、电解锰渣、冶炼渣、粉煤灰、煤矸石、污水处理厂污泥等固体废物的综合利用，调整区域经济发展模式和产业结构，拓展矿产资源加工产业并延长产业链；全面提高工业企业清洁生产水平，促进企业由末端治理向生产全过程控制转变，改造传统生产工艺和产品升级换代，对化工、医药、冶金、食品酿造等类企业及有严重污染隐患的其他企业，积极推进强制性清洁生产审核。把固废的处置及综合利用指标分配到具体企业，由企业在环保部门监督下自行交换或处理处置。推动绿色循环低碳发展，加快构建覆盖全社会的资源循环利用体系。坚持减量化、再利用、资源化优先，按照循环经济要求规划、建设和改造各类产业园区，实现土地集约利用、废物交换利用、能量梯级利用、废水循环利用和污染集中处理，加快解决资源综合利用的问题。

2. 加强流域磷污染治理

一是从源头控制和削减磷污染。制定《贵州省磷化工企业建设项目环境监理办法》，要求凡是涉磷开发项目的工业渣场和尾矿建设，设计、施工实行全过程环境监理，确保工业渣场建设标准化，全面降低工业渣场和尾矿库渗漏造成的环境污染风险。涉磷项目建设区采用雨污分流、清污分流的排水体制，积极采用污水梯级利用、再生水回用等节水措施，减少废水排放，废水集中收集、集中处理，规划区各生产装置废水达到相关接管标准后方可排入污水管网，排水工程规划一次规划、分期实施、统筹兼顾，规划区统一设置满足环境保护要求和处理能力的污水处理站。按要求完成 34 号泉眼废水深度治理工程，确保 34 号泉眼污水回抽设施正常运行，消除 34 号泉眼对乌江干流中下游造成的总磷影响。提高磷矿洗选污水综合回用率，流域内现有磷化工企业必须积极推行一水多用，提高废水综合利用途径；加强磷矿采选业含磷废水的治理力度，外排废水必须达到《污水综合排放标准》（GB 8978—1996）一级标准要求。

二是加大磷污染治理力度。对乌江流域涉磷的工业渣场和尾矿库进行排查，对存在环境安全隐患的渣场和尾矿库实施限期治理；对流域内涉磷企业开展强制性清洁生产审核，推进磷石膏和磷渣内部循环使用和综合利用，减少磷石膏和磷渣产生量。

三是加强对流域内现有 7 个磷石膏渣场和 2 个新建大型磷化工企业贵州芭田生态工程有限公司和贵州金正大生态工程有限公司临时堆放磷石膏的渣场的经常性检查和巡查。对存在环境污染和环境安全隐患的磷石膏渣场的企业加大处罚力度，对重大环境违法案件采取挂牌督办和限期治理措施。

四是研究制定《贵州省深化磷污染防治专项行动方案》，着力推进磷矿、磷化工（磷肥、含磷农药及黄磷制造等）企业和磷石膏库“三磷”污染整治。推进磷石膏综合处置利用，实现磷石膏规模化、高值化、产业化。2022 年 5 月底前建成投运 7000m^3/h 黄金桥污水应急处理设施工程。实施雷打岩工业污水处理厂应急能力提升工程。采取发电等措施开展黄磷尾气回收综合利用，严防黄磷尾气“点天灯”。

3. 加强生活垃圾处理，防止水体污染

通过进一步提升城镇生活垃圾处理能力，继续开展垃圾填埋场扩建和新建补齐工作；总体按照“村收集、镇转运、县处置”的原则，流域内所有镇（乡）、村均要建设完善生活垃圾收集、转运设施，建立垃圾清运机制；优先考虑饮用水水源地保护区、沿江与河流上游城镇、国家级保护区和风景名胜区、常住人口 3 万人以上的建制镇、非重点流域内重点镇生活垃圾收运处理设施建设；建立、健全农村生活垃圾收集、中转运输系统，合理调配资源，提高运输效率，提升环卫装备水平。建立完善“村收集、乡（镇）转运、县处理”的农村生活垃圾收运处置体系。科学设置农村生活垃圾收集点，建设完善转运站，增强配置垃圾转运车、清运车，鼓励相邻乡镇垃圾转运站共建共享。依托城乡垃圾处理设施对农村生活垃圾进行一体化处理（处置）。到 2023 年底，30 户以上自然村寨垃圾收运设施覆盖率达 70% 以上，乡镇生活垃圾收集转运设施覆盖率达 100%。

全面推进以焚烧为主处理城乡生活垃圾处理体系，不再新建生活垃圾填埋场。生活垃圾日清运量在 300 吨以上的县（市、区），加快发展以焚烧为主的垃圾处理方式，适度超前建设与生活垃圾清运量相适应的焚烧处理设施，鼓励跨区域统筹建设焚烧处理设施，到 2023 年基本实现原生生活垃圾“零填埋”。进一步推进地级城市生活垃圾分类。到 2025 年底，流域地级城市基本建立配套完善的生活垃圾分类制度体系；因地制宜基本建立生活垃圾分类投放、分类收集、分类运输、分类处理系统；城市生活垃圾回收利用率达到 35% 以上。

（三）加强能力建设，提升环境监管水平

1. 加强环境监测能力建设

一是加快环境监测体系建设，重点加强流域内市（州）、县（市、区）环境监测能力建设，建成符合国家标准化要求、覆盖全省的环境监测体系。到 2015 年底，流域所有环境监测站达到原国家环境保护总局《关于印发〈全国环境监测能力建设标准〉的通知》西部地区建设标准，自动监测预警系统运行管理全面提升。

二是优化调整全省环境监测网络，强化环境监测点位的代表性和覆盖面；科学设置环境质量监测指标，加强对人体健康影响较大的污染因子和敏感水体生物监测；围绕生态保护与农村环保工作，加强生态监测和农村环境监测，拓展监测领域；开展重点监控企业监督性监测工作，促进污染源稳定达标排放。三是建设完善流域水质自动监测站。在乌江流域新建水质自动监测站32座，即时监控河流水质变化情况，发现问题及时通报下游有关政府和单位，并配合参与调查处理。

2. 加强环境监察和应急能力建设

一是重点加强市（州）环境监察支队的能力建设，大力推进县（区、市）环境监察机构的标准化建设，到2020年，全省各级环境监察机构达到国家标准化建设要求。加强环境保护高端人才的开发、培养和引进，实施全民环境宣传教育行动计划，培育壮大环保志愿者队伍，引导和支持社会组织和公众开展和参与环保活动。强化仪器设备配置与基层环境监察执法业务，全面提升各级环境监察机构的工作能力和标准化建设水平。

二是流域内的国控、省控重点污染源必须全部安装自动监控系统，实行实时监控，动态管理，确保排污信息及时有效，便于各级环保部门监督管理。

3. 加强环境管理，促进流域环境质量进一步改善

一是加强水资源管理。根据流域自然特点和经济社会发展客观需要，合理规划利用乌江流域水资源，建立流域用水总量、用水效率指标体系；坚持生态环境用水优先的原则，统筹流域生产、生活和生态用水，当干流流量接近主要污染物环境容量临界值流量时，要限制流域内工业取水；认真做好城市节水工作，加快城镇供水管网改造，鼓励再生水和中水回用，建设节水型城镇。

二是加强对已建成污染治理设施的运行监管，对重点企业限期安装在线监控系统，严厉查处偷排、漏排等各种环境违法行为。加大规划实施责任追究制度，对不能按期完成规划目标的地区实施区域限批，对相关责任人实施行政问责。着力推进第三方治理，按照项目环境影响评价“三同时”要求，积极推动污染治理面向市场，严格督促企业建设污染治理设施，并保持正常运行。建立建设项目全过程环境监管制度，强化对经济开发区、产业园区、

工业集聚区、饮用水水源地、重点排污企业的环境执法监督，加强对涉重金属、危险废物、持久性有机污染物、危险化学品排放企业的重点监督管理。

三是各级环保部门应严格项目准入。对不符合园区规划、布局的项目一律不批；对外排污染物不能治理达标的项目一律不批；对水体污染严重、且收纳水体无环境容量的项目一律不批；对新增磷石膏的磷化工企业、且不能全部综合利用的项目一律不批；对环境风险大、且极有可能进一步恶化当地水体的项目一律不批；对区域内没有氨氮、化学需氧量及重金属总控指标来源的项目一律不批。

四是严格执行省管河流控制断面生态流量目标，有效保障乌江干流及主要支流生态流量。开展六冲河、三岔河、清水河、瓮安河、湘江、石阡河、印江河等一级支流流量监测预警，对流域内的重要河流生态流量进行监测，对未达到管控目标的水电站等实施预警，合理调度，确保下泄流量符合生态要求。巩固小水电清理整改成果。开展小水电清理整改“回头看”。逐步完善小水电生态流量监管平台，加强小水电生态流量的日常监管。

第六章　城市绿色发展的经验借鉴

从绿色经济发展的历史沿革来看，对绿色经济的实践探索要先于理论研究。早在传统工业经济快速发展阶段，就曾出现过田园城市、紧凑城市、低碳城市的绿色经济雏形，而 2008 年世界金融危机的爆发，更是催生了全球范围内的城市绿色经济实践热潮。近年来，纽约、温哥华、名古屋、哥本哈根等城市均将绿色经济提升至城市发展战略高度。本章选取了美国匹兹堡、丹麦哥本哈根及日本北九州三座城市作为研究样本来解构、对比其绿色经济实践。以上三座城市的绿色经济实践均符合城市绿色经济结构体系的路径内涵，但由于国家背景、政策环境及区位优势等差异，又决定了其绿色经济着力点各有侧重，分别对应当前城市绿色发展所面临的资源型区域转型发展、低碳型经济发展及循环型经济发展等主要难点，对比其绿色发展经验可以避免分析单一经济模式所产生的局限性。

第一节　典型城市绿色发展的经验借鉴

同所有工业化进程中的城市发展瓶颈一样，美国匹兹堡、丹麦哥本哈根及日本北九州三座城市均遭遇了环境污染或资源短缺所引发的严重危机，而面对巨大压力，三座城市分别探索出各具特色的绿色转型之路。

一、美国匹兹堡绿色发展的经验借鉴

匹兹堡（Pittsburgh）位于美国宾夕法尼亚州西南部，在奥里格纳河与蒙隆梅海拉河汇合成俄亥俄河的河口，是阿利根尼县县治，同时也是宾州仅次于费城的第二大城市。

匹兹堡曾是美国著名的钢铁工业城市，有“世界钢都”之称，但1980年代后，随着中国钢铁产量上升，匹兹堡的钢铁业务已经淡出，现已转型为以医疗、金融及高科技工业为主之都市。市内最大企业为匹兹堡大学医学中心，也是全美第六大银行匹兹堡国家银行所在地。

历史上，匹兹堡工业基础及科技实力雄厚，是美国著名的钢铁工业基地，同时拥有匹兹堡大学和卡耐基梅隆大学两所著名高校，在医学、计算机、自动化等学科领域均处于全美领先地位。

（一）发展危机

空气污染严重，多诺拉工业污染曾造成数千人二氧化硫中毒；产业结构单一且过度集中，由钢铁行业低迷引发经济危机和失业浪潮；经济及环境问题导致人才、人口流失。

（二）绿色产业

针对传统工业污染治理，提升污染控制标准，改良生产工艺并缩减钢铁企业规模，逐步外迁钢厂；以高科技发展和专项资本驱动传统制造业升级，围绕“钢铁技术与服务”打造高级制造业网络；依托科技优势大力发展生物医疗、信息通信、新能源技术等新兴服务业与高新技术产业，构建多元化经济格局，提升经济抗风险能力并逐步取代传统工业及制造业。

（三）绿色增长

完善基础设施建设，包括公路、铁路、水路、航空在内的交通设施建设及关键地理位置的公共活动空间与办公用地建设为地区发展活力提供保障；大力发展文化产业与社区建设，促进文化设施、机构和组织的发展，打造文明宜居的社区形态，从文化和环境两方面综合改善城市精神风貌；提高建筑物环保与节能标准，进一步推行绿色建筑与环保工程的实施，力求实现清洁、循环与集约的社会生活形态。

（四）阶段成果

城市环境优美，经济发展态势良好且极富创新活力，绿色经济外溢效应凸显，人力资本、高新技术产业得到了持续的投入保障，吸引了大批高科技公司入驻和高端人才回流。

二、丹麦哥本哈根绿色发展的经验借鉴

哥本哈根（Copenhagen），是丹麦王国的首都、最大城市及最大港口，也是北欧最大的城市，同时也是丹麦政治、经济、文化和交通中心，世界著名的国际大都市。哥本哈根曾被联合国人居署选为“全球最宜居的城市”，并给予“最佳设计城市”的评价。哥本哈根也是全世界最幸福的城市之一。

（一）发展危机

能源结构脆弱引发经济危机，对石油依存度极高，工业废水曾对港口造成严重污染。

（二）绿色产业

调整能源结构，整合科技资源，创新发展可再生能源技术产业，形成了以风力发电、生物能源为首，具备相当规模与竞争力的新能源技术产业；新能源产业科技优势外延实现附加价值最大化，为世界各国生产涡轮机、齿轮、控制系统等可再生能源设备，形成了新能源装备制造业产业集群；以污染治理技术推动环保产业发展壮大，建有上百家污水处理与垃圾处理厂，解决工业化进程中遗留污染问题

（三）绿色增长

“海绵城市”模式注重城市功能调节作用建设，优先构建集排水与绿化功能于一体的气候区工程，预防城市污染与自然灾害；打造“骑行城市”引领绿色出行方式，给予自行车出行的路权保障和优惠政策，并建立高效、先进、环保的公共交通网络；以社区为单位进行多维度更新建设，改善居民生活条件并降低社区能耗与污染水平；以文化、娱乐为导向实现城市中心区域绿色扩张，满足多样化生活需求，焕发城市生机与活力。

（四）阶段成果

得益于先进的可再生能源技术与多目标考量的城市整体性合理规划布局，实现了低碳、低污染条件下的经济持续增长，且城市环境优美，基础设施完善，连续多年被评为“全球最宜居城市”。

三、日本北九州绿色发展的经验借鉴

北九州作为日本明治时代工业革命的起点，一直是日本最主要的工业城市和港口城市之一。北九州与世界80多个国家建立了航运关系。工业发达，以钢铁、化学为主，还有机械化工、食品加工、陶瓷等产业。在发展产业的同时，北九州市在城市建设、环境治理方面也有显著成绩，是联合国表彰的治理环境典型城市，创造了治理工业环境的新模板——“北九州模板”。

（一）发展危机

产业结构严重失衡，重工业与化学工业占比过高；受太平洋沿岸工业崛起与石油危机影响，经济发展丧失竞争力；受工业与化学污染影响，上万名市民染上疾病，洞海湾水域鱼虾无法存活。

（二）绿色产业

20年间投入8 000亿日元用于企业公害治理，通过清洁生产与末端治理技术升级降低生产负荷并提高生产率，从而保留一定传统钢铁与化工产业比重；大量投建科研与生产相结合的小型工业园区，推进技术产业化，打破原有产业结构，催生了机器人、半导体、汽车相关产业等装备制造业产业集群；依靠先进的废物处理、资源循环技术建设静脉产业工业园区，处理涉报废汽车、家电等七个领域，来自本地与全国的废物与垃圾创造巨大经济利益并完善循环型经济对接。

（三）绿色增长

改造城市环境，兴建津之森公园、响滩绿地、山田绿地等城市生态景观工程，打造城市丰富植被和水面优势；建立健全废弃物与垃圾分类回收体系，引导全民了解参与垃圾分类处理，深入贯彻循环型经济社会运行发展理念；注重城市文化振兴，举办北九州国际音乐节、戏剧节、市民仲夏祭等人文活动，提升并满足市民精神需求；提升知识与文化输出能力，进一步钻研新能源与环保技术，打造学术型城市，抓住亚洲经济形势良好契机输出循环经济发展经验。

（四）阶段成果

产业结构均衡，经济运行平稳，城市及海水生态环境得以恢复；最具代表性的循环经济模式符合本国国情与绿色经济潮流，向发展中国家出口成型环保技术与经验创造了大量外汇。

实际上，结合三座城市的历史背景可以发现，其绿色经济战略构想的出发点及整体规划有倾向性地结合了各自的发展环境特点：在匹兹堡多元化产业结构网络中，由其高校优势学科的技术创新及科技孵化发展而来的医疗健康、机器人制造、信息技术等产业始终是匹兹堡经济增长的引擎；哥本哈根依托丹麦境内丰富的风能、太阳能及生物质能资源，辅以科技创新研发，形成了具备世界一流水平的新能源技术与环保产业；而北九州的绿色经济实践之所以选择全力打造循环经济体系，更多的是因为日本自然资源相对匮乏的现实使其很早就提倡以降低污染并提高资源利用效率为目标的经济增长方式。尽管三座城市绿色发展战略存在整体设计方面的差异，但对比其绿色经济实践可以发现，它们仍然在路径与方法层面存在共性，而这些共性正是具备规律特征的对城市绿色经济发展理论的实践检验，值得我国借鉴与学习。

第二节 国外经验对贵州省绿色发展的启示

通过对三座城市绿色发展经验的对比分析与总结，其绿色产业构建呈现出以下三种相似的路径特征。

一、清洁化的企业生产方式

绿色发展实践经验表明，全线退出传统领域会对经济产业造成结构性损伤并引发严重的社会问题。上述三座转型成功的城市至今都保留着一定体量的传统工业，而实现这一目标的唯一途径是清洁生产工艺及污染治理技术的提升。因此，生产方式清洁化被认为是构建绿色产业的必由之路。

清洁生产的落实有助于满足企业污染物达标排放的要求。很长一段时间以来，企业都被生产过程当中的污染问题困扰，而且也需要为污染生产行为承担责任与道义上的后果。清洁生产的落实则能够有效减少甚至是杜绝生产过程当中的污染，使得企业真正实现达标排放，为零排放目标的最终达成打下基础。清洁生产的落实能够帮助企业减少生产成本，实现节能降耗，并显著提升产品寿命。就目前而言，企业生产成本高的问题非常普遍，而导致这一情况产生的主要原因是物耗高。组织开展清洁生产工作，做好清洁生产审核，能够帮助企业改进工艺，引进以及应用高效节能机械设备，全面提升物料与各项能源的应用效能，同时控制与减少原辅材料使用量，真正实现节能降耗以及减少成本的目的。另外，利用高新工业和清洁生产方法所生产的产品，在质量与寿命上也能够得到更好的保障。清洁生产可以实现标本兼治，为企业走上环保之路提供必要条件。过去的环保治理方法走的是先污染后治理的道路，给环境带来的危害是显而易见的，而清洁生产不单单能够从源头上减少污染物，还可以在清洁生产审核之中找到清洁生产机会，利用系列方法促进污染物减量和污染物达标排放，做到真正意义上的预防污染。

二、高端化的产业发展方向

就经济效益与环境效益双赢的绿色产业本质要求来说，追求资源价值最大化始终是其核心发展目标之一。因此，各地区普遍存在资源效率低下、行业产能过剩的低端产业链条不符合绿色产业发展内涵要求的问题。吸引高科技公司项目、资本投入或通过创新研发引领高新技术产业发展，是区域绿色产业愈发明显的发展方向。

以产品供给高端化为路径，加快满足高质量需求。党的十九大报告指出，建设现代经济体系，必须把发展经济的着力点放在实体经济上，把提高供给质量作为主攻方向，显著增强我国经济质量优势。一直以来，我国农产品多而不优，制造业产品结构以中低端为主，供给能力与市场需求长期错位的矛盾日益凸显。因此，要深入贯彻落实供给侧结构性改革要求和部署，围绕破解产品质量不高、品牌效益不强、标准话语权不大等问题，推动产品供给向质量高、声誉好、品牌响、竞争力强、附加值高的方向转变，引导企业顺应消费需求变化新趋势，深入实施标准、质量和品牌“三位一体”战略，以标准提升质量，以质量铸就品牌，以品牌拓展市场。着力构建多层次、高水平的标准体系，鼓励支持企业参与国标制定。加快实施“三品”专项行动，以行业龙头骨干企业、中小企业为主体，以国际先进、国内一流为目标，大力推进精品制造、品牌制造。大力推进品牌宣传工作，集中培育一批具有较强影响力和竞争力的知名品牌。

三、多元化的产业结构性保障

主导产业衰退后接续产业发展滞后所导致的产业接替危机是典型的单一产业结构缺陷。三座城市均经历过类似的产业结构危机，而后通过延伸传统产业、新建主导产业、带动相关产业、完善基础产业、实施多元产业顺序推进，提升了产业系统互动效应及抗风险能力。总体来说，多元产业战略是保证绿色产业持续演进的有效结构支撑。

从世界发展趋势来看，高科技与知识经济浪潮汹涌而来，如果哪一个国家不能适应这一潮流，就会被淘汰。我国虽属发展中国家，但几十年来一直在追赶世界经济发展的浪潮，也取得了一些令人瞩目的成就，在某些高科技领域处于世界的前列，如核能技术、卫星技术等。同时，我国这几十年来培养的一些高科技人才，是能够担当起这一历史重任的。唯有如此，我们才能与世界发达国家缩小距离，重振华夏民族之雄风。目前，应重点发展包括信息技术产业在内的知识经济支柱产业，尤其要重视科技创新，发展自己的原创技术。力争在信息技术、生物工程技术、航天技术等高科技领域有自己的技术专利，增加研究与开发投资，建立高科技工业园区，实现产学研一体化，促进高新技术产业化。完善政府经济宏观调控体系，实施科教兴国与可持续发展，这是向知识经济社会发展的共识。作为知识经济的一个重要指标，这是信息技术产业所创产值已达到相当高程度，应占国民生产总值的30%~50%。此外，用于研究和开发的投入应占国家生产总值的3%~5%，教育培训经费占政府总支出的15%等指标也是衡量一个国家是否进入知识经济的重要标志。

四、改善城市生活环境

城市环境与居民生活条件的改善既是绿色经济的直观表现，也是居民对绿色经济的基本要求。案例城市均选择以此为切入点来驱动绿色增长方式，包括开展环境污染治理、城市景观建设、社区条件改造等生态工程与惠民工程的实施办法。

城市更新主要包括全面改造和微改造两种方式。微改造通过局部拆建、功能置换、保留修缮、环境活化靓化等方式来达到更新的目的，具有投资小、见效快、包容性强等特点。重庆作为传统老工业基地，城市更新量多面广，改造任务重、改造难度大、改造要求高。需要结合正在实施的城市品质提升行动计划，因地制宜、综合施策，推进城市微改造。

五、健全城市服务能力

综合对比三座城市的绿色增长实践，可以发现其均注重城市公共、基础性服务能力的提升，包括公共医疗、公共交通、公共活动空间等具体方面，目的在于通过资源的集中循环式利用来实现绿色增长方式中综合、集约、高效的理想社会生活形态。

做好公共服务，是全面正确履行政府职能的一项重要内容。目前，我国公共服务的制度框架初步形成，上学、就业、就医、社会保障、文化生活等方面存在的问题得到了有效缓解。但随着工业化、城镇化快速推进，政府在公共服务提供中缺位等问题仍然十分突出，公共服务能力和水平难以适应经济社会快速发展的要求。落实中央部署，推进城乡基本公共服务均等化，稳步推进城镇基本公共服务常住人口全覆盖，需要不断提高政府公共服务能力和水平。

六、提升城市文化内涵

总体来看，三座城市的绿色增长实践遵循一条由基础需求建设向高层次需求建设递进的发展路径。在城市生活条件和社会基本服务得到绿色改善的基础上，三座城市注重市民文化素质的提升，通过丰富文化娱乐活动、建立健全文化服务体系等方法改善城市精神文明风貌，提升城市生态文明软实力。

完整的科学规划是城市建设的必要前提。贵州省是一个文化资源和旅游资源十分丰富的省份，大力发展休闲旅游城市的空间非常广阔，因此，要组织专业人员，统筹编制全省的休闲旅游城市建设规划，在规划中，要彰显贵州特色文化，完善休闲旅游功能。当规划一经法定程序确定下来以后，就要维护规划的严肃性，防止因城市管理者的更迭而“乱翻烧饼”。

要树立包容的理念。决定城市包容性发展的最重要因素，是人与人之间的相互依赖，不同文化的互相融通，不同价值观的互相宽容，不同阶层的和睦相处，各种社会关系和谐共赢。近年来，吉林省不断扩大对外开放，外来学习、工作和休闲旅游的人越来越多，给我们的城市带来了无限商机。因此，我们要以更加宽广的胸怀和非凡的气度，悦纳四面来客，汇聚八方资本，吸引各类人才，宽容多元文化，从而实现人与人、人与环境之间的包容，让每一个人在回头看一看自己曾生活或逗留过的城市时，能多一份亲和力与责任感。

要树立传承的理念。凡是让人流连忘返的城市，大都是历史文脉深厚，地域风情独特的城市。我们知道，一座城市中的历史遗迹、空间格局、建筑风貌等，无不传承着城市文化，体现着城市地域特色，因此，在城市的建设中，要严格保护那些名胜古迹，尽量不打破城市原有肌理和格局，妥善保留具有传统地域风貌的建筑。多留遗产，少留遗憾。贵州省立足实际，深入挖掘"世界文化遗产地、中国历史文化名城、中国优秀旅游城市、国家生态示范区"四个品牌的文化内涵，明确提出了"延续历史文脉，实现保护与发展的内在统一"的城市建设理念，确保做到历史文化与现代气息相结合，自然景观与人文景观相呼应，努力打造具有活力的"城市生命体"。

最后，相较于更多运行在市场经济规则下的绿色产业发展，绿色增长方式则更强调政府管理与服务职能的提升与转变。对城市社会、经济、文化、环境等要素的多目标考量与整体性规划，将对城市绿色增长理念的落实起到决定性作用。

第七章　政策建议与实施途径

第一节　绿色发展战略对策

一、“十三五”期间取得成就

（一）生态文明制度改革创新推进

我省以建设“多彩贵州公园省”为总体目标，在绿色屏障建设制度、绿色发展制度、生态脱贫制度、生态文明大数据建设制度、生态旅游发展制度、生态文明法治建设、生态文明对外交流合作、绿色绩效评价考核机制等八个方面开展了一系列创新措施，基本建立了产权清晰、多元参与、激励约束并重、系统完整的生态文明制度体系。

一是全面推进国土空间规划体系建设，建成“多规融合”信息平台。实施主体功能区规划，划定生态保护红线面积 4.59 万平方千米。二是率先在全国开展自然资源统一确权登记试点，形成“试什么、确什么、登什么、怎么登”4 个核心成果，探索形成了一套可复制的登记路径和方法。三是率先开展自然资源资产负债表理论技术研究，编制完成全省自然资源资产负债表，提出“由简到繁、由易到难、分步实施、分类推进”的工作原则。四是全面推行河（湖）长制。在全国首创省、市、县、乡、村五级河（湖）长制，首创省、市、县、乡四级“双总河长”，独创省级领导人当河长，创新跨境河流互派河长试点，全省 4697 条河湖（含草海）设河（湖）长 22755 名。五是牵头建立赤水河流域跨省横向生态补偿机制，云南、贵州、四川三省签署补偿协议，按 1 ：5 ：4 比例出资 2 亿元设立补偿资金，形成成本共担、效益共享、合作共治的流域保护治理机制。六是建立政务数据共享开放机制，建立生态文明大数据应用模式基础制度，开展省级"三线一单"数据应用管理平台建设。七是深化旅游体制机制改革，构建大景区管委会体制，建立"管委会 + 公司"管理模式。八是构建生态环境法规体系和环境资源司法保护体系，实现环境资源审判工作全覆盖。率先出台省市两级层面生态文明建设地方性法规以及40余部配套制度，率先实施生态司法修复，建立磋商、司法确认和概括性授权等制度。九是构建形成以生态文明为主题的国际交流合作机制，成功举办十一届生态文明贵阳国际论坛，建立中外前政要、国际组织负责人组成的国际咨询会，建立论坛国际议题合作伙伴和战略合作伙伴体系，成立生态文明（贵州）研究院。十是率先出台生态文明建设目标评价考核办法，对各市（州）党委、政府开展"年度评价""年度考核"。率先开展领导干部自然资源资产离任审计。

（二）绿色经济发展态势良好

我省发展内生动力不断增强，实现了生态环境保护与经济社会发展的协同并进，截至2020年，经济增速连续10年位居全国前列，经济总量从十年前全国第26位上升到第20位，绿色经济占地区生产总值比重达到42%，万元地区生产总值能耗累计降低率居全国前列。

一是持续推进产业绿色转型。立足生态资源条件和产业发展实际，将生态利用型、循环高效型、低碳清洁型、环境治理型绿色经济"四型产业"作为发展绿色经济的关键点，发布实施大生态工程包，建立本土大生态企业库，培育一批具有重要影响力、带动力的本土大生态龙头企业，做大做强大生态领域市场主体。围绕十大千亿级工业企业产业振兴行动实施方案，深入实施"千企改造"工程，创建一批绿色园区和绿色工厂，发挥示范带动作用，引领工业绿色转型。二是做大做强特色优势产业。努力打通"两山"双向转换通道，促进农村产业升级，以规模化、标准化、品牌化和市场化为重点，不断提高经济发展的质量和效益，高位推动茶、食用菌、中药材、辣椒等12个农业特色优势产业做大做强，农业产业结构进一步优化。三是创新推动服务业发展。积极实施服务业创新发展十大工程，大力发展大数据、大旅游、大健康等生态环境友好型产业。坚持"全景式规划、全产业发展、全季节体验、全社会参与、全方位服务、全区域管理"的发展理念，扎实推进全国全域旅游示范省创建工作。积极推进国家级绿色金融改革创新试验区建设，设立全国首个“绿色金融”保险服务创新实验室。截至2020年，贵州数字经济增速连续5年居全国第一，大数据产业发展指数居全国第三，共创建国家5A级旅游景区8家、国家4A级旅游景区126家，旅游总收入5785.09亿元。

（三）生态环境质量持续改善

经过全面保护和系统整治，生态环境持续向好，山水林田湖草系统治理成效显著。2020年，森林覆盖率达61.51%，草原综合植被盖度达88%，县级及以上城市空气质量优良天数比率达99.4%，主要河流监测断面水质优良比例99.3%，出境断面水质优良率和中心城市集中式饮用水水源地水质达标率保持100%，世界自然遗产地数量居全国第一位，生态环境公众满意度居全国第二位。

一是继续推进国土绿化。大力创新国土绿化方式、绿色生态产业发展方式、森林质量提升方式、生态系统全域保护方式，连续7年在春节后开展省、市、县、乡、村五级干部义务植树活动。“十三五”累计完成营造林2988万亩，治理石漠化5234平方千米、治理水土流失13361平方千米，连续两年在国家七部委开展的水土保持规划实施情况评估中获优秀等次。2020年，全省森林面积1.58亿亩，国家森林城市2个、国家森林乡村273个。全省城市（县城）建成区绿地率36.6%，绿化覆盖率39%，城市公园607个，公园绿地服务半径覆盖率73.9%。二是强力推进污染攻坚及生态环境突出问题整改。深入推进蓝天保卫、碧水保卫、净土保卫、固废治理、乡村环境整治等污染防治“五场战役”，在2019年度国家污染防治攻坚战成效考核中评为优秀；实行挂牌督战、挂图作战、挂账销号“三挂”打法，扎实推进“双十工程”；狠抓中央生态环境保护督察及“回头看”，大力推动长江经济带生态环境突出问题整改。三是强势推进水生态文明保卫战。持续开展河湖“清四乱”常态化规范化，河湖水质持续好转，河（湖）长制工作连续三年受国务院激励表彰。全力推进贵阳市、黔南州、黔西南州国家级试点建设，积极打造12个省级水生态文明城市试点，积极开展水源涵养与水土保持建设行动、城乡供水安全保障行动、岩溶地区水资源利用与保护行动、节水减排和控源减负行动、河湖保护与治理修复行动等。四是积极推进长江经济带流域系统治理。

将城镇污水管网建设纳入基础设施“六网会战”，2020年，污水处理率达到96.02%。大力推行生活垃圾焚烧发电，全面推进生活垃圾分类，2020年全省城市（县城）生活垃圾无害化处理率达到94.68%，设市城市生活垃圾焚烧能力占比达到63%。贯彻落实“十年禁渔”令，全省长江流域20个国家级和1个省级水产种质资源保护区及其他重点水域实现全面禁捕，乌江、清水江等主要河流水质明显改善。

（四）生态脱贫取得显著成效

建立生态建设脱贫攻坚机制，实施生态扶贫十大工程，生态脱贫创新成效显著。“十三五”完成退耕还林1465万亩，覆盖贫困人口146.7万人；选聘18.28万名建档立卡贫困人口担任生态护林员，率先为护林员办理意外伤害险及见义勇为险；支持欠发达地区发展林下经济，全省林下经济产值超320亿元，覆盖贫困人口78.6万人。全省所有贫困县摘帽，圆满完成脱贫攻坚任务。

一是推进易地扶贫搬迁。探索形成“六个坚持”“五个体系”的政策体系和实施路径。全面完成192万人易地扶贫搬迁任务，“一举多得”的实践成果先后3次获国务院激励表彰，在党中央《砥砺奋进的五年》大型成就展中作为样板向全国展示。二是探索单株碳汇扶贫。按照“互联网＋生态建设＋精准扶贫”的思路，建立树木、碳汇价值、贫困户基本信息数据库，开发682个村单株碳汇资源，碳汇树446.2万余株，贫困户户均增收千余元。三是实施生态护林员保险。为生态护林员设立涵盖医疗、残疾、死亡等多种类别的综合性安全保险，有效解决生态护林员因灾、因病致贫、返贫问题。四是推动水电矿产资源开发资产收益扶贫。开展三个水电矿产资源开发资产收益扶贫改革试点，通过赎买、与其他资产进行置换等方式，解决了搬迁资金及搬迁对象后续保障问题，其覆盖区域内的建档立卡贫困户全部实现脱贫。五是建立了村集体股权收益保障制度。组建集体股权监督委员会，委托银行专业管理村集体股权。建立村集体股权收益权制度，颁发收益权证书。六是探索“两山”转化

模式。通过生态环境修复治理、强化区域国土空间管控、完善基础设施配套建设、探索全域旅游扶贫示范、创新山地旅游新兴业态等举措，推动滇

桂黔石漠化集中连片欠发达地区生态脱贫。

二、主要目标

到2025年，生态文明建设走在全国前列，国家生态文明试验区建设取得新的重大突破；生态屏障更加牢固，长江、珠江上游绿色生态屏障基本建立；绿色新动能加快培育壮大，绿色经济蓬勃发展，绿色高质量发展的标杆引领效应显著扩大；生态环境持续提升，现代化环境综合治理体系全面构建；生态文明体制机制逐步完善，生态文明建设制度体系基本健全；绿色理念深入人心，绿色生活方式更加普及，生态文明建设实现新进步。

——绿色生态产业竞争力显著提高。产业结构调整及绿色转型取得较大进展，绿色低碳循环发展的经济体系建立健全，以十大工业产业为核心的工业体系实现高端化智能化发展，以十二个农业特色优势产业为核心的现代高效农业体系不断完善，全域旅游发展新格局基本形成，一批科技含量高、资源消耗低、环境污染少的绿色生态产业集群逐步形成，绿色经济占地区生产总值比重提高到50%。

——能源资源利用更加集约高效。基本形成能源资源利用高效化与绿色产业发展相得益彰的转型发展新路径，能耗、水耗、物耗及污染物排放水平持续下降，清洁能源成为能源供给增量主体，水资源刚性约束不断强化，资源集约节约利用格局基本形成。国土空间开发强度、能源消费总量、单位地区生产总值能耗降低率、用水总量控制在国家下达目标内。

——优美生态环境供给更加充足。长江上游重要绿色生态屏障的战略地位持续巩固，突出生态环境问题得到基本解决，生态环境治理长效保障机制初步建立，绿色自然生态空间逐步扩大，生态产品供给能力显著增强，自然生态得到有效保护，生态环境质量持续保持全国一流水平，森林覆盖率达到64%，森林蓄积量达到7.0亿立方米以上，水土保持率达到75.05%，主要污染物排放和单位地区生产总值二氧化碳排放降低达到国家下达的目标要求，城市空气质量、地表水质量稳定保持优良水平。

——生态文明体制机制逐步完善。生态文明制度体系基本健全，生态文明体制改革顺利推进，生态产品价值实现机制更加健全，生态文明国际合作成果不断转化，生态环境治理体系和治理能力迈上新台阶，绿色、环保、节约的消费模式和生活方式得到普遍推行，兼顾资源环境承载力的生态文明发展道路基本铺就，全省生态文明建设进入新阶段。

展望2035年，生态安全屏障建设取得重大成果，绿色低碳循环体系转型取得重大突破，绿色生产生活方式广泛形成，城乡人居环境明显改善，生态文明建设达到更高水平，人与自然和谐共生的现代化建设取得重大进展，美丽贵州建设目标基本实现，成为引领西部地区绿色高质量发展的标杆。

表7–1 贵州省循环经济建设主要指标

指标		2020现状值	2025目标值	属性
增长质量	绿色经济占地区生产总值比重（%）	42	50	预期性
	数字经济占地区生产总值比重（%）	30左右	40以上	预期性
能源资源利用	单位地区生产总值使用建设用地下降率（%）		达到国家下达的目标要求	约束性
	单位地区生产总值能源消耗降低（%）	[24.3]	[13]以上	约束性
	单位地区生产总值二氧化碳排放降低（%）	1.73	[18]	约束性
	单位地区生产总值用水量下降率（%）	[32.2]	达到国家下达的目标要求	约束性
生态保护修复	生态保护红线比例（%）	26.06	达到国家下达的目标要求	约束性
	森林覆盖率（%）	61.51	64	约束性
	森林蓄积量（亿立方米）	6.09	7.0	约束性
	湿地保护率（%）	51.5	55以上	约束性
	新增水土流失治理面积（平方千米）	[13361]	[14900]	约束性
	水土保持率（%）	73.32	75.05	预期性
	石漠化综合治理面积（万公顷）	[52.34]	[35.5]	预期性
环境治理	中心城市空气质量优良天数比率（%）	99.2	达到国家下达的目标要求	约束性
	地表水国控断面达到或好于Ⅲ类水体比例（%）	98.2	达到国家下达的目标要求	约束性
	地表水国控断面劣于Ⅴ类水体比例（%）	0	0	约束性
	挥发性有机物减排量（万吨）		达到国家下达的目标要求	约束性
	氮氧化物排放减排量（万吨）	14.5	达到国家下达的目标要求	约束性
	化学需氧量排放减排量（万吨）	4.8	达到国家下达的目标要求	约束性
	氨氮排放减排量（万吨）	0.4	达到国家下达的目标要求	约束性

注：[]内为5年累计数。

三、优化国土空间开发保护格局

（一）构建高质量发展的国土空间布局

构建国土空间开发保护新格局。推进主体功能区战略落地落实，立足资源环境承载能力，科学有序统筹布局农业、生态、城镇等功能空间，优化重大基础设施、重大生产力和公共资源布局，逐步形成高质量发展的农产品主产区、生态功能区、城市化地区三大空间格局。推进农产品主产区大力发展特色优势农业，提升农业综合生产能力。推动生态功能区强化生态保护，加强生态涵养和生态治理修复，发展适宜的生态产业，提升生态产品供给能力，引导生态功能区人口逐步有序向城市化地区转移。加快城市化地区高效集聚经济和人口，提升产业发展能级，强化节约集约发展，打造城市“动力引擎”。基本形成生产空间集约高效、生活空间宜居适度、生态空间山清水秀的国土空间新格局。

建立健全国土空间规划体系。全力推进和实施“多规合一”，全面落实全国国土空间规划纲要，加快编制实施省、市、县、乡四级国土空间总体规划。有序推进相关专项规划、详细规划及村庄规划编制审批，指导和引领各类开发保护建设活动。在国土空间规划中统筹划定落实永久基本农田、生态保护红线、城镇开发边界三条控制线，强化传导落实，加强底线约束。建立常态化规划督查机制，建设国土空间规划“一张图”实施监督信息系统。推动构建统一的国土空间规划编制审批体系、实施监督体系、政策法规体系、技术标准体系。按照“一年一体检、五年一评估”，开展国土空间规划城市体检评估。

持续强化国土空间用途管制。以国土空间规划为依据，对所有国土空间分区分类实施用途管制，在城镇开发边界内的建设，实行“详细规划 + 规划许可”的管制方式；在城镇开发边界外的建设，按照主导用途分区，实行“详细规划 + 规划许可”和“约束指标 + 分区准入”的管制方式。按照国家统一安排部署，推进赤水市自然生态空间用途管制国家级试点。采取“长牙齿”的硬措施严守耕地红线，实行数量、质量、生态“三位一体”耕地保护，推动建立五级耕地保护“田长制”，有力有序开展农村乱占耕地建房问题整治，坚决遏制耕地“非农化”、防止“非粮化”。开展国土空间用途数字化、智能化、网络化建设，不断提高国土空间治理现代化水平和服务效能。

（二）强化自然生态空间保护

严守生态保护红线。加强重点生态功能区县域生态功能状况评价，推动制定实施重点生态功能区产业准入负面清单。推动生态保护红线内核心保护区和一般控制区实施差别化管控，严格执行落实国家和省生态保护红线管控要求。开展生态保护红线勘界定标，加强生态保护红线精准落地，在重要地段、重要拐点等关键控制点设置实体界桩及标识牌，推动纳入国土空间规划“一张图”管理。

加大自然保护地整合优化力度。按照保护面积不减少、保护强度不降低、保护性质不改变的总体要求，大力解决自然保护地区域交叉、空间重叠问题。其他各类自然保护地按照同级别保护强度优先、不同级别低级别服从高级别的原则进行整合，归并优化相邻自然保护地，按照自然生态系统完整、物种栖息地连通、保护管理统一的原则进行合并重组，合理确定归并后的自然保护地类型和功能定位，优化边界范围和功能分区，推动自然生态系统的整体保护。到 2025 年，自然保护地面积占全省面积达到 6.84% 以上。

建立健全以国家公园为主体的自然保护地体系。按照自然生态系统内在规律实行整体保护、系统修复、综合治理，理顺各类自然保护地管理体制，构建以国家公园为主体、自然保护区为基础，各类自然公园为补充的自然保护地体系。全面加强各级自然保护区、风景名胜区、地质公园、森林公园、湿地公园等自然保护地建设，按照国家最新出台的规程规范开展自然保护地的勘界立标工作。加强梵净山、草海、茂兰等国家级自然保护区及黄果树、赤水、荔波樟江等国家级风景名胜区等自然保护地建设。

完善自然保护地保护及管理机制。针对自然生态系统、自然遗迹和自然景观，开展自然植被和林相改造。利用现代高科技手段和装备，完善和提升资源管护、科研监测、公众教育和支撑能力系统，推进各级各类自然保护地监测网络体系建设，

构建天地空一体化、全覆盖、智慧化的立体保护网络。以自然恢复为主，辅以科学合理的人工措施，开展受损自然生态系统修复，促进重要栖息地恢

复和废弃地修复。分步建立自然保护地统一设置、分级管理、分区管控新体制。根据自然资源特征和管理目标，合理划定自然保护地功能分区，实行差别化保护管理。逐步建立与自然保护地建设成效相挂钩的生态补偿制度。积极探索全民共享机制，在保护的前提下，在自然保护地一般控制区内划定适当区域开展生态教育、自然体验、生态旅游等活动，构建高品质、多样化的生态产品体系。

（三）推动绿色新型城镇化建设

优化城镇区域规划布局。坚持集约发展，高效利用国土空间，结合资源环境承载能力，顺应区域交通格局变化和产业发展趋势，合理确定城镇体系空间布局，推动企业集中布局、产业集群发展、资源集约利用和城市功能集合优化。围绕全省城镇化实现“三个 100 万”的目标，着力构建以黔中城市群为主体，贵阳贵安为中心，贵阳—贵安—安顺都市圈、遵义都市圈为核心，六盘水、毕节、铜仁、凯里、都匀、兴义 6 个城镇组群为重点，盘州、威宁、仁怀等 10 个重要区域性城市为支点，一批县城和重点小城镇为节点的新型城镇化空间格局。加快推动贵阳、遵义、毕节新型城镇化发展，共同打造贵州发展“金三角”。

推动绿色城市建设。加强县城绿色低碳建设，制定《关于加强县城绿色低碳建设的工作方案》，开展县城绿色低碳建设试点。完善城镇园林绿化基础设施。完善城镇绿地系统，优化城市公园体系和绿道网络，有效保护建成区自然地貌、植被、水系、湿地等生态敏感区域。以创建园林城市（县城、城镇）为抓手，促进城镇园林绿化一体化融合发展，提质增量，提升城市生态环境效益。推动公园与城市融合，推进公园服务公平共享，提高公园绿地综合服务功能，提升城市人居环境质量。到 2025 年，城市（县城）建成区绿化覆盖率达 36%，创建国家园林城市 1 个，省级园林城市 3 个、园林县城 2 个、园林城镇 5 个；创建国家森林城市 2 个、省级森林城市 2 个，城市人均公园绿地面积达 11 平方米以上。

加快城镇能源环境基础设施建设。按照适度超前、功能配套、管理科学、安全高效的原则，推动城镇能源基础设施建设。加大城镇清洁能源消费比重，大力推进城镇以电、气代煤，以电代油，同步规划电动车发展与充电设施，因地制宜发展分布式能源和综合能源服务系统。因地制宜，建设生活垃圾焚烧终端处理设施，配套飞灰利用处理设施，进一步提高垃圾资源化利用比例。结合城镇发展改造，优化污水集中处理设施，提高管网收集能力，配套建设中水回用设施。结合流域水环境质量改善目标，推进污水处理厂提标改造和再生水利用。推进城乡厕所革命，配建补建固定公共厕所或移动式公共厕所、改造老旧公共厕所、增加无障碍厕位和第三卫生间等。到 2025 年，单体建筑面积超过 2 万平方米的新建公共建筑 100% 配建中水设施。

推动城镇自然生态和人文价值实现。根据城镇自身自然地理水文环境，依托山水脉络、自然格局，合理布局城镇空间，促进城镇自然生态价值实现。加强城市水土保持，强化城市化过程中水土流失预防和治理，合理规划弃土场（消纳场）建设，综合利用土石方。加强城镇人文环境建设，坚持以人为本，重视城镇人文功能，注重历史文化传承，保护城市历史格局，延续城市文脉，提高城镇规划建设管理的精细化水平，不断塑造城市特色品牌。在少数民族地区，推动少数民族文化特色与绿色城镇建设有机结合，建设民族特色城镇。

（四）打造生态宜居美丽乡村

扎实推进美丽乡村建设。建立完善村镇规划编制机制，开展、引导和支持设计下乡，强化村庄国土空间管控。以县域为单位，依托骨干水源工程建设，推动实施规模化供水工程建设和小型供水工程标准化改造，有条件的地方推进城乡供水一体化，不断提升农村供水保障及服务水平。严格实施农药化肥管控制度，高质量建设绿色优质农林产品基地。大力开展农村人居环境综合整治，深入实施农村垃圾治理水平提升工程，完善非正规垃圾堆放点整治长效机制，加强农村禽畜养殖污染物和

粪污综合利用，因地制宜推进农村生活污水治理，改善农村水环境质量。大力推进村庄绿化建设，倡导村庄义务植树活动，加强村庄周边、庭院宅旁、村内道路河渠两侧、公共场所和宜林自然山体绿化，提高村庄绿化覆盖率。按“一村一品、一村一景、一村一韵”要求，保护好村庄特色风貌和历史文脉。加强村庄规划管理，推动建筑、道路与自然景观和谐相融。探索构建乡风文明、村庄整洁的建、管、运长效机制。

统筹推动乡村产业及生态文化发展。发展特色生态农业和乡村休闲旅游，探索农村普惠金融，促进农村地区经济社会和生态环境协调发展。积极创建省级和国家级农业高新技术产业示范区。积极开展集自然生态、产业发展、利益链接、乡村治理、改革创新于一体的乡村振兴示范点，引导各类社会资本参与乡村振兴。统筹使用古村落保护专项资金，系统复活古村落传统风貌，积极发展休闲农庄、乡村客栈、文化驿站、特色民宿等乡村旅游新业态，打造一批宜居宜业宜游的古村落复兴示范村落。加大少数民族特色村寨、乡村传统村落和历史文化名村名镇保护及产业开发力度。推动黎从榕地区传统古村落建设，以肇兴侗寨为核心发展乡村生态康养旅游产业。建立健全古村复兴与闲置农房激活、大搬快聚联动机制，探索农村集体资产收益分配机制。

四、筑牢长江珠江上游生态安全屏障

（一）全面推进生态廊道建设

构建国家生态廊道体系。依托大娄山、武陵山、乌蒙山和苗岭四条主要山脉生态带和乌江、沅江、赤水河—綦江、牛栏江—横江、北盘江、南盘江、红水河和都柳江八大水系生态廊道，构建“四屏环绕、八水连通”生态安全格局。加强与周边省（市）协作，共建铜仁至洞庭湖、黔北经渝东南至神农架、黔北经川东平行岭谷至秦巴山、黔北经川南 / 川西至若尔盖湿地、威宁草海经川西至若尔盖湿地、黔西南—黔南—黔东南至武夷山区、黔西南至西双版纳、黔西南至桂西南等生态廊道，共同提升黑颈鹤等珍稀生物迁徙环境，提高全省生态保护区域连通性，强化生态廊道贯通性，协同建立和完善生态廊道保护网络系统，全面加强生态空间维护力度，筑牢长江、珠江上游生态安全屏障。

构建全域陆生野生动植物保护体系。实施珍稀濒危、极小种群野生动植物拯救保护。开展黔金丝猴人工繁育研究和贵州省候鸟迁徙通道调查，完善全省野生动物收容救护网络。加强珍稀濒危动植物栖息地保护与修复，促进物种就地保护。构建以植物园为主体，树木园和极小种群保育基地为补充的全省野生植物迁地保育体系，开展银杉、梵净山冷杉、滇桐、贵州金花茶、离蕊金花茶、小黄花茶、安龙油果樟、西畴青冈、仓背木莲等9种极度濒危物种的野外回归试验，促进种群复壮。实施生物多样性保护重大工程，强化外来物种管控。加强就地保护和迁地保护，完善保护网络体系，加强国家战略性生物资源保护。切实强化野生动植物保护管理监督，严厉打击乱捕滥猎野生动物行为，严肃查处破坏野生动植物资源案件。恢复生物多样性受破坏的区域，全面提升各级政府生物多样性保护与管理水平。

加强生物多样性监测调查基础能力建设。以生物多样性保护优先区域为重点，加强生物多样性基础监测和调查，及时掌握生物多样性动态变化趋势。建立健全野生动植物资源监测体系，定期组织开展全省重点保护野生动植物资源本底调查，摸清全省重点保护野生动植物资源家底。大力推进黔金丝猴、黑叶猴专项调查。完善全省野生动植物资源监测体系，加强野生动植物及其重要栖息地（生境）监测。建立和完善各级监测站点基础设施，增加疫病监测防控物资储备，全面提高陆生野生动物疫源疫病监测防控能力。形成全省陆生野生动物疫源疫病监测防控管理体系，并在黔东南、黔西南、铜仁、遵义、毕节、安顺、六盘水新建7个省级陆生野生动物疫源疫病监测站，加强现有15个国家级陆生野生动物疫源疫病监测站和贵阳市省级陆生野生动物疫源疫病监测站标准化建设。

（二）推动生态系统保护修复

加快实施山水林田湖草一体化保护和修复。健全生态保护修复多元化投入制度，完善生态保护修复统筹协调机制，统筹安排生态保护修复重大工程。在乌蒙山、武陵山、桂黔滇石漠化等三大片区组织开展山水林田湖草一体化保护修复、生物多样性保护、长江上中游岩溶地区石漠化综合治理修复、水土流失综合治理修复。在赤水河、乌江等重要流域、重点区域组织开展水源涵养水土保持、生物多样性保护修复和历史遗留矿山生态修复，以及森林、草原、湿地等自然生态系统保护修复。

完善天然林保护修复。深入实施林长制，加快建立以天然林为主体的健康稳定、连续完整的森林生态系统。全面落实天然林保护责任，完善天然林全面保护、系统修复、用途管控、权责明确的天然林保护修复制度体系，探索建立科学的天然林管护、经营管理和后备资源培育制度。加强森林抚育和退化林修复，提高森林质量和效益。做好生态护林员续聘工作。加强森林资源管护和公益林建设，完善地方公益林管理办法，地方公益林补偿标准与国家标准保持一致。大力实施赤水河流域国家储备林建设系统性工程，根据各县实际，争取将赤水河流域符合国家级公益林区条件的森林（含地方公益林）按程序申请纳入国家级公益林。持续开展森林资源保护专项行动。加强森林防火和林业有害生物防治，严控森林火灾受害率和林业有害生物成灾率。到2025年，国家储备林建设面积达到1098万亩。

推进水生态系统修复。针对重点水域生态突出问题，从生态整体性和流域系统性出发，因地制宜，分类施策，实施重大水生态保护与修复工程，稳步推进赤水河、乌江、沅江、清水江、都柳江、南北盘江、红水河等重点流域水污染治理和生态修复，推进中小河流治理、水系连通及水美乡村试点县建设，维持水生态廊道功能。到2025年，主要河流出境断面水质优良率保持在100%。建立完善涉水空间管控制度，对水生态空间超载区进行发展布局调整，退还或恢复水生态空间。加强河湖生态流量管理调度，针对重点河湖生态流量进行实时监测、预警提醒、巡查管理，对未达到管控目标的水电站等发出预警提示函并督促整改，确保落实河湖生态需水。积极推进绿色水电创建，优化水电站调度方案，保障电站下泄生态流量。

加强湿地生态系统保护修复。落实国家湿地保护修复制度，开展全省湿地认定工作，发布省级重要湿地名录和一般湿地名录，建立湿地资源管理一张图，确保全省自然湿地面积不减少。加大对湿地的自然恢复、污染治理、水系连通、植被恢复、栖息地恢复和外来有害生物防控力度，建立湿地生态补水机制，维持湿地自然水位需求，加强退化湿地修复，全面提升湿地生态功能，提高湿地保护率。建立健全地方政府湿地保护考评机制，加强依法保护湿地。到2025年，湿地保护率达到55%以上。

加强草地生态系统保护修复。坚持生态优先和草畜平衡原则，采取人工种草、草地改良、围栏封育等工程措施，实施退化草原修复，着力提高草地质量。开展草地监测和草畜平衡调控，防止超载过牧，实现草地资源的永续利用。对严重退化、石漠化和生态脆弱区的草地，严格实行禁牧休牧。保障全域草地生态安全。到2025年，治理退化草原100万亩，草畜平衡率

70%。

科学推进石漠化综合治理。强化石漠化分类治理，对重度以上石漠化区域，以封山育林育草为主，增加林草植被。中度石漠化区域，适度开展植树造林、人工种草和草地改良，调整种植业结构。轻度石漠化区域，推广生态经济型综合治理模式，在恢复林草植被的同时发展林业经济和草食畜牧业。加大植被保护与修复，严格保护石山植被，科学封山育林育草和造林种草，提升植被质量。推广优良树种草种、困难立地造林种草技术。到2025年，石漠化综合治理面积35.5万公顷。

加强矿山生态系统性修复。全面调查省内废弃矿山和在采矿山现状、权属等情况，形成全省矿山生态情况清单。充分考虑矿山现状和开发潜力、土地利用情况、水资源和地质环境安全状况，客观评价矿山生态保护修复适宜性。坚持节约优先、保护优先、自然恢复为主的方针，开展重点区域历史遗留矿山生态修复，加大矿山生态修复和矿区土地修复后综合利用，合理利用废弃矿山土石料，提升矿山生态修复的经济效益。全面推行绿色矿业政策，加大矿山植被恢复和地质环境综合治理。持续推进锰矿矿山整治，全面根治“锰三角”松桃地区环境污染整治死角。加强磷矿矿区地灾治理和矿山迹地生态修复。建立健全矿山环境保护与治理体系、监督管理体系及预测预报体系，推动矿产资源开发和矿山环境保护的法制化管理。到2025年，历史遗留矿山恢复治理1000公顷。

构建地质灾害综合防治体系。推进全省88个县（市、区、特区）地质灾害详细调查和风险评价，动态更新全省地质灾害数据库，编制完成省、市、县三级地质灾害风险区划图。以我省地质灾害综合防治“1155”大数据平台为基础，不断完善地质灾害自动化监测网络，提升专业监测预警平台的覆盖面和精准度，提升地质灾害气象风险预警预报工作精细化、精准化能力，形成点面结合、科学有效的地质灾害风险预警预报模式，显著提升全省的地质灾害监测预警水平与防治管理支撑能力。结合生态宜居、新型基础设施、新型城镇化等建设工程，实施地质灾害综合治理，最大限度保障人民群众生命安全。加强人才队伍建设，提高全省地质灾害防治技术装备保障水平，持续创新增强地质灾害防治能力建设。

加强生物遗传资源保护与生物安全管理。建立生物遗传资源及相关传统知识获取与惠益分享制度，规范生物遗传资源采集、保存、交换、合作研究和开发利用活动，加强出境监管，防止生物遗传资源流失。实施物种资源保护与恢复行动。加快推进生物育种研发与应用，加强农业转基因生物研发监管，加强环保用微生物菌剂环境安全监管。积极防控外来物种入侵，加强外来物种引入管理和外来入侵物种口岸防控，开展外来物种入侵调查、综合治理和生态影响评价，加强入侵机理、扩散途径、应对措施和开发利用途径研究，建立监测预警及风险管理机制，探索推进生物安全和外来入侵物种管理制度化进程。到 2025 年，建立 10 处省级以上林木种质资源库。

（三）强化流域整体系统修复

全面推进河湖综合性治理和生态修复。从“盆”、“水”、生物、社会服务功能等方面科学评估全省河湖健康状态。加强河湖空间管控，稳步推进流域面积 50 平方千米以下河湖管理范围划定和重点河湖水域岸线保护与利用规划编制，明确分区管控要求。积极开展“美丽河湖”保护与建设，打造一批示范性河湖样板。加强重要江河湖库水质保护，严格落实区域供排水通道保护要求，优化调整饮用水源布局。统筹重点流域和湖泊点源、面源污染防治和河湖生态修复，完善重点流域产业准入负面清单，调整大江大湖沿岸产业布局，对高污染风险企业实施搬迁，严厉打击非法采砂、侵占河湖等行为，强化重点湖库水体富营养化防控。推动设立巡河员、护河员、河道保洁员等公益岗位，健全基层河湖保护队伍，构建全方位、一体化、多层次的河湖保护格局。

实施水土流失综合治理。对水土流失严重区域，加快治理速度，补齐生态系统短板。结合生态系统保护修复重大工程，对生态功能区的水土流失，以保护和自然恢复为主，提升治理质量和效益。围绕增强农业生产能力、调整产业结构、农民增产增收，开展坡耕地和小流域综合治理，加强农业基础设施建设。加强林草地建设，强化面山绿化和公路沿线破损山体综合整治。因地制宜推进生态清洁小流域建设，提高水土保持率。实施省内主要水系流域水土流失综合防治重大工程，采取“以奖代补”“先建后补”等模式，对赤水河流域和毕节新发展理念示范区等水土流失侵蚀强烈的区域进行攻坚治理。全面加强生产建设项目水土保持监管，防治和减少人为水土流失，大力推进水土保持示范创建。到2025年，水土流失综合治理面积149万公顷。

健全水生态环境管理。优化实施以控制断面和水功能区相结合为基础的地表水环境质量目标管理，逐步建立包括流域—水功能区—控制单元—行政辖区—网格五个层级、覆盖全省的流域空间管控体系。制定实施以流域为单位、以行政区域为主体、以控制断面为节点的水质巩固提升规划，重点针对不达标断面制定限期达标规划。有序推进入河排污口排查整治工作，逐步完善入河排污口管理长效机制。推进“排污水体—入河排污口—排污管线—污染源”全链条管理。着力加强河湖管理保护，推动河（湖）长制向“全面见效”转变，提高河（湖）长制管理效能。探索设置流域河长，由干流河长担任流域河长，通过设立流域+区域河湖长，进一步补齐流域统筹短板，建立完善流域河湖长纵向协作机制和横向联动机制，形成全社会参与、多元共治的河湖管理格局。完善跨流域、跨行政区域河湖管理保护的协调联动机制，强化跨界河流污染联防联治，严格环境执法，强化重点污染源环境监管。推进水资源和水环境监测数据共享，开展生态流量监测预警，保障河湖基本生态用水。

落实水资源刚性约束。推进落实国家节水行动，坚持以水而定、量水而行的原则，实施用水总量与用水效率双控，强化节水约束性指标管理，健全省、市、县三级行政区域用水总量、用水强度控制指标体系。加快推进江河水量分配，严格用水总量红线控制，合理确定经济社会发展结构和规模，坚决抑制不合理用水需求。全面开展节水型社会建设和节水型城市建设。严格实行取水许可制度，强化重点取用水户取水计量在线监控，加强取水口监督管理。严格规划与建设项目水资源论证、取水许可管理、水资源费征收的事中事后监管。建立水资源承载力监测预警机制，全面监管水资源的节约、开发、利用、保护、配置、调度等各环节。实行最严格水资源管理制度考核，严重缺水地区要将节水作为约束性指标纳入政绩考核。

实施“美丽水库”建设。围绕“因水而美、因美而富”的思路，做好“水文章”，在保障水库功能效益正常发挥和水库安全稳定运行的前提下，盘活水库水资源存量，吸引外来资金注入，大力探索“水美＋休闲＋旅游＋体育＋健身＋康养”等经济发展新模式，助力乡村振兴。在水库管理范围及周边营造水文化氛围，弘扬水文化，引导周边群众参与水生态建设，增强群众节水、爱水、护水意识，营造爱护水生态环境、保护水资源的良好社会风气。

（四）推进赤水河生态保护修复

加快赤水河流域突出问题整改。围绕赤水河流域水污染、非法捕捞、水电开发、河道整治、旅游开发等方面的突出问题，全面开展拉网式排查，建立问题台账，细化整改任务，明确整改目标、整改时限、责任单位、督导单位，严格销号验收标准，研究提出有针对性、可操作性的整改措施并逐一落实。加大与国家层面对接力度，有序推进小水电清理整改，基本消除小水电对赤水河流域生态环境的负面影响。常态化开展河湖“四乱”问题排查整治，建立河湖问题排查整改销号制度，建立赤水河流域河湖“四乱”问题定期报告制度。全面落实长江流域重点水域十年禁渔要求，严厉打击非法捕捞行为。开展航道整治工程专项排查行动，系统梳理掌握并消除各类生态环境风险隐患。开展赤水河流域旅游开发领域专项整治行动，重点排查旅游规划环评手续等情况。

加强流域规划编制与空间管控。统一规划赤水河流域综合保护和产业发展。充分发挥规划对推进赤水河流域生态环境保护和绿色发展的引领、指导和约束作用。编制赤水河流域保护综合规划、产业发展规划、专项规划。鼓励依托赤水河流域特有的资源，发展农产品深加工等产业，发展地方特色优势种植业、林业和旅游业。实行流域管理与行政区域管理相结合的管理体制，行政区域管理服从流域管理。以行政区域为单元，统筹考虑赤水河流域整体范围内的生态优先绿色发展，在资源环境承载能力和国土空间开发适宜性评价基础上，全面开展流域内各县（市、区）空间规划编制。严格落实主体功能区战略，全面构建流域水生态和陆地生态安全的空间格局。

加强生态建设与环境保护。加强污水和垃圾的无害化、资源化处理等生态环境保护基础设施建设，制定工作计划并纳入流域保护目标责任制。鼓励、支持社会资本参与投资、建设、运营污水、垃圾集中处理等环境保护项目。加强赤水河干流、支流沿岸村寨污水管网连接、农村厕所改造等人居环境工程建设。推动赤水河干流、支流沿岸乡镇、村寨、居民集中区按照相关标准设置生活垃圾分类收集、集中转运、无害化处理设施。赤水河流域禁止使用剧毒、高毒、禁用的农药，依法划定禁止建设规模化畜禽养殖场的区域，禁止占用或者征收、征用流域内的生态公益林地。积极采取封山育林、植树造林、种竹种草等措施，增加林草植被，增强水源涵养能力。重点水污染物实行排放总量控制制度，加强排污口规范化建设。依法实行河（湖）长制，分级分段开展江河、湖泊的水资源保护、水域岸线管理、水污染防治、水环境治理。到 2025 年，实现流域县级以上城市生活污水处理率达到 97% 以上，畜禽粪肥综合利用率达到 80% 以上，水土保持率达到 76% 以上，湿地保护率达到 55% 以上。

加强跨区域联合保护。加快与云南省、四川省建立跨行政区域的联席会议协调机制，统筹协调赤水河流域保护的重大事项，推动规划编制、生态补偿、产业布局、文化保护、执法联动等领域的跨行政区域合作。将生态补偿断面监测、考核评价结果等要素作为省级人民政府之间生态保护补偿的依据。建立健全生态环境联合预防预警机制。加强对跨境河流交界断面的水质、水量监测。建立非法取水、倾倒垃圾、侵占河道、违法利用岸线、非法捕捞等环境违法行为相互告知制度，及时通报违法行为处理情况，开展违法行为协同执法。加强水量调度和生态流量管控，联合开展跨行政区域河流生态流量调度、监测及监督检查。协同推进赤水河流域内交通基础设施建设，实现流域内省、市、县际路网互联互通。严格执行国家产业结构调整指导目录，统一监督管理、行政处罚裁量等执行标准。

武陵山区山水林田湖草沙一体化保护和修复工程。重点针对生物多样性下降、石漠化、水土流失、矿山地质环境破坏等生态环境问题，实施保护保育、林业生态功能提升、河道水环境综合整治、农田生态功能提升、矿山生态环境修复、道路与居民区缓冲带建设 6 大类工程，修复矿山 258 处，面积 700 公顷，土地整治 12662 公顷，实现区域森林覆盖率提升至 63%，废弃矿山修复率达到 50% 的目标。

生态保护和修复工程。建设苗岭、大娄山、乌蒙山、武陵山四大山脉生态廊道和乌江、沅江、赤水河、牛栏江—横江、南北盘江、红水河、都柳江等重点河流生态保护带。重点实施武陵山区、乌江中游、黔中两湖水源地等区域675座矿山修复、水土流失综合治理、1万公顷土地综合整治、重点流域水生态修复、重金属污染治理、重点治理区地质灾害防治等，实现区域综合植被盖度达到88%，水土保持率达到75.05%，乌江源和锦江河水功能区水质达标率达到80%以上。

珍稀濒危野生动植物拯救保护工程。推进赤水河流域河滨缓冲带生态修复、特有鱼类典型栖息地修复试点。推动黔金丝猴人工繁育研究，开展银杉、梵净山冷杉、贵州金花茶、离蕊金花茶、小黄花茶、安龙油果樟、西畴青冈、滇桐、仓背木莲等9种极度濒危物种野外回归。改造我省中亚热带高原珍稀植物园、黔北植物园，新建黔东北、黔东南、黔西南3个植物园和1个兰科植物保育中心，以及贵阳、雷公山2个野生动物收容救护中心。

水生态修复与治理工程。推进龙里、黔西等地水美乡村建设，争取国家支持，扩大试点范围。加大河道清淤疏浚力度，提高江湖调蓄能力。实施清水江、㵲阳河等流域面积3000平方千米以上大江大河主要支流和流域面积200平方千米—3000平方千米中小河流系统治理，综合治理河道2300千米，保护人口250万人，保护耕地130余万亩。实施都匀市清水江剑江河段水生态修复与治理工程。

石漠化综合治理工程。采取封山育林、科学造林等方式治理林地石漠化面积16.8万公顷，采取调整种植业结构、发展生态产业等方式治理耕地石漠化面积13.3万公顷，采取草地改良、人工种草等方式治理草地石漠化面积0.9万公顷，采取黔石保护性开发、发展生态旅游等方式治理重度石漠化面积4.5万公顷。

矿山地质环境恢复治理工程。推进绿色矿山建设，加快市场化方式推进矿山生态修复，拓宽社会资本和民间资本参与生态修复范围和方式，探索矿山生态修复新模式。重点推进盘州、钟山、金沙、福泉、息烽、凯里、沿河、赫章等历史遗留矿山生态修复示范区建设。

地质灾害综合防治工程。按照一般区域1 ∶ 5万精度、重点区1 ∶ 1万精度开展地质灾害调查评价，推进全省88个县（市、区、特区）地质灾害详细调查和风险评价，提出隐患点和风险斜坡‘点面双控’风险管理措施。

通过工程治理，有效消除240余处地质灾害隐患点的威胁；对难以消除和工程治理难度大的地质灾害隐患点，实施地质灾害避险移民搬迁。

水库建设工程。开展水利“百库大会战”，建成夹岩水利枢纽及黔西北调水工程、黄家湾水利枢纽、凤山水库，推进观音、花滩子、宣威、石龙、车坝河、英武、玉龙、甲摆、美女山、忠诚等大型水库建设。完成凹水河水库、赖子河水库等中小型水库及输配水网建设，新建安顺偏坡、黔东南下尧等90座中小型水库及配套水网，因地制宜实施引提水和连通工程，加快构建互联互通、合理高效、绿色智能、安全可靠的贵州大水网。围绕道路硬化、库区亮化、环境美化等方面，实施水库环境整治升级，打造一库一景。

赤水河流域生态优先发展工程。开展赤水河生态安全调查与评估。开展小水电开发、水污染、非法捕捞、航道整治、旅游开发等问题整改，实施流域城镇污水垃圾处理、农村环境综合治理、水土流失治理等专项行动，实现流域县级以上城市生活污水处理率达到96%以上，畜禽粪肥综合利用率达到80%以上，水土保持率达到76%以上，湿地保护率达到55%以上。

五、推动绿色低碳循环经济体系建设

（一）推动工业绿色高端发展

1. 推动产业集聚集约发展

加快产业集聚区建设。推进新型工业化，实施工业强省战略，大力实施工业倍增行动，聚焦十大工业产业，做大做强传统优势产业，做优做特地方特色产业，做专做精新兴潜力产业，加快构建上中下游产业有效衔接、功能配套完善的产业集群，打造以高端化、绿色化、集约化为基本特征的贵州现代工业体系，形成“一核两带”的空间布局。以贵阳为中心打造黔中产业创新核心区，完善贵阳在研发设计、投融资方面的生产性服务功能，提升对周边市（州）产业的辐射和带动能力。以遵义、铜仁、毕节、六盘水、安顺为核心节点，推动黔北（西北）一带产业转型升级，大力发展优质白酒产业、高端装备制造业、资源精深加工产业、煤电铝循环产业。以黔东南、黔南、黔西南为核心节点，承接中东部地区生态友好型产业转移，建设新型磷化工、生态特色食品、健康医药产业集群，打造黔南产业协同推进带。以大龙经开区、碧江经开区等重点园区为载体，依托铜仁生态环境和锰资源优势，重点布局发展锰及锰加工新型功能材料产业，打造国家级新型功能材料产业集群。以贵阳—贵安—安顺都市圈为核心，重点布局发展大数据电子信息、先进装备制造、信息安全等产业，着力打造以高技术为引领的创新型电子信息和高端装备制造核心区，建设全国一体化大数据中心国家枢纽节点。着力打造世界酱香白酒产业集聚区、全国大数据电子信息产业集聚区，全国重要能源基地、磷煤化工产业基地、新型功能材料产业基地、绿色食品工业基地、中药（民族药）生产加工基地、高端装备制造及应用基地等“两区六基地”。到2025年，实现工业大突破，规模以上工业增加值年均增长8%左右，制造业增加值占地区生产总值比重达到25%以上，园区规模以上工业产值占全省规模以上工业总产值的比重达到80%以上。

2. 推动产业高端智能化转型

推动资源依赖型产业高端化发展。提升基础能源产业绿色化发展水平。依法依规推动煤炭、化工等行业淘汰落后产能，加快推进毕水兴煤炭及煤层气、岑巩页岩气等综合利用示范基地建设，推进洗中煤、煤泥发电及综合利用，构建“煤—电—建材”产业链。大力发展烯烃、乙二醇、聚酯等精深加工产品，构建“煤—焦—化”等煤基多联产产业链；推进磷化工产业精细化发展，加快培育磷基新型肥料、精细磷酸盐产品、有机磷化学品等高端磷化工产品，构建“矿—肥＋盐＋高端水溶肥／液体肥＋精细磷化工—资源综合利用”产业链；改造升级发展钡、氟、橡胶等特色化工产业链。发展铝锰精深加工，构建“铝矿开采—氧化铝—电解铝—铝加工”“锰矿开采和冶炼—锰系材料—新能源和电子等行业锰系新材料—锰资源回收利用”一体化产业链条。

推动特色工业产业提质增效。发展优质烟酒产业，优化卷烟产品层次，做大做强一、二类卷烟，不断丰富“贵烟”产品链；推进白酒产品梯度发展，支持茅台集团瞄准国际标准生产，打造世界酱香白酒产业基地；支持习酒、茅台王子酒、清酒等十大名酒企业创建国家品牌试点，推动白酒产业与文化和旅游融合发展，提升白酒全产业链的发展效能。到2025年，白酒产量达到60万千升，白酒产业产值达到2500亿元，优质烟酒产业产值达到3000亿元。

壮大生态特色食品产业，着力发展以辣椒系列产品为代表和具有民族风味的调味品，同步发展肉制品、茶叶制品、竹制品、天然饮用水产品、粮油制品、果蔬食品和乳制品等，促进特色食品向“专精特新”发展。到2025年，生态特色食品产业产值达到2000亿元。提升健康医药产业发展效能，开展中药材精深加工，推进以苗药为重点的中药、民族药产品开发，加快化学原料药及制剂品发展，加强生物医药研发与培育，提升“黔药”品牌知名度和影响力。到2025年，健康医药产业产值达到1400亿元。

提升战略新兴产业智造水平。做强做优大数据电子信息产业，重点发展软件开发、云服务、电子元器件、智能终端、新型显示、集成电路等产品服务，打造数据中心、智能终端、数据应用“三个千亿级产业集群”。加强微波元器件及组件、高频片式电子元件、高端机电组件、功率半导体器件等电子元器件关键共性技术攻关，推动电子元器件向微型化、集成化、智能化、高精度及高可靠性方向发展，加强超高清、曲面显示、AMOLED等关键工艺技术攻关，提升高清显示的基础创新能力。发展壮大手机、平板、穿戴设备等终端制造、服务器制造以及中大尺寸液晶电视、裸眼3D电视、高清电视等新型显示整机产品。以LED、物联网、航空电子细分领域为切入点，培育集成电路产业，拓展发展“芯片—软件—整机—系统—信息服务”的大数据产业链。到2025年，大数据电子信息产业总产值突破3500亿元。重点在汽车、航空、航天、工程机械等领域，深入推进离散型制造、网络协同制造、远程运维服务等智能制造试点示范。到2025年，培育5个智能制造生产示范基地。开展建材产业水泥混凝土、玻璃、墙材等传统产品智能化改造，提升关键设备智能化水平，逐步完成全生产流程数字化。

3. 全面打造绿色制造载体

提升园区绿色化发展水平。以清镇经济开发区等为重点，适度发展20个国家或省级的绿色产业示范基地，打造产业高质量发展、资源能源梯级利用、污染物集中高效处置的样板。以福泉、开阳、息烽、瓮安、大方、水城、黔西、纳雍、织金、炉碧等重点煤磷铝相关资源型产业园区为重点，推动园区实施绿色改造。严把园区项目准入关，严格控制高环境承载、高环境风险项目入园。优化园区能源利用结构，不断提高能源产出率和清洁能源使用比例。推动园区及企业污染物排放治理，建立健全环境监管治理长效机制，完善园区环保基础设施建设。

推动企业升级改造和园区污染源整治。加强园区内水资源循环利用，推动供水、污水等基础设施绿色化改造，加强污水处理和循环再利用。促进园区内企业废物资源的交换利用，通过链接共生、原料互供和资源共享，提高资源利用效率。到 2025 年，绿色工业园区占开发区比重达到 50% 以上。建设绿色供应链体系。在能源、电力、化工、新材料、食品、医药等行业，加强重点用能单位绿色工厂创建，以茅台酒厂、贵州磷化、盘江煤电等龙头企业为重点，引导企业采用全生命周期理念，优先选用绿色工艺、技术和设备，实现能源资源高效利用。在重点行业打造绿色供应链体系，推动产品绿色化，创建绿色设计产品，从资源环境最优角度系统考虑原材料选用、生产、销售、使用、回收、处理等各个环节，实现产品能源资源消耗最低化、生态环境影响最小化、可再生率最大化。持续开展清洁生产审核工作，加大高污染高能耗行业企业强制清洁生产力度，加快清洁生产技术推广应用，严格限制重点行业有毒有害物质使用，降低污染排放强度。

（二）发展现代山地特色高效农业

1. 大力发展新型特色种植业

持续发展壮大特色优势产业。因地制宜发展“一县一业”“一村一品”，统筹做好产业规划、品种布局，重点培育茶、蔬菜、辣椒、食用菌、水果、中药材等特色优势产业，重点培育辣椒、食用菌、中药材、竹、刺梨等 5 个产值超 100 亿元产业集群。推进国家农业绿色发展先行区建设，以打造“干净茶”为核心，建设一批绿色茶园示范基地，重点培育以“贵州绿茶”为引领，红茶、黑茶、抹茶等并举的茶产品结构，到 2025 年，确保全省茶园面积稳定在 750 万亩。优化蔬菜产业空间布局，建设夏秋喜凉蔬菜种植区、建设冬春喜温蔬菜和茎叶花类蔬菜种植区，实施蔬菜产业发展提升行动，到 2025 年，蔬菜种植面积稳定在 1800 万亩，建成我国南方重要的夏秋蔬菜基地和名特优蔬菜基地。大力推广和引进特色优势辣椒品种，建设一批生态化种植示范基地，到 2025 年，辣椒年种植面积稳定在 500 万亩以上，规模化基地良种覆盖率达 96% 以上。开展食用菌优良新品种选育、提纯复壮和引进示范推广，建设一批标准化生产基地，到2025年，食用菌种植规模达到55亿棒（万亩），基本建成我国优质竹荪产业集群和南方高品质夏菇主产区。促进我省优势特色水果产业集群发展，到2025年，猕猴桃、优质李、蓝莓、百香果、火龙果、特色樱桃等优势水果发展效益进一步凸显，水果种植面积稳定在1000万亩以上。抓好药材基地建设，重点发展天麻、白及、黄精、石斛、淫羊藿等品种；深入推进药食同源试点，打造“贵州三宝”、铁皮石斛、黄精、薏仁米等一批黔药区域品种和品牌，到2025年，发展50个规模化标准化中药材生产示范基地，中药材种植面积稳定在750万亩、产量275万吨，产值300亿元，成为全国道地药材主要产区。

推进绿色农产品加工业发展。立足全省农业资源禀赋，以现代农业示范区为重点，大力发展工农复合型产业体系，围绕十二个农业特色优势产业，因地制宜，分级分类推进绿色农产品加工，支持专业合作社、家庭农场、小微企业和专业大户发展农产品初加工，支持大中型农业企业发展绿色农产品精深加工，推动初加工、精深加工、综合利用加工协调发展。加快生物、环保、工程、信息等技术集成应用，促进多层次、多内容加工，实现多方面、多环节增值。深入推进农产品深加工高成长企业培育工作，将首批16个单品和企业打造为具有一定知名度和影响力的龙头。着力发展综合利用加工业，鼓励和支持农业产业化重点龙头企业和农产品加工基地，推进加工副产物循环利用、全值利用、梯次利用。到2025年，全省农产品加工转化率70%以上，农产品加工产值超过8000亿元。

推进农旅融合发展。推动农业与文化、旅游、康养等深度融合。在城市周边，依托都市农业生产生态资源和城郊区位优势，发展环城市休闲农业和乡村旅游。在景区周边，依托秀美山川、湖泊河流、草场湿地等吸引物，发展生态型、度假型休闲农业和乡村旅游。依托稻田、花海、梯田、茶园等田园风光，发展特色型、体验型休闲农业和乡村旅游，打造一批特色茶旅一体化项目。依托我省常年700万亩油菜种植面积的优势，大力发展赏花旅游、赏花经济。重点在沪昆、杭瑞、银百、余安、花安高速，贵广、沪昆、成贵高铁等沿线适宜油菜种植区域种植多彩油菜，打造“醉美高速·多彩油菜”春季赏花主题游精品线路，形成“卖风景、卖花蜜、卖菜油、卖土特产”的

"油菜+经济"，提升油菜种植效益和农民收益。围绕城市郊区、农业园区建设50个现代休闲观光农业示范基地。到2025年，全省休闲农业与乡村旅游营业收入190亿元，带动就业人数30万人，带动增收75亿元，新增全国休闲农业重点县8个，中国美丽休闲乡村20个。

2. 着力建设高效生态林业

优化林业产业建设格局。推动林业由"扩面"向"提质"转变，聚焦优势区域协调发展。审（认）定林草品种15个以上。加强以竹、油茶、花椒、皂角、核桃、刺梨等为主的特色林业产业基地建设，实现林业产业基地化，到2025年，新增林下经济利用面积1000万亩。推动竹产业高端化、绿色化发展，着力打造大娄山、武陵山、赤水河、清水江"两山两水"竹产业带，着力推动竹产业扩面提质、品牌建设、康旅融合。加快油茶良种繁育体系建设，积极构建武陵山、九万大山、南北盘江区域、清水江、都柳江、㵲阳河等油茶产业带，到2025年，油茶种植面积达到330万亩。积极推动务川、道真、习水、桐梓、德江、思南县等花椒产业带建设，以及织金、纳雍、黔西、大方等皂角产业带建设。推进核桃产业提质增效，建设赫章、盘州、大方、七星关区、威宁等核桃产业带，到2025年，完成核桃低产林改造200万亩。推动刺梨产业提质发展，加强贵州刺梨基地建设，黔南州、六盘水、毕节市等刺梨产业带，到2025年，刺梨种植面积达到230万亩。

推动林业精深优发展。大力发展林下经济，助力乡村振兴。建设一批林下菌业、林下中药材、林下养殖等示范基地，打造一批"黔西北冬荪、红托竹荪""黔南及黔北石斛""黔北及黔西北乌骨鸡""云贵高原型中蜂""黔东南小香鸡""太子参""天麻""铁皮石斛""榕江草珊瑚"等优质产品。深入贯彻"生态+"产业融合发展模式，围绕森林公园、湿地公园、自然保护区、国有林场等优质旅游资源，打造一批森林康养基地和森林休闲养生产品，探索创建森林休闲养生城市。积极培育林产品精深加工产业园和综合体，大力发展果品、木本粮油、药业、林木制品等多个领域精深加工产品，延伸林业产业链，提升林产品附加值。

3. 积极发展生态畜牧渔业

促进生态畜牧业高质量发展。推动生猪生态化发展，着力提升生猪良种化、标准化、规模化、品牌化、绿色化和融合化“六化”水平，大力推进地方优质特色肉猪生产，推广生猪全产业链发展模式，加快形成布局合理、生产高效、资源节约、环境友好、产销协调的生猪产业发展新格局，到2025年，生猪出栏达到2150万头。推动牛羊生态化养殖，加快构建“良种繁育体系、饲草料供给体系、屠宰加工体系、市场营销体系”，加快打造全国优质牛羊肉供应基地，积极打造“贵州黄牛”“贵州公羊”公共品牌，提升贵州牛羊整体品牌价值，到2025年，出栏肉牛达230万头、肉羊达350万只。优化发展生态家禽，加强对长顺绿壳蛋鸡、乌蒙乌骨鸡、竹乡鸡、黔东南小香鸡等地方特色品种资源保护与开发。重点支持以科技支撑、良种繁育、物流配送为重点的黔中优质禽（蛋）产业带，以长顺绿壳蛋为重点的黔南特色禽（蛋）产业带，以竹乡鸡为重点的黔北生态家禽（蛋）产业带，以乌蒙乌骨鸡为重点的黔西北乌骨鸡特色肉禽产业带，以小香鸡、绿壳蛋鸡为重点的黔东南、黔南特色家禽产业带，以瑶鸡、矮脚鸡为重点的黔西南生态家禽产业带发展，到2025年，出栏家禽2亿羽，禽蛋产量达到32万吨。

积极发展生态渔业。推进湖库生态渔业、稻渔综合种养、设施渔业及鲟鱼养殖基地建设，打造一批湖库鲢鳙鱼、“稻+鱼、虾、蟹、鳖”稻渔综合种养、鲟鱼及设施渔业养殖示范基地，到2025年，全省水产品产量达到30万吨。因地制宜采取“整市推进”“整县推进”“一库一策”模式发展湖库生态渔业。在黔东南、遵义、铜仁、黔南等市（州）大力推广“稻+N”模式，打造一批稻渔综合种养示范基地，加大“稻花鱼”公共品牌打造力度，形成有民族特色和地方特点的稻渔综合种养产业带。充分利用荒山、坡地、滩涂、灌溉型水库，大力发展集装箱、池塘内循环、高位池、工厂化养殖等设施渔业，大力推进“渔—菜—果”山地生态种养循环发展模式，综合循环利用养殖尾水、残饵粪便，在贵阳、遵义、黔西南等地重点打造一批设施渔业示范基地。充分利用全省冷流水资源优势，大力发展冷水鱼健康养殖，在铜仁、安顺、黔南等市（州）培育建设鲟鱼核心产区。推进渔业产业全链条发展，加强渔业装备设施建设，提升产业装备技术水平，支持水产品加工、流通和现代冷链物流体系建设。鼓励企业开展鲟鱼、大鲵、鱼子酱等名特优水产品精深加工，扩大加工规模、提高加工质量，引导活鱼消费向便捷加工产品消费转变。

结合乡村旅游，开展多种形式的渔业观光、渔业科普、渔事体验，开发多品种、多层次的渔业特色餐饮，推动“农—渔—旅”一体化协调发展。做强“贵水黔鱼”贵州生态鱼品牌。到2025年，生态渔业产值达到80亿元。

（三）推进旅游产业化发展

加快形成全域旅游发展新格局。用好生态、气候、温泉、山地等资源禀赋，以文旅融合为根本，大力推进旅游与生态、文化、体育、教育、康养等产业融合，积极发展以民族和山地为特色的文化旅游业，建设一批富有文化底蕴的世界级旅游景区和度假区，推动“旅游+”“+旅游”高质量融合发展。大力发展休闲度假、康养健身、山地运动等更多新业态、新产品、新模式。加快构建贵阳和安顺“山地旅游+集散地+避暑度假”、遵义“长征文化+研学培训+茶酒文化”、六盘水“避暑康养+冰雪运动”、毕节“山地旅游+康养度假”、铜仁“山地旅游+温泉康养”、黔东南“山地旅游+民族文化”、黔南“山地旅游+天文科普”、黔西南“户外运动+康养度假”等文化旅游主体功能区，形成特色鲜明、多极拉动的全域旅游目的地体系。到2025年，全省新增4A级旅游景区20家以上、5A级旅游景区2家以上，建成以避暑度假为主的省级旅游度假区20家，新增国家级旅游度假区1家以上，培育省级以上温泉康养、森林康养、中医药健康旅游等康养旅游示范基地30家以上。

协同推进主题精品旅游带建设。以“平塘天眼、天坑、天桥”为核心吸引物，打造贵阳—平塘国际天文科普旅游带。以乌江水道为纽带，构建生态环境保护、文旅融合的乌江风景道，打造千里乌江休闲度假旅游带。依托全省特色鲜明的少数民族村寨、中国传统村落和历史文化名城名镇名村，建设特色民族文化旅游带。支持申报侗族村寨世界文化遗产，推进黔南水族文化生态保护区申报国家级文化生态保护区。深入挖掘和传承红色文化，重点培育一批红色旅游精品景区和红色旅游精品线路。依托遵义红色旅游名城和黎平会议会址核心展示园，建设长征国家文化公园贵州重点建设区，打造红色文化旅游带。深入挖掘省级以上乡村旅游重点村的资源优势，提升一批乡村旅游重点村，打造10条乡村旅游带。依托酱香文化、盐运文化等资源，建设一批精品旅游景点和精品酒庄，打造赤水河谷白酒工业旅游集聚区。以茅台镇酿酒生产基地和酒文化博物馆等为核心吸引物，以美酒河峡谷、赤水河谷慢道为纽带，整合仁怀、习水、赤水等名酒资源，建设世界名酒文化旅游带。以红色文化、民族文化、生态文化、健康文化为主题，建设“黎从榕”旅游康养区。到2025年，打造100条精品旅游线路。

加快完善旅游基础设施建设。打造一批贵州特色旅游公路。实施平罗高速平塘大桥、六安高速花江峡谷大桥等“桥旅融合”示范工程，实施梵净山世界自然遗产地风景道、荔波喀斯特世界自然遗产地风景道等“路旅融合”示范工程，实施千里乌江滨河度假带、清水江民族风情旅游带、漳江森林旅游度假带等“航旅融合”试点工程。改造提升步道、索道、停车场、行车道、小火车、观光电梯等景区内部交通体系。支持开通中心城市通往各旅游景区及景区与景区之间的旅游直通车和观光巴士。合理布局旅游交通引导标识。依托城市综合客运枢纽和客运站点建设布局合理、功能完善的游客集散中心，加快发展都市商务型、生态度假型、山地休闲型和文化主题型酒店集群。全面提升车站、机场、城市主干道、旅游公路沿线、景区周边等区域环境，设立具有环境教育功能的基础设施。

推动旅游绿色智慧化发展。推动绿色旅游环境治理，加强对自然生态、田园风光、传统村落等旅游资源的环境保护，实施旅游环境整治工程，对重点旅游线路沿线风貌进行集中整治，对重点旅游村镇实行“改厨、改厕、改客房、整理院落”和垃圾污水无害化、生态化处理，对机场、车站等场所“脏、乱、差”现象进行动态督查和常态管理。推进“旅游＋大数据”，完善提升“一码游贵州”智慧旅游服务平台，实施旅游智慧管理、智慧服务和智慧营销工程，打造集产品推广、服务预定、预售结算、实时查询、导游导览、容量监控、行业监管等功能于一体的一站式旅游服务平台，促进旅游低碳发展。到2025年，国家4A级及以上旅游景区、省级及以上旅游度假区基本实现智慧化。

绿色制造产业发展工程。推进贵阳长通智能制造产业基地、贵飞飞机生产流程再造及智能化改造、天马工程钻机智能生产线、贵阳经开区正创新零售智能制造、贵阳航空紧固件产业配套建设项目、贵州泰永长征低压电器数字化车间智能制造建设、遵义精星航天电器高可靠连接器零部件智能化生产线、贵州振华军民两用固体继电器和智能模块组件产业化、贵州永青仪电科技智能制造数字工厂升级及产能提升、贵州吉利基于MES发动机智能装配生产线升级改造、六盘水金指纹密码锁生产、黔东南高新区智能电器制造、绥阳特种材料精密铸造智能化改造等项目和产业基地建设。

绿色农业建设工程。大力发展生态循环农业，集成推广“畜—粪（肥）—果（蔬）”“稻鱼鸭”等模式，全省畜禽粪肥综合利用率达到80%以上。发展高效节水、节肥、节能、节地农业，推广“设施增地”及钢架大棚、玻璃温室、立体栽植、喷灌滴灌等集约化生产技术。建设绿色防控示范区300个以上，实施绿色防控示范面积2000万亩次以上，带动主要农作物病虫害绿色防控覆盖率达50%以上。推进优势特色产业集群建设，打造培育辣椒、食用菌、中药材、竹、刺梨等5个产值超100亿元产业集群。发展50个规模化标准化中药材生产示范基地。新建50个林下食用菌种植示范基地。新建65个林下养殖示范基地，发展林蜂120万箱。

多彩贵州旅游建设工程。继续实施旅游“1+5个100工程”，着力建设提升100个精品旅游景区。推进梵净山、黄果树、百里杜鹃、龙宫、青岩古镇、荔波樟江、镇远古城、赤水丹霞等5A级景区提质增效，推进赤水河谷、野玉海等国家级旅游度假区加快发展，推进织金洞、西江千户苗寨、兴义万峰林、朱砂古镇等4A级景区创建5A级景区，推进天河潭、肇兴侗寨、凤冈心栖茶海等省级旅游度假区创建国家级旅游度假区。加快清镇四季贵州、仁怀茅台工业旅游景区、乌江古村落、六盘水梅花山、紫云格凸河、石阡仙人街、丹寨万达小镇、都匀杉木湖、中国天眼、兴义天下布依、赫章阿西里西韭菜坪等景区建设。建设长征国家文化公园。

（四）推进能源清洁低碳转型发展

1. 大力发展非化石能源

建立风电、光伏新能源供应体系。坚持基地化、规模化、一体化、分布式与集中式相结合，加快新能源开发利用产业化进程。在毕节地区西部、南部及中北部、六盘水中部及南部、遵义北部、安顺西部等风能资源丰富的区域，加快布局风电建设，鼓励分散式、分布式风电建设。在威宁、赫章、盘州、黔西南、关岭、镇宁等土地资源丰富地区，加快推进大型光伏发电基地建设；

建设毕节、六盘水、安顺、黔西南及黔南等百万千瓦级光伏基地；支持利用开发区、产业园区和大型工商企业等厂房建筑屋顶和个人建筑屋顶等加快建设分布式光伏发电，结合光伏场区岩溶、石漠化、煤矿塌陷区等脆弱区域的生态修复，探索光伏建设用地新模式。大力推动水光互补、风光互补、水风光一体化等新型发展模式，依托已有大型水电基地，有序发展一体化风电和光伏发电，建设乌江、北盘江、南盘江和清水江四大“水风光一体化”可再生能源综合开发基地。到 2025 年，非化石能源装机比重达到 57.4%，非化石能源消费比重提高到 20.1%，新能源发电装机总容量达到 4000 万千瓦左右，其中光伏约 3100 万千瓦、风电约 900 万千瓦。

积极发展抽水蓄能、地热能、生物质能等清洁能源。立足贵州水能资源优势及抽水蓄能站点资源优势，积极发展抽水蓄能电站，积极推进贵阳抽水蓄能电站、黔南抽水蓄能电站建设，形成常规纯抽蓄、混合式抽蓄和中小型抽蓄多元发展的抽水蓄能开发格局。强化地热能源供给，加快推进浅层地温能、中深层地热水等新能源开发利用，优先安排连片特困地区地热水开发利用。在资源条件适宜地区，推广应用热泵系统，适度发展地下水源热泵，规模化开发利用浅层地温能。鼓励开展中深层地热能的梯级利用，建立中深层地热能养殖、供暖与制冷等多种形式的综合利用模式，到 2025 年，地热能供暖制冷面积总利用量达到 2500 万平方米以上。在黔东南州、铜仁、黔南州等农林生物质资源丰富地区，建设一批以林下剩余物等为主的生物质直燃发电项目，到 2025 年，生物质发电约 85 万千瓦。打造“一轴、一带、三线”氢能产业发展核心地带，支持贵阳、安顺、六盘水等城市联合申报国家氢燃料电池汽车示范城市群，开展氢能交通应用示范。积极推动核能工业供热应用示范。

2. 推动能源清洁高效利用

大力提升煤炭清洁利用效率。鼓励煤炭生产企业利用洗、选煤系统将原煤加工成低硫、低灰、高热值优质洁净的商品煤，逐步实现“分质分级、能化结合、集成联产”的新型煤炭利用方式。统筹煤电发展和兜底保供，合理控制煤电建设规模和发展节奏，持续加大落后煤电机组淘汰力度，淘汰关停环保、能耗等不达标的燃煤机组，优化存量机组，全面推进现役煤电机组节能改造、推动未实施超低排放改造燃煤机组 NOx 超低排放改造，分类推进 30 万千瓦亚临界机组升参数改造、具备条件机组供热改造，提高煤电机组运行效率。到 2025 年，煤炭消费比重下降到 65.6%，发电用煤占煤炭消费比重达到 70.1%，燃煤发电机组平均供电煤耗力争不高于 305 克标准煤 / 千瓦时。

加大能源节约利用力度。全面实施节能行动，合理控制能源消费总量和消费强度，将能耗双控目标、碳排放总量与强度目标分解至各地区、各行业，严格责任落实和目标考核，确保能源双控指标达标。坚决遏制“两高”项目盲目发展，实施重点行业降碳行动，推进工业领域绿色制造，提升建筑节能标准，加快形成绿色低碳的交通运输方式。合理利用价格杠杆，引导、鼓励能源高效节约消费。持续开展能效达标对标活动，充分挖掘企业节能潜力。积极推进先进节能技术应用，加强高能耗行业能耗管控。到 2025 年，单位地区生产总值能耗比 2020 年下降 13%，能源领域单位地区生产总值二氧化碳排放比 2020 年下降 18%，居民人均能源消费 0.62 吨标准煤左右。

加强重点领域清洁能源替代。加大民用散煤清洁化治理力度，重点在欠发达地区、未改造行政村加快农村“煤改电”电网升级改造，提升农村地区生活和冬季取暖清洁能源使用比例。加快“气化贵州”工程和储气设施建设，加大老旧小区燃气管道建设力度，新增天然气量优先用于城镇居民的生活和冬季取暖散煤替代。提升公共领域用车电动化水平，加快新能源汽车在分时租赁、城市公共汽车、出租汽车、场地用车等领域的应用。加快工业领域集中供热锅炉和自备电厂小燃煤机组的清洁能源替代。到 2025 年，非化石能源占一次能源消费比重达到 17.4%，电能占终端能源消费比重达到 32.8%。

3. 构建新型电力系统

加快构建以新能源为主体的新型电力系统。进一步加强“三横一中心”“五交两直”500 千伏骨干电网建设，提升电源富集区盈余电力送出能力及全网输电能力，形成省内有支撑、省外有通道的电网架构体系。构建以新能源为主体的新型电力系统，大力提升电力系统综合调节能力。逐步推进智能电网技术的开发利用，建设坚强智能电网。支持分布式能源发电等可再生能源的接入，提升电网资源优化配置及服务能力。推动“源网荷储一体化”发展，积极推动项目示范试点，建设“源网荷储一体化”协调发展、集成互补的能源互联网体系。支持分布式新能源合理配置储能系统，加快新型储能示范推广应用。持续深入实施城乡电网改造，建成满足同步小康需求的农村电网，形成覆盖全省的电动汽车充电设施网络。通过加强规划设计、生产运行、项目管理等促进电网资源优化配置，降低线损率，提升电网整体利用效率。推动电网、燃气网、热力网与交通网的互联和综合调控，促进基础设施协同优化运行和多种能源融合发展。到 2025 年，电网线损率下降到 4.2% 左右，力争新型储能装机规模达到 100 万千瓦以上，人均生活用电量 1450 千瓦时左右，农网户均配电容量达到 2.5 千伏安左右。

能源资源勘查开发工程。加快非常规油气勘探开发，推动遵义—铜仁页岩气示范区、毕水兴煤层气产业基地增储上产，到 2025 年，力争探明页岩气资源储量 500 亿立方米以上，页岩气年产能、年产量分别达到 35 亿立方米、21 亿立方米。力争探明煤层气资源储量 800 亿立方米以上，煤层气年产能、年产量分别达到 8 亿立方米、4 亿立方米。加快推进贵州贵阳修文石厂坝、黔南贵定黄丝抽水蓄能电站建设。

清洁能源开发建设工程。开展地热能供暖制冷试点示范项目建设，完善有条件区域的中深层（水热型）地热能勘查评价，试点多元梯级综合开发利用。探索全省干热岩资源调查评价，重点围绕册亨—安龙，大方—金沙开展工作。重点打造“贵阳—安顺—六盘水”氢能产业发展核心轴，“毕节—六盘水—兴义”氢能产业循环经济带。

清洁能源替代工程。推动化工企业节能技改，推进余热余压综合利用，完成年综合能源消费量 1 万吨标准煤以上的工业企业和年综合消费量 5000 吨标准煤以上的其他企业等 200 家重点用能单位节能改造。

源网荷储一体化工程。推动贵州省源网荷储一体化项目示范试点，建设清镇市经开区、贵州金元和平经开区、遵义苟坝红创区美丽乡村等源网荷储用一体化综合智慧能源创新示范项目。

（五）促进资源节约集约利用

1. 推进矿产资源高效利用

推动矿产资源勘查开发绿色转型。实施总量控制，优化矿业布局结构，严格新建矿山企业的准入。持续开展重点矿产资源“大精查”，实施规模化开采，建立高效矿区（井），推进页岩气、煤层气、地热（温泉）、浅层地温能等清洁能源资源勘查开发，推动实施“黔石出山”，促进资源优势转化为产业优势和经济优势。开展绿色勘查，鼓励以浅钻、便携式钻机等绿色勘查技术方法，大幅降低生态环境负面影响。执行各类自然资源开发利用标准，以及矿产资源管理合理开发利用最低“三率”指标，提高资源开采效率。推广绿色开采技术，推动保水开采、充填开采、煤炭与瓦斯共采、溶浸采矿等绿色开采技术的应用，进一步降低矿山企业能耗、地耗和水耗强度。全面推进绿色矿山建设，完善绿色矿山地方标准，构建绿色矿山建设长效机制，制定绿色矿山达标验收管理办法，推动绿色矿山科学化、制度化和规范化管理，将绿色矿山建设贯穿矿山设计、建设、生产及闭坑全过程。到2025年，绿色矿山比例达到28%。

推动矿产资源综合高效采选。推广矸石充填、以矸换煤等即采即填技术工艺，鼓励采用保水开采等开采方式，加大煤矿瓦斯抽采及利用，提高煤炭资源回采率。加强副产物就地利用减量，鼓励煤矸石回填。提高金属矿产勘查精准程度，提高开采水平和选矿回收能力，推广充填法采矿、陡帮式开采、露天与地下联合高效开采等新技术，发展溶浸采矿、深井采矿和无废采矿，提高金属矿产开采回采率。推广应用非金属矿产充填开采技术，推进磷矿全层开采、贫富兼采。磷矿行业推广中低品位磷矿选矿技术、研发窑法直接利用技术，推广磷矿中氟、碘、硅、镁等伴生资源的综合利用技术，加快磷块岩中稀土分离技术研发，加强湿法磷酸实现梯级利用。加强战略性矿产开发，加强稀土分离技术研究，积极开展系统的研发与深加工。强化对铜、铅锌、铝土矿、煤等矿产中共伴生“三稀”资源的综合评价与开发利用，实现有用组分回收，鼓励矿山尾矿、煤矸石等废弃物中“三稀”资源的综合回收。

开展关键技术创新攻关与推广。充分发挥矿业企业技术创新的主体作用，搭建产学研平台，组织开展煤层气及页岩气高效开采、固体矿安全绿色采矿、低品位矿经济合理利用、复杂共伴生矿资源综合利用、尾矿及固体废弃物回收利用等关键技术攻关，示范带动矿产资源利用水平的整体提升。鼓励在矿产资源综合利用中科技创新、研究攻关。加快开发磷石膏、赤泥等工业废渣的循环利用技术，加强对磷石膏、赤泥、电解锰渣等大宗固废绿色化处置的产业化攻关。

2. 强化水资源高效节约利用

推进农业节水增效。加快灌区续建配套和现代化改造，大力推进节水灌溉，科学合理确定灌溉定额，推广喷灌、微灌、滴灌、低压管道输水灌溉、集雨补灌、水肥一体化、覆盖保墒等技术，建设节水型灌区和节水农业示范区。根据水资源条件，优化调整作物种植结构，鼓励发展旱作农业，加快规模养殖场节水改造和建设，大力推广节水型畜禽、渔业生产方式及循环节水养殖技术。分阶段稳妥推进农业水价综合改革，有序提高农业用水效率和效益。

实施工业节水减排。加大火电、化工、食品、钢铁、纺织印染、造纸等高耗水行业节水力度，推行合同节水管理。采用差别水价以及树立节水标杆等措施，促进火力发电、化工、食品行业等高耗水企业加强废水深度处理和达标再利用。完善供用水计量体系和在线监测系统，强化生产用水管理。大力推广高效冷却、循环用水、污水再生利用等节水工艺和技术，对超过取水定额标准的企业分类分步限期实施节水改造。以园区为载体，积极推行水循环梯级利用，新建园区的规划布局需统筹供排水、水处理及循环利用设施建设，推动园区企业间的用水系统集成优化。到 2025 年，万元工业增加值用水量较 2020 年下降 16%。

促进城镇节水降损。推进节水型城市建设，开展县域节水型社会和节水型单位、企业、校园等各类节水载体建设，培育水效领跑者。推进城市公共领域节水，积极推进海绵城市建设，推动雨水就地消纳和利用。公共区域和城镇居民家庭推广普及节水型用水器具，新建、改建、扩建工程必须安装节水型器具，严禁使用国家明令淘汰的用水器具。加强城镇供水管网检漏和更新改造，推进供水管网分区计量管理。加强高耗水服务业用水管理，洗浴、洗车、游泳馆、高尔夫球场、洗涤等行业积极推广低耗水、循环用水等节水技术、设备和工艺。

推进污水资源化及再生水多途径应用。系统开展城镇、工业和农业农村等领域污水资源化利用，积极推广成熟合理的污水资源化工艺，因地制宜分区提标改造和精准治污，按照“集中利用为主、分散利用为辅”的原则，推动区域污水资源化循环利用。加强再生水生产及利用能力布局，扩大再生水生产设施及配套管网的规模，鼓励加大工业生产、城市杂用、绿地灌溉和生态补水领域再生水利用力度。稳妥推进农业农村污水资源化利用，探索符合农村实际、低成本的农村生活污水治理技术，推广种养结合、以用促治方式，鼓励渔业养殖尾水循环利用。

3. 落实土地资源高效节约利用

盘活低效存量建设用地。建立健全增量安排与消化存量挂钩机制。摸清全省批而未供、供而未用、用而未尽等存量土地情况，以第三次国土调查成果为基础更新全省低效用地数据库。按照“一宗一策”“一地一案”原则，分类处置批而未供和闲置土地，严格年度处置任务考核，探索完善闲置土地收回机制。推进城镇低效建设用地再开发，完善政府引导市场参与的城镇低效用地再开发政策。盘活农村闲置建设用地，鼓励农业生产和村庄建设等用地复合利用。根据国家统一部署，探索允许村集体在农民自愿前提下，依法把有偿收回的闲置宅基地、废弃的集体公益性建设用地，依据规划按照集体经营性建设用地入市。探索建立工矿废弃地原地盘活利用和异地调整利用的新机制。“十四五”期间，新增建设用地规模控制在110万亩以内。

提高土地利用效率。强化节约集约用地评价，完善考核制度和指标体系，以县为单位开展单位GDP使用建设用地下降目标评价考核，落实建设用地强度控制目标。全面开展开发区节约集约用地评价，加强评价成果运用，不断提高开发区土地利用效益和产出水平。规范开展建设项目节地评价，在建设项目设计、审批、供地、用地等环节，严格执行国家发布的各类土地使用标准，充分发挥土地使用标准对建设项目用地的控制作用，促进标准未覆盖或者超标准用地的建设项目合理用地。鼓励有条件的地区开展建设用地地上、地下、地表空间分层设立使用权设立探索，促进土地节约集约利用。

（六）构建资源循环利用体系

1. 统筹推动产业废弃物循环利用

加强工业固体废物综合利用。以粉煤灰、磷石膏、脱硫石膏、煤矸石、尾矿、赤泥、冶炼废渣、电解锰渣、酒糟等工业固体废物为重点，鼓励推广“以渣定产”模式，分区域、分行业推进工业固废的综合处置和循环利用。推进遵义和平经济开发区、铜仁市（松桃县、大龙经济开发区）、兴义工业园区国家大宗固废综合利用基地和贵阳市、福泉市、瓮安县国家工业资源综合利用示范基地建设，推动粉煤灰、锰渣、磷石膏等工业固体废弃物集聚利用300万吨以上。到2025年，工业固体废弃物综合利用率达到70%，工业固废综合利用能力不断增强。全面推动磷石膏建筑粉体系列材料、建筑墙体及装饰系列材料等新型建材产品市场推广应用。积极推进钡渣、汞渣等工业固体废物综合利用。推进电解锰渣、赤泥等难利用工业固废生产墙体材料、微晶玻璃装饰材料、路基材料等。提高挥发性有机物排放控制水平和药渣治理水平，推动药渣资源化利用。

推动重点行业废水废气综合利用。加快推进煤矿矿井水综合利用示范工程，重点探索矿井水工业化利用、生产生活复用、农业生态利用、矿井水生态补给利用等多元化路径。加强磷矿采选和化工企业生产工艺及污水处理设施建设改造，提高废水处理后循环利用率。推进白酒酿造废醪液发酵还田综合利用。推进制药企业绿色酶法技术改造，降低废水产生量。继续加强重点行业清洁生产审核，煤电行业超低排放改造，以及重点园区、企业清洁能源替代，降低废气污染物排放量。

推动农林废弃物综合利用。推动农作物秸秆、畜禽粪污、林业废弃物、农产品加工副产物等农林废弃物的高效利用。开发秸秆多元化的综合利用路径，探索不同规模养殖场畜禽粪污的多样化处置路径，推动林业废弃物生产复合板材等应用。充分挖掘既有农林废弃物资源化项目的衔接点，建立种养业之间废弃物再利用的良性循环互应渠道，构造农林废弃物多级化利用的资源综合利用产业链。

2. 创新再生资源回收利用体系

鼓励企业利用互联网、大数据和云计算等现代信息技术和手段，建立或整合再生资源信息服务平台，促进传统回收行业转型升级。以电器电子产品、汽车产品、动力蓄电池、饮料纸基复合包装物为重点，加快落实生产者责任延伸制度，适时将实施范围拓展至轮胎等品种，强化生产者废弃产品回收处理责任。支持建立发动机、变速箱等汽车旧件回收、再制造加工体系，完善机动车报废更新政策。鼓励社区设置大件垃圾集中堆放区，探索设立大件垃圾回收日，推行“互联网+”预约回收制度或定期回收制度，建立大件垃圾集中处置基地。

3. 打造资源综合利用服务平台

贯彻落实“数字+”产业融合发展模式，以技术创新和数字化管理，推进区域、园区、企业三个层面的资源综合利用。以两化融合为契机，运用信息化技术提升资源综合利用服务和管理水平，打造集合信息交流、技术推广、咨询服务、在线交易四大功能为一体的资源综合利用服务平台。强化绿色科技创新支撑，推动企业与高校、科研院所等联动，开展绿色制造产业核心技术联合攻关。

矿产资源绿色勘查开发工程。开展煤、磷、铝、锰、金矿、重晶石、萤石等优势重要矿产资源绿色勘查，围绕十大工业产业发展需求，实施重点矿产资源‘大精查’；全面推进绿色矿山建设，新设和延续矿山全部建成绿色矿山，生产矿山加快改造升级，逐步达到绿色矿山建设标准，不符合绿色矿山建设标准的主体逐步退出市场，到2025年全省绿色矿山比例力争达到28%。

黔石资源保护利用工程。在黔北渝黔铁路沿线、乌江流域、安顺—黔西南、六盘水、毕节、黔南等区域规划布局37个黔石类资源保障区，引导推进新型建材产业园区建设。探索生态修复与黔石综合开发，促进石漠化集中连片区综合治理和废弃矿山砂石土资源综合利用，结合区位平整复垦土地形成新增耕地或整治形成建设用地。

土地资源高效节约利用工程。开展全省建设用地起底大调查，查清全省建设用地数量、位置、用途等情况，建立调查成果数据库并实行年度更新。

建设贵州省"一码管地"信息平台，建成全省土地供应监测监管子系统。开展节地评价考核和节地模式推广，以县为单位开展单位GDP使用建设用地下降目标考核，全面开展开发区节约集约用地评价。

大宗工业固体废物综合利用工程。推进贵阳市、黔南州磷石膏新型建材、井下充填、制酸综合利用工程。推进遵义市、六盘水市、毕节市、黔西南州粉煤灰新型建材综合利用工程。推进黔东南州赤泥综合利用工程。开展水城、盘州、金沙、纳雍、兴义、普定等地粉煤灰、煤矸石综合治理工程。推动粉煤灰、锰渣、磷石膏等大宗工业固体废弃物集聚利用300万吨以上。

节能环保产业示范工程。聚焦工业固废处置、垃圾分类、污水处理等行业，大力开发工业固废无害化处置设备、建筑垃圾回收破碎设备、污水处理膜设备、城市餐厨垃圾处理装备、柴油机尾气净化器等装备和产品。推进福泉100万吨磷石膏及10万吨废盐瓷化综合利用生产线、都匀经开区立邦新型建筑材料西南生产基地、六枝经开区石膏产品生产等项目和产业园建设。推进铜仁中伟废旧锂离子电池综合回收循环利用、三穗新型节能电器生产、岑巩CGN中国光能陶瓷纳米高效节能灯等项目建设。

循环经济示范工程。推进大龙经济开发区、盘州红果经济开发区、六盘水高新技术产业开发区、西秀工业园区4个国家园区循环化改造示范试点建设。

六、着力构建现代环境综合治理体系

（一）强化污染治理与环境保护

强化水环境综合治理。深入实施水资源消耗总量和强度双控行动，推进乌江流域、赤水河流域等重点区域水生态保护修复，加快小水电绿色改造、重点河湖生态缓冲带恢复等生态扩容。开展重点流域、重点行业、重点园区水污染专项治理，推进赤水河流域、乌江流域、清水江流域涉磷行业、涉锰行业和白酒行业水污染专项整治，加强工业园区污水处理设施升级改造，实现全省主要河流水质达到Ⅲ类及以上。全面消除城市建成区黑臭水体，提升再生水循环利用水平。扎实推进地下水型饮用水源地保护，持续开展地下水环境状况调查评估，推进地下水污染防治试点工作，确保地下水污染环境风险得到有效管控。到 2025 年，完成全省农村集中式水源地规范化建设及保护区内农村生活污染治理，县城以上集中式饮用水水源地水质达标率保持在 100%，地下水国控点位Ⅴ类水比例达到国家下达目标要求。

深化大气污染防治。推进城市应急减排清单动态更新、城市大气污染来源解析和污染源清单编制。制定实施《贵州省城市环境空气质量降尘标准》《贵州省施工场地扬尘排放标准》。推进现役煤电机组综合节能及超低排放改造，坚决淘汰低效率高排放的煤电机组，推动水泥等建材行业开展深度治理，针对焦化、水泥、砖瓦、石灰、耐火材料、有色金属冶炼等行业，严格控制物料储存、输送及生产工艺过程无组织排放。加强细颗粒物和臭氧协同控制，开展 VOCs 污染源调查，对贵阳、遵义等中心城市 VOCs 源解析和成分谱分析，加强化工、工业涂装、包装印刷、油品储运销等重点行业 VOCs 治理。开展新生产机动车、发动机、非道路移动机械监督抽查，加强在用非道路移动机械排放监管。实施道路网格化保洁管理，突出建筑和交通扬尘管控，强化工业企业、矿山工地扬尘整治。完善污染天气应急管理响应机制。到 2025 年，县级及以上城市空气质量优良天数比率保持在 95% 以上，地级以上城市环境空气质量达到国家二级标准，营运车辆、营运船舶大气污染物超标排放基本消除，高速公路服务区污染水全部达标排放，运输船舶污染物治理率达 100%。

推进土壤污染管控与修复。加强土壤污染重点监管单位土壤监测，完善全省土壤污染重点监管单位名录，制定《贵州省重金属污染地块土壤固化/稳定化修复工作指南》，逐步规范污染场地治理修复过程和要求。以耕地重金属污染突出区域为重点，开展耕地土壤污染成因排查和分析，持续推进耕地周边土壤污染重点监管单位及涉镉等重金属行业企业排查整治，截断污染进入耕地的途径。巩固耕地土壤污染防治成果，开展耕地生产障碍修复利用，建设联合攻关区和集中推进区，开展农产品风险监控，探索开发耕地安全利用技术模式和适宜农作物品种。开展土壤与农产品协同监测，及时对耕地环境质量类别进行动态调整与成果提升。继续在重点区域、重点行业实施一批土壤污染修复治理及源头治理重点工程，基本解决铅锌、锑、汞等历史遗留废渣及矿洞涌水等突出环境问题。强化用地准入管理和污染地块用途管制，坚决杜绝违规开发利用。以用途变更为住宅、公共管理与公共服务用地的污染地块及腾退工矿企业用地为重点，加强部门联动监管，依法开展土壤污染状况调查、风险评估和治理效果评估，有序推进建设用地土壤污染风险管控与修复。

（二）全面从严管控温室气体排放

明确二氧化碳达峰目标。结合我省二氧化碳排放历史趋势、未来经济社会发展规划、能耗“双控”目标、大气污染防治目标、2035年远景目标以及国家关于碳达峰总体安排部署，紧密衔接重大工程项目，科学合理确定峰值目标，确保二氧化碳排放平稳进入峰值，达峰后稳中有降，2060年前实现碳中和愿景。

制定二氧化碳达峰路径。编制实施碳排放达峰行动方案，制定能源、工业、交通、建筑等领域碳达峰专项方案，推动电力、钢铁、建材、化工等重点行业明确碳达峰目标并制定达峰行动方案。继续深化贵阳、遵义国家低碳试点城市建设，鼓励有条件地区确定二氧化碳达峰目标并制定碳达峰政策措施。完善单株碳汇扶贫项目，鼓励个人、企业和社会团体购买碳汇。巩固退耕还林成果，增强自然空间碳汇能力。加强重点排放单位温室气体排放报告管理相关工作。实施二氧化碳捕集、利用与封存、岩溶地质碳捕获碳封存、煤层气（煤矿瓦斯）抽采利用、一氧化碳回收利用等示范项目。

推动减污降碳协同治理。严格执行能源消费总量与强度双控制度，健全目标分解落实机制，推动合理用能。到2025年，单位地区生产总值能源消耗比2020年下降超过13%。严格“两高”项目审批，对在建“两高”项目开展专项评估审查，督促未达标项目整改。推动清洁能源有序开发利用，形成以低碳能源满足新增能源需求的能源发展新格局。编制《贵州省大气污染物与温室气体排放协同控制工作方案》，建立温室气体排放数据信息系统，协同控制甲烷、氧化亚氮等非二氧化碳温室气体。支持全省公共机构展开低碳引领行动，率先编制实施低碳行动方案。鼓励贵阳、遵义等地积极探索协同控制温室气体和污染物排放创新举措和有效机制。

提升碳排放监测能力。建设碳排放监测数字化管理体系，实现全省分地区、分行业的碳监测、清洁能源减排监测以及碳排放预测。以重点用能地区、行业以及企业为监测重点，基于大数据、人工智能等新一代信息技术，开展产业级、行业级、企业级等维度的碳排放分析与预测、减碳路径研究等工作，为全省生态减碳、碳达峰、碳中和工作提供决策支持，为全省有条件的地区和重点行业、重点企业率先达到碳排放峰值提供支撑。

水环境综合整治工程。实施饮用水水源地保护工程，巩固提升县级以上饮用水源地规范化建设水平，开展“千吨万人”和乡镇农村饮用水源保护区环境问题风险排查整治。推进黔中水利枢纽工程、夹岩水利枢纽及黔西北供水工程等跨流域大型集中式饮用水水源地规范化建设及流域环境综合整治工程。实施磷化工、白酒、煤、氮肥等重点行业水污染防治和清洁生产水平提升工程。推进乌江 34# 泉眼、重安江发财洞等磷石膏渣场渗漏废水、瓮安河雷打岩废水等重点源的深度治理。实施设市城市建成区黑臭水体排查与综合整治工程。

VOCs 综合治理工程。在化工、工业涂装、包装印刷、油品储运等重点行业，开展挥发性有机物综合整治，强化过程管控，建设适宜高效治理设施。土壤污染综合防治工程。推进毕节、铜仁、黔西南等重点区域受污染农用地安全利用示范工程建设。实施钟山区、威宁县历史遗留铅锌废渣工程，独山县、三都县历史遗留锑废渣或矿井涌水治理工程。开展 300 个地块土壤污染状况调查及风险评估。开展 50 个污染地块土壤修复治理或管控。

渣场尾矿库污染治理工程。实施松桃、玉屏和大龙经济开发区锰渣综合治理工程。实施贵阳市、黔南州磷石膏渣场综合治理工程。实施赫章、威宁、七星关铅锌矿渣综合治理工程。

实施温室气体管控工程。分行业开展温室气体管控，在钢铁、水泥、化工、电力等重点行业开展一批低碳化改造工程。在煤电行业实施 1 个二氧化碳捕集、利用与封存实验示范工程。在煤矿行业建立 1 个煤层气（煤矿瓦斯）抽采利用示范项目。在冶炼行业实施 1 个一氧化碳回收利用示范工程。

（三）加强农业农村生态环境治理

推进农村污水垃圾治理。建立完善《贵州省农村生活污水处理适用技术指南》等技术规范，制定实施农村生活污水治理三年行动计划。优先考虑在赤水河流域、乌江流域等水环境敏感区域、水源保护区、黑臭水体集中区域、中心村、城乡接合部、旅游风景区范围内的村庄，因地制宜开展污水处理与资源化利用。开展已建污水垃圾处理设施调查评估与改造提升，以农村生活污水、农村饮用水水源地保护为重点，协同推进农村黑臭水体整治，到2025年农村生活污水处理率达到25%以上。健全农村生活垃圾收运处置体系，完善“县城周边农村生活垃圾村收镇运县处理、乡镇周边村收镇运片区处理、边远乡村就近就地处理”模式，实现农村生活垃圾收运处置体系行政村全覆盖。开展农村生活垃圾治理专项行动，推进垃圾就地分类和资源化利用示范创建，提升农村生活垃圾收运处置和废弃物资源化利用水平，到2025年95%以上的行政村生活垃圾得到有效处理。

加强农业面源污染防治。围绕“一控两减三基本”要求持续强化农业面源污染防治，“十四五”期间，建设国家重点流域面源污染治理项目10个、建设生态循环农业项目50个。加强农业投入品质量监管保障，提升质量合格农药、肥料、农膜等投入品使用率。加大新型高效低残留药剂、生物农药、专用肥、缓控释肥、配肥试验示范，实现化肥农药使用总量零增长。到2025年，化肥利用率达40%，农药利用率不低于43%。加大农田残留地膜监测力度，进一步完善农田地膜残留和回收利用监测网络，建立健全农田地膜残留监测点，到2025年农膜回收率达85%以上。加强管控类耕地用途管理，推进主要流域、重点区域耕地生产障碍修复利用，强化污染耕地分类管理，开展地下水“三氮”超标地区“双减行动”。加强重要湖库周边敏感区、大中型灌区生态服务设施建设。加强农作物秸秆综合利用，以遵义、毕节等主要粮食种植地市为重点，推广机械深耕精细化还田、秸秆快速腐熟、生物反应堆等现代农业技术，探索秸秆还田、收集、储存、运输社会化服务体系，到2025年全省秸秆综合利用率达到86%以上。加大食用菌废弃菌棒（袋）综合利用新技术研发，推进废弃菌棒综合利用。

从严推进养殖污染治理。加快发展种养有机结合的循环农业，根据区域资源环境承载能力，合理确定养殖规模。加强养殖尾水处理工作，推进绿色渔业发展。鼓励遵义市、毕节市、黔东南州、黔南州、铜仁市等养殖发达地区发展生态养殖，减少药品投入，制定统一的生态养殖标准和技术规程。鼓励生态饲料技术研发，推广新型饲料添加剂，提高饲料转化效率。以畜牧大县和规模养殖场为重点，整县推进畜禽养殖粪污资源化利用。鼓励规模以下畜禽养殖户采用“种养结合”“截污建池、收运还田”等模式，完善规模畜禽养殖场配套粪污处理设施，提升畜禽粪污综合利用。到2025年，畜禽粪污综合利用率达80%以上。

（四）加快城镇绿色基础设施建设

加强城镇污水处理设施建设。实施城市污水处理提质增效行动计划，加强城中村、老旧城区、城乡接合部污水管网建设。对新建城区，管网和污水处理设施要与城市发展同步规划、同步建设，做到雨污分流。推进城市（县城）污水管网建设，消除污水收集管网空白区。完善污水收集处理设施建设，实施乡镇生活污水处理设施及配套管网提升工程，逐步提高乡镇生活污水治理水平。到2025年，城市生活污水集中收集率较2020年提高5个百分点，县城污水处理率达到95%以上，城市公共供水管网漏损率控制在10%以内。进一步规范污泥无害化资源化处理处置，城镇污水处理厂新建、改建和扩建时，污泥处理处置设施应与污水处理设施同步规划、同步建设、同步投入运行。推动各地建立专业化排水管理队伍，切实抓好污水收集处理设施管理维护。开展防洪与面源污染控制并重的城市雨水综合管理，因地制宜建设初期雨水截留纳管及雨水处理设施。

补齐生活垃圾处理设施短板。加强生活垃圾处理设施建设，新建、扩建一批生活垃圾焚烧发电设施。统筹建设焚烧飞灰处置设施，鼓励跨区域布局。鼓励具备条件的地级以上城市基本建成与生活垃圾清运量相匹配的生活垃圾分类收集和分类运输体系。强化生活垃圾焚烧发电企业运营与废弃物处理监管，鼓励推动现有生活垃圾填埋场作为垃圾无害化处理的应急保障设施使用。到2025年，地级城市基本建立配套完善的生活垃圾分类法规制度体系，生活垃圾回收利用率达到35%以上，城市生活垃圾焚烧处理能力占比达到65%以上。

推进餐厨垃圾无害化处理和资源化利用。深化国家餐厨废弃物资源化利用和无害化处理试点城市建设，总结经验向其他地区推广。加强餐饮业和单位餐厨垃圾分类收集管理，推广餐厨垃圾收运处理一体化服务。完善餐厨垃圾无害化及资源化设施建设，提升餐厨垃圾处理技术水平。探索餐厨垃圾、污水处理厂污泥、园林垃圾等有机垃圾一体化处理和资源化利用模式。

提高危险废物收集处置能力。强化新污染物治理，完善危险废物监管源清单，加快固体废物管理信息系统建设，形成全省危险废物、医疗废物信息化管理“一张网”。实施条形码溯源管理制度，实现危险废物处理全过程监管。开展危险废物集中收集贮存试点建设，优先支持铅蓄电池、矿物油危险废物回收与利用。加强危险废弃物处理能力跨区域布局，建立黔、川、渝、桂、滇省际危险废物协同处置机制，形成“省域内能力总体匹配、省域间协同合作、特殊类别全国统筹”危险废物处置体系。深入开展危险废物产生单位、运输单位、处置单位环境风险隐患排查，规范废矿物油等分类收集、贮存、预处理和综合利用设施建设。

加强医疗废物全过程规范管理。根据人口规模配置医疗废物处理处置设施，确保医疗废弃物全收集、全处理。按照“闭环管理、定点定向、全程追溯”原则，建立医疗废物全流程网络服务平台，实现医疗废物收集、贮存、交接、运输、处置全过程智能化管理。充分利用电子标签、二维码等信息化技术手段，对药品和医用耗材购入、使用和处置环节进行精细化全程跟踪管理。鼓励发展符合条件的医疗废物移动处置设施和预处理设施，加强医疗废弃物运输特种车辆配套，在法定时限内到医疗机构收集、转运一次医疗废物。

推动城市主要废弃物集中高效处置。加快推动“无废城市”建设和废旧物资循环利用体系建设。大力推进生活垃圾分类，聚焦生活垃圾、餐厨垃圾、城市污泥、建筑垃圾以及再生资源等主要城市废弃物，实现“大分类、细分流”，鼓励有条件地区统筹规划推进入园集中处置。推进餐厨垃圾预处理分离的可燃粗杂质、沼渣与生活垃圾协同焚烧，推进生活垃圾焚烧炉渣与建筑垃圾处理项目协同生产新型建材，推进农林废弃物与餐厨垃圾协同堆肥，推进污泥与生活垃圾协同焚烧等。推动塑料废弃物资源化利用的规范化、集中化和产业化，促进塑料废弃物资源化利用项目向资源循环利用基地等园区集聚，提高塑料废弃物资源化和能源化利用水平，实现塑料污染物集中处置。

城镇污水管网提质增效改造工程。实施城镇污水污泥处理处置设施建设与提标工程，推进六盘水西部郊区污水处理改造工程、平坝乐平组团及安平组团污水处理厂建设工程、碧江漩水湾污水处理二期工程、凯里第一污水处理厂扩建工程、兴义桔山污水处理厂扩建工程等建设。积极探索建立新时期流域水污染治理新模式，完成赤水河、千峰河等流域污水管网、调蓄池建设及河道清淤等，大幅提升污水收集和处理能力，减少排入河道或湖泊的污染物。推进雨污分流，建设改造城镇雨水管网 1500 千米、污水管网 2000 千米。

城市固体废弃物处置工程。完善建立村收集、镇转运、县处理的生活垃圾收运体系，推进以焚烧发电为主的生活垃圾处理体系建设，推进建设区域性生活垃圾焚烧发电设施，城市生活垃圾焚烧处理能力占比达到 65% 以上。加快餐厨废弃物处置设施建设，实现市级餐厨垃圾处理设施全覆盖。加快推进存量建筑垃圾消纳处理和综合利用。加强危险废物和医疗废物处置能力建设，强化收集、运输、处置全过程监管，完善危险废物和医疗废物处置体系，实现县级以上医疗废弃物处置全覆盖。推进贵州省危险废物暨贵阳市医疗废弃物处置中心扩能改造工程，完善医疗废物收集、运输、处置体系，实现县级以上医疗废物处置全覆盖。

（五）提升生态环境监测管理能力

健全生态环境监测预警体系。以自然生态、地下水、土壤质量等作为重点，建立和完善天空地一体、上下协同、信息共享的生态环境监测网络，实现环境质量、污染源和生态状况监测全覆盖。加快完善大气环境、水环境、土壤环境等的生态环境智慧感知监测网络，加强重点污染源自动监控体系、水土流失动态监测体系建设，实现环境质量、生态状况、水土流失和污染源监测全覆盖，推进生态环境监测信息联网共享。到 2025 年，实现重点排污单位自动监测设备安装联网率达到 100%。拓展实施环境空气挥发性有机物、生活垃圾焚烧二噁英、黑臭水体、长江经济带水质与水生态、重点流域水质与水生态等专项监测。以赤水河流域、乌江流域、清水江流域等区域为重点加强区域协作监测。构建自然保护地遥感监测网络体系，实施对自然保护地人为活动动态监管。推进城乡环境监测一体化，重点实施区县站对标达标、增项资质、补齐短板。加大社会环境监测机构监督管理，提升环境监测服务水平。完善全省环境质量状况监测预警体系与智慧管理平台，推进覆盖重点区域、重点风险源的预警系统建设。

加大生态环境监督执法力度。严格落实生态环境保护督察制度，抓好中央生态环境保护督察及其“回头看”问题整改。完善以“双随机、一公开”监管为基本手段、以重点监管为补充、信用监管为基础的新型监管机制，探索“互联网 + 执法”新举措。全面推进生态环境保护综合行政执法改革，严格落实行政执法三项制度，推行轻微违法行为依法免予处罚。规范环境保护督察工作，坚持定期督察与不定期督察相结合，联合执法、区域执法、交叉执法相协调，原则上每届省委任期内，应当对各市（州）党委和政府、省政府有关部门以及省管国有企业开展例行督察，根据需要适时组织开展专项督察。强化执法监督和责任追究，落实环保党政同责制、生态环境损害责任终身追究制。开展全省生态环境领域突出问题专项整治，梳理群众在生态环境领域反映强烈的突出问题，开展集中专项整治。对潜在风险大、可能造成严重不良后果的潜在生态环境违法问题，加强日常监管和执法巡查，从源头上预防和化解违法风险。持续抓好重点领域监管执法，严厉打击生态环境领域环境违法犯罪行为，依法严肃查处环境违法案件。深化跨区域跨流域污染防治联防联控，完善长江经济带省际间环境污染联防联控机制。严格禁止环境执法“一刀切”，除国家组织的重大活动外，各地不得因召开会议、论坛、举办大型活动等原因，对企业采取停产、限产措施。

建设环境大数据应用管理平台。加快大数据先进技术与生态环境治理融合，结合人工智能、区块链、增强现实、5G等新技术，依托“一云一网一平台”，加强生态环境大数据顶层设计，建设环境大数据应用管理双随机体系，加快实施重点流域大数据管理、大气环境管理、环境监测垂直管理、水土保持动态监测管理及生态环境管理基础数据库等重点工程，形成生态环境“一本账、一张网、一张图”大数据智能管理系统。

（六）完善环境治理主体责任体系

落实各级分工合作的工作机制。全省推广党委和政府领导班子成员生态文明建设一岗双责制，完善领导干部自然资源资产离任审计制度和生态文明建设终生追责制度。完善市县党委政府和相关部门承担环境治理具体责任制度，统筹落实改善生态环境质量、加强污染防治和生态保护、监管执法、市场规范、资金安排、宣传教育等具体责任。全面实行县级政府所在地大气环境质量定期排名发布制度，并对大气环境质量未达标或严重下降地方政府主要负责人实行约谈制度。

推进生产服务绿色化。认真落实“四法一政策”，利用综合标准依法依规推动落后生产工艺技术退出。大力推动大数据与实体经济深度融合，促进实体经济数字化、网络化、智能化转型。开展科技攻关，加快资源综合利用项目建设。创建一批绿色工厂、绿色园区、绿色设计产品和绿色供应链，推动全省绿色制造体系建设。严格落实清洁生产审核措施。实施大生态工程包，开展大生态企业库建设，推行合同能源管理模式。落实生产者责任延伸制度，增强工业产品全生命周期绿色化理念，降低资源消耗，减少污染物产生和排放。

强化社会监督。完善公众监督和举报反馈机制，进一步畅通群众反映问题渠道，及时妥善处理各类环境信访举报案件，及时解决群众反映的环保热点、难点、险点问题，切实维护群众的合法环境权益。加强舆论监督，鼓励新闻媒体对各类破坏生态环境问题、突发环境事件、环境违法行为进行曝光，引导具备资格的环保组织依法开展生态环境公益诉讼等活动。

（七）建立完善环境治理市场体系

构建规范开放市场。制定实施各类所有制企业公平进入生态环境治理领域的办法，深入推进“放管服”改革，平等对待各类市场主体，引导各类资本参与环境治理投资、建设、运行。完善招投标管理，探索招投标阶段引入外部第三方咨询机制。市政公用领域的环境治理设施和服务，其设计、施工、运营等全过程应严格采用竞争方式。加快推进简政放权，简化审批手续，规范审批流程，建立全省统一的权责清单体系，实行“一站式”网上审批，大幅缩短审批流程和审批时间。依法开展经营异常名录和严重违法失信名单管理。认真执行相关产业政策和行业标准，推动协同监管和联合惩戒，防止恶意低价中标，加快形成公开透明、规范有序的环境治理市场环境。

加快发展环保产业。制定加快全省环保产业发展措施，推动环保首台（套）重大技术装备示范应用，推动关键环保产品自主研发，提高环保产业技术装备水平和产业规模。加大市场主体培育力度，做大做强龙头企业，培育一批专业化骨干企业，扶持一批专特优精中小企业。鼓励企业参与绿色“一带一路”建设，支持有条件的企业承揽境外节能环保工程和服务项目，带动先进环保技术、装备、产能“走出去”。提升发展环境风险与损害评价、绿色认证、生态环境修复、排污权交易、环境污染责任保险等新兴环保服务业。

创新环境治理模式。完善推行第三方环境污染治理措施。在赤水河、乌江、清水江流域和酿酒、电镀、化工等企业聚集、存在连片污染的重点区域开展环境污染第三方治理，推进工业园区开展环境污染第三方治理试点和小城镇环境综合治理托管服务试点，开展环境诊断、绿色认证、清洁生产审核、节能减排技术改造、环境损害鉴定评估、循环化改造等综合服务。推动政府由购买单一治理项目服务向购买整体环境质量改善服务方式转变。鼓励企业为流域、城镇、园区、大型企业等提供定制化的综合性整体解决方案。制定加强工业污染地块利用和安全管控制度，鼓励采用“环境修复＋开发建设”模式。

健全价格收费机制。加快出台我省水利工程供水价格改革政策性文件。加快调整城镇污水处理费征收标准。研究基于排放主要污染物种类、浓度的企业分类分档差别化污水处理收费机制。以污水处理、管网维护和污泥处置成本为基本依据，推动形成污水处理运营服务费标准。探索建立农村污水处理收费制度。严格执行高耗能行业和过剩产能差别电价、阶梯电价政策。按照国家统一安排，适时完善居民阶梯电价政策，加快出台城镇生活污水处理设施用电优惠政策性文件。

七、加快推进生态产品价值转化

（一）建立生态产品价值实现机制

建立生态产品调查监测机制。开展生态产品信息普查，利用网格化监测手段，建立以县为单位的调查体系，开展生态产品基础信息调查，摸清各类生态产品数量、质量等底数，形成生态产品目录清单。探索建立生态产品动态监测制度，及时跟踪掌握生态产品数量分布、质量等级、功能特点、权益归属、保护和开发利用情况等信息，建立开放共享的生态产品信息云平台。

建立生态产品价值评价机制。针对生态产品价值实现的不同路径，探索构建市县生态产品总值和特定地域单元生态产品价值评价体系。考虑不同类型生态系统功能属性，体现生态产品数量和质量，建立覆盖市、县的生态产品总值统计制度。完善生态产品价值核算基础数据。考虑不同类型生态产品商品属性，建立反映生态产品保护和开发成本的价值核算方法，探索建立体现市场供需关系的生态产品价格形成机制。探索制定生态产品价值核算规范。开展以生态产品实物量为重点的生态价值核算，再通过市场交易、经济补偿等手段，探索不同类型生态产品经济价值核算，逐步修正完善核算办法。

推动生态产品价值核算结果应用机制。推进生态产品价值核算结果在政府决策和绩效考核评价中的应用。探索在编制各类规划和实施工程项目建设时，结合生态产品实物量和价值核算结果采取必要的补偿措施，确保生态产品保值增值。推动生态产品价值核算结果在生态保护补偿、生态环境损害赔偿、经营开发融资、生态资源权益交易等方面的应用。建立生态产品价值核算结果发布制度，适时评估各地生态保护成效和生态产品价值。

健全生态产品经营开发机制。推进生态产品供需精准对接，组织开展生态产品线上云交易、云招商，推进生态产品供给方与需求方、资源方与投资方高效对接。通过新闻媒体和互联网等渠道，加大生态产品宣传推介力度，提升生态产品的社会关注度。推动建立生态产品价值实现平台，创建生态产品电子交易商务平台，打造生态权益交易数据平台，建立生态信用制度体系。支持建设生态产品交易中心、定期举办生态产品推介博览会。积极探索建立生态环境导向的发展模式，力争将赤水河流域打造成生态产品价值实现的全国标杆。探索建立我省地方标志生态产品地域公用品牌评价标准体系，依托优质生态产品服务，建立地方标志生态农产品和生态文化服务类产品地域公用品牌，制定生态产品“通用要求 + 分类产品要求”的评价标准。推动生态资源权益交易，探索开展森林覆盖率、碳汇权益交易和生态产品资产证券化交易，健全排污权有偿使用制度，探索建立用能权、用水权交易机制。

加强跨区域开展生态产品价值实现合作交流。创新开放合作机制，加强协同联动，推动与发达地区生态产品价值实现的互动协作，畅通生态产品价值实现的途径，探索与经济发达地区合作的生态产品价值异地转化模式和异地开发补偿模式，健全利益分配和风险分担机制。推进与长江经济带其他省份协同联动发展，强化生态环境、基础设施、公共服务共建共享，吸引下游地区资金、技术、产业向本省有序转移。开展长江经济带各省份生态产品价值实现的合作交流，推进跨区域生态产品价值实现。

（二）健全多元化生态补偿制度

不断扩大生态补偿试点示范。科学确定生态补偿范围、标准和方式，完善多元化生态补偿机制。建立健全依法建设占用各类自然生态空间和压覆矿产的占用补偿制度，严格占用条件。落实和完善生态环境损害赔偿制度，由责任人承担修复或赔偿责任。对国家重点生态功能区、“绿水青山就是金山银山”实践创新基地、国家生态综合补偿试点县等加大生态补偿资金和政策支持力度，让保护生态地区分享更多生态红利。进一步拓宽生态补偿资金筹集渠道，调整转变资金支持方向，提升资金使用的整体绩效。到2025年，扩大跨地区、跨流域横向生态保护补偿试点范围，多元化补偿机制进一步建立，符合省情的生态保护补偿制度体系进一步健全。

加快建立流域上下游生态补偿制度。深入贯彻贵州省流域生态保护补偿办法，按照“谁受益、谁补偿，谁保护、谁受偿”原则，推动全流域上下游建立基于生态调节服务价值外溢的横向补偿制度。持续推进赤水河云贵川三省跨省流域横向生态保护补偿机制，积极探索西江滇黔桂粤澳、沅江湘黔、都柳江黔桂等跨省流域横向生态保护补偿机制。开展乌江、西江、沅江等跨省流域横向生态保护补偿机制试点。完善重点流域跨省断面监测网络和绩效考核机制，对纳入横向生态保护补偿试点的流域开展绩效评价。通过对口协作、产业转移、人才培训、共建园区等方式，进一步增强流域作为生态保护地区的造血能力。

推动生态保护补偿工作制度化。进一步优化自然生态空间恢复、湿地、草原、森林、耕地、水、自然保护地、重要水利枢纽工程等领域和禁止开发区域、重点生态功能区等重要区域生态保护补偿机制。积极开展生态保护补偿制度化研究工作，提出生态保护补偿的总体思路和基本原则，厘清补偿主体和客体的权利义务关系，明确生态补偿标准、补偿方式及资金筹集渠道等，为推动出台我省生态保护补偿条例积累经验。

（三）完善生态旅游市场化运营机制

加强生态旅游品牌建设。依托山地旅游资源的全域性、丰富性和多样性，全面提升“山地公园省·多彩贵州风”旅游品牌形象。以“观光、避暑、体验、康养、文化”为重点，打造赤水河谷生态旅游长廊样板。推动旅游品牌整村打造和运营，形成协同推进生态产品价值实现的整体合力。加大全域旅游产品的有效供给，加强精品旅游景区建设，积极创建国家5A级旅游景区、国家级度假区等旅游品牌。构建城市文化品牌，打造中国国际阳明文化节、山地英雄会、中国长征文化节等国际性文旅节事品牌。推动“黔系列”民族文化品牌向旅游商品转化，提升中高端旅游产品供给能力。开展文明旅游示范点创建，加大对旅游品牌等级复核。

建立生态旅游开发保护统筹机制。推进落实《贵州省旅游资源管理办法（试行）》，完善旅游资源数据库，建立旅游资源分级分类管理制度，防止低水平重复建设景区景点，统筹旅游资源开发保护。建立生态旅游开发与生态资源保护衔接机制，推动生态与旅游有效融合，加快形成多层次、多业态的生态产品体系。健全生态旅游资源合作开发机制。深入探索旅游管理体制机制改革，继续推动省旅游发展改革领导小组及其办公室、全省旅游产业化专项组及工作专班实现实体化、机制化、常态化运转，强化涉旅统筹管理功能。

优化提升旅游平台机制。持续办好“全省旅游产业发展大会”和“国际山地旅游暨户外运动大会”，支持各市（州）县举办旅游产业发展大会。依托渝贵铁路公交化运营，构建与成渝城市群以及长江中游城市群的旅游一体化合作平台。充分发挥长江旅游推广联盟、武陵山旅游联盟、滇黔桂民族文化旅游示范区、藏羌彝文化产业走廊联盟、红色旅游联盟等跨区域文旅合作平台优势，加强与联盟成员之间的互动与合作。完善“一码游贵州”智慧旅游服务平台，加强旅游市场监管，不断提高旅游服务质量和水平，提高旅游满意度和“回头率”。

完善旅游全要素保障。保障旅游用地供给，优先保障省级以上重大工程和重点项目用地，鼓励以长期租赁、先租后让、租让结合方式供应文化旅游项目建设用地，加强旅游业用地服务监管。加快建立以政府投入为引导、社会资金为主体，依靠市场机制筹措资金的多元化旅游投融资体系。加快推进文旅人才队伍建设，完善人才激励政策，优化人才发展环境。构建"互联网+"产业发展模式，加强旅游产业融合关键技术、共性关键技术研发。

（四）深化林业综合改革机制

持续推进商品林赎买改革试点。印发赎买试点工作方案，加大财政资金投入力度，持续推进重点生态区位人工商品林赎买改革试点，积极推动习水、宽阔水、大沙河、赤水桫椤、麻阳河、梵净山、雷公山等省级以上自然保护区赎买改革试点工作，到2025年，完成赎买改革试点任务8.2万亩。适度推广赎买范围，逐步化解重点生态区位人工商品林采伐利用与生态保护的矛盾，维护林农的合法权益。

创新林业建设投融资体制。建立公益林补偿收益权质押贷款机制，积极拓宽融资渠道。鼓励各地结合自身实际情况，积极创新运作方式，引导社会资本参与国家储备林、林区基础设施、林业保护设施建设、野生动植物保护及利用等领域建设。鼓励农民合作社、村集体经济或成员以土地、资源或资金入股等方式参与PPP项目，并按股权分享项目收益。

推进林业现代化建设。深化集体林权制度和国有林场改革，进一步完善林业治理体制机制，充分释放林业资源潜能，全面增强林业发展内生动力。积极推进林业供给侧结构性改革，不断扩大优质林产品有效供给。通过租赁、特许经营等方式积极发展森林旅游。大力推动林业科技创新。

（五）建设新型农业发展机制

加快培育新型农业经营主体和服务主体。以实施乡村振兴战略为总抓手，充分发挥家庭农场、农民合作社、社会化服务组织在农业产前、产中、产后等领域的不同优势，加强示范引领，优化扶持政策，强化指导服务，从建设、运行、监管等环节强化指导扶持服务，不断增强新型农业经营主体和服务主体实力、发展活力和带动能力，促进各类经营主体和服务主体融合，构建立体式复合型现代农业经营体系，充分发挥其服务农民、帮助农民、提高农民、富裕农民的功能作用，为推进乡村全面振兴、加快农业农村现代化提供有力支撑。

建立健全绿色发展机制。深入实施“贵州绿色农产品”整体品牌建设工程，集中力量培育以省级区域公用品牌为龙头、市县级区域公用品牌为支撑、农业龙头企业品牌及产品品牌为主体的贵州农业品牌梯队，编制实施农业品牌发展规划、建立农业品牌目录制度、开展品牌价值评价、宣传推介，建立媒体通告机制。继续推进国家农业绿色发展先行区创建，探索构建农业绿色技术体系、绿色标准体系、绿色产业体系、绿色经营体系、绿色政策体系、绿色数字体系，将先行区建设成为绿色技术试验区、绿色制度创新区、绿色发展观测点。严格遵照畜禽养殖相关规定和养殖水域滩涂规划，规范发展养殖业。积极开展绿色种植或养殖技术模式集成和示范推广。

创新产业经营发展机制。深化农产品产销对接，培育壮大流通型龙头企业、农村经纪人队伍、农村电商三大销售主力，拓展省内市场、东部市场、“黔货出山进军营”三大市场，积极开拓海外市场，提高农产品市场占有率。探索完善水面流转经营机制，鼓励采取转包、出租、转让、托管和入股等方式依法有序流转水面经营权，发展多种形式的适度规模水产养殖。丰富乡村经济业态，推进全产业链、全供应链、全价值链建设，拓展农民增收空间。

八、积极践行绿色生活方式

（一）宣传引导绿色生活理念

大力宣传绿色发展理念。搭建多层次、多方位的信息传播渠道，广泛宣传“绿水青山就是金山银山”的绿色发展理念，大力推广生态发展的成功经验，积极倡导绿色生活，引导全民正确认识我国资源环境形势，拓展责任意识和担当意识，共建绿色家园。

开拓创新宣传引导方式。用好新媒体、新载体，用更加通俗易懂的语言宣传绿色发展理念。针对生活垃圾分类、限制塑料制品使用、绿色快递包装等需要全民配合、全民实施的重大事项，充分考虑当代宣传媒介的多样性，用更利于大众接受的方式进行宣传普及。

营造绿色生态文化氛围。依托世界环境日、世界地球日、世界水日、全国节能宣传周、中国水周、贵州生态日等平台开展绿色发展主题活动，提升生态文明意识，弘扬生态文明思想，营造绿色生态文化氛围。创建生态县、生态村、森林城市，推动绿色生活理念进校园、进社区、进党校，形成人与自然和谐共生的新局面。

（二）深入开展绿色生活创建

大力推进节约型机关建设。加强机关节能目标管理，大力推进县级及以上党政机关的节约型机关创建行动。加强节能目标管理工作，健全节约能源资源管理制度，强化能耗、水耗等目标管理，建立能源资源消费统计台账。推行党政机关绿色办公，使用可循环再生办公产品，推进无纸化办公。带头践行绿色出行，加大绿色采购力度，更新公务用车优先采购新能源汽车。开展节约能源资源宣传实践活动，增强干部职工生态环保意识，引导干部职工践行节约资源能源行动。到 2025 年，90% 以上的县级及以上党政机关建成节约型机关。

积极开展绿色文明学校建设。持续推进各级各类学校的绿色文明学校创建行动。开展生态文明教育，组织多种形式的绿色生活主题宣传和环保实践活动，宣传绿色环保理念，营造校园绿色文化氛围。积极推进校园绿色化建设与改造。鼓励有条件的大学发挥自身学科优势，加强绿色科技创新和成果转化。到 2025 年，80% 以上的大中小学达到绿色文明学校创建要求。

全力推动最美绿色生态家庭创建。引导家庭成员节约用电、用水、用纸等，提升旧物的重复使用率和循环利用率，鼓励优先购买和使用节能电器、节水器具等绿色产品，减少塑料袋、塑料餐具等一次性用品的使用。引导家庭绿色出行，鼓励采用公共交通、共享公交等绿色出行方式。到 2025 年，68% 以上的城乡家庭达到最美绿色生态家庭创建要求。

提升绿色出行装备水平，加快新能源车辆推广应用。推动城市公共汽车、巡游出租汽车和网络预约出租汽车等领域应用新能源及清洁能源车辆，加快推进充电基础设施建设。加快推进城乡交通一体化建设，加速运输结构调整，优化城市道路网络配置，推进实施旅客联程联运，优化慢行交通系统服务，提升现代化客运服务水平。大力提升公共交通供给能力和服务品质，改善公众出行体验。提升城市交通管理水平，实施精细化交通管理，加强停车治理，促进城市公共交通新业态融合发展。到 2025 年，新增和更新新能源、清洁能源车辆在公共汽车领域的占比达到 90%。运营高速公路服务区充电桩覆盖率达 100%。

加强绿色商场培育工作。大力加强建筑面积 10 万平方米（含）以上的大型商场的绿色培育工作。将绿色发展理念贯穿于商场的设计、建设、改造、运营、管理和服务等活动的全过程，建立绿色管理制度，完善能源和环境管理体系，强化能耗、水耗管理。推广应用节能设施设备，完善各类公共服务基础设施。完善绿色供应链体系，提高绿色节能商品销售比例。开展商场绿色服务和宣传，树立绿色服务理念，建立绿色服务制度。倡导绿色消费理念，引导消费者优先采购绿色产品，减少使用一次性不可降解塑料制品。到 2025 年，50% 以上大型商场达到绿色商场创建要求。

推进城镇建筑绿色改造升级。引导新建建筑和改扩建建筑按照绿色建筑标准进行设计、建设和运营。加快装配式建筑推广使用。大力发展以粉煤灰、煤矸石等为原料的新型墙体材料，开展磷石膏等资源综合利用新型墙体材料示范工程（企业）工作。到 2025 年，新型墙体材料使用率达 90%，城镇新建建筑全面执行绿色建筑标准。

绿色低碳服务业建设工程。实施绿色商贸物流建设，推动商贸市场平台化发展，建设榕江县农产品仓储冷链物流中心、大龙经济开发区冷链物流中心。构建具有贵州特色的绿色金融服务体系，完善低碳生产性服务业。建设观山湖金融会展产业园、多彩贵州城、双龙空港国际会展中心、遵义国际会展中心、湄潭国际会展中心、六盘水农产品会展中心、碧江“五馆三中心”、黔东南民族风情园会展中心、黔南匀东国际会展中心、黔南绿博园、兴义富康国际会展中心等会展集聚区。

绿色装配式建筑制造工程。推进清镇装配式建筑、长顺装配式建筑建材产业基地、红桥绿色生态智能装配建筑产业园、福泉装配式建材产业园、岑巩装配式建筑生产、钟山环保装配式建筑、金海湖装配式建筑等项目建设。

绿色交通设施建设工程。实施铁路运能提升、“公转水运能提升项目”，建设重庆至贵阳新高铁、贵阳至兴义、盘州至六盘水至威宁至昭通等高速铁路；建成贵阳至南宁、贵阳枢纽西环线、盘州至兴义、叙永至毕节、瓮马铁路南北延伸线等铁路；推进黄桶至百色、黔桂增建二线、涪陵至柳州等铁路建设；研究建设古蔺（大村）至遵义等铁路。建成沪昆国高贵阳至安顺段扩容工程、贵阳经金沙至古蔺（黔川界）高速公路。加快清水江航电一体化开发进程，建成平寨、旁海等航电枢纽工程，推进清水江（白市—分水溪）航道建设。开工建设龙滩水电站500吨级提升为1000吨级通航建筑物项目。

（三）全面推行生活垃圾分类

全面实施城乡生活垃圾分类。加快建立分类投放、分类收集、分类运输、分类处理的城镇垃圾处理系统，推进县城及以上城市生活垃圾资源化处理能力全覆盖、有毒有害垃圾专项处理。积极开展农村生活垃圾分类，加强分类知识和政策宣传，提高农民群众的分类意识。探索建立农村生活垃圾分类激励机制，全面推广垃圾兑换超市典型经验。

健全生活垃圾分类法规制度。制定实施生活垃圾分类政策法规，明确源头减量、监督管理、保障措施、责任义务、公民行为规范、奖惩机制等。建立生活垃圾分类工作长效工作机制，进一步细化实化分类类别、品种、投放、收运、处置等方面要求，切实加强后续管理，推动生活垃圾分类工作的规范化、常态化。

创新生活垃圾分类机制。鼓励社会资本参与运营生活垃圾分类收集、运输和处理，积极探索特许经营、承包经营、租赁经营等方式。加快城市智慧环卫系统建设，建设生活垃圾分类投放、分类收集、分类运输、分类处置全过程信息管理平台，实现环卫一体化、厨余垃圾处理、再生资源回收利用、生活垃圾焚烧发电等信息互通共享、全方位监管。建立居民“绿色账户”“环保档案”，奖励正确分类投放生活垃圾的居民。逐步将生活垃圾强制分类主体纳入环境信用体系。探索“社工＋志愿者”“党员联系户制度”“指导员制度”“红黑榜制度”等模式，建立健全物业、社区、街道、环卫部门等协同推进生活垃圾分类的工作机制。

完善生活垃圾分类收转运设施。完善垃圾分类相关标志，配备标志清晰的分类收集容器。改造城区内的垃圾房、转运站、压缩站等设施，适应和满足生活垃圾分类要求。更新老旧垃圾运输车辆，配备满足垃圾分类清运需求、密封性好、标志明显、节能环保的专用收运车辆。鼓励采用“车载桶装”等收运方式，避免垃圾分类投放后重新混合收运。建立健全符合环保要求与分类需求相匹配的有害垃圾收运系统。加大塑料废弃物等可回收物分类收集和处理力度，在塑料废弃物产生量大的场所增加投放设施，提高清运频次。

（四）不断扩大绿色产品消费

完善绿色产品采购制度。严格执行政府对节能环保产品的优先采购和强制采购制度，扩大政府绿色采购范围，健全标准体系和执行机制，提高政府绿色采购规模。

提升绿色产品消费比例。大力推广节能环保汽车、家电、照明产品等，切实提高能效标识二级以上的空调、冰箱、热水器等市场占有率。鼓励选购节水龙头、节水马桶、节水洗衣机等节水产品。继续实施绿色建材生产和应用行动计划，推广使用节能门窗、建筑垃圾再生产品等绿色建材和环保装修材料。推广环境标志产品，鼓励使用低挥发性有机物含量的涂料、干洗剂。鼓励农民使用低氨、优质的化肥、有机肥，引导农民科学施用农药，推行农作物病虫害专业化统防统治和绿色防控，推广高效低毒低残留农药和现代植保机械。

优化绿色消费激励措施。建立完善节能家电、高效照明产品、节水器具、绿色建材等绿色产品和新能源汽车推广机制，有条件的地方对消费者购置节能型家电产品、新能源汽车、节水器具等给予适当支持。鼓励公交、环卫、出租、通勤、城市邮政快递作业、城市物流等领域新增和更新车辆采用新能源和清洁能源汽车。

九、完善生态文明制度体系

（一）健全自然资源资产产权制度

完善自然资源统一确权登记制度。推动省级自然资源统一确权登记法治化、规范化、标准化。统一使用全国自然资源登记信息系统，以不动产登记为基础，充分利用第三次国土调查成果，首先对国家级、省级自然资源保护地、风景名胜区、湿地公园、森林公园、河流、国有林场等 51 个重点区域开展自然资源统一确权登记工作，逐步实现对水流、森林、山岭、草原、荒地、滩涂以及探明储量的矿产资源等全部国土空间内的自然资源登记全覆盖。

在基本完成全省重点区域自然资源统一确权登记工作基础上，适时启动非重点区域自然资源确权登记。到2025年，有序推进51个重点区域自然资源统一确权登记。加强自然资源确权登记成果信息化管理，建立省、市、县三级自然资源确权登记信息数据库，统一纳入全省不动产登记信息云平台，形成权籍“一张图”管理自然资源和不动产登记成果。

开展自然资源资产清查。开展全省全民所有自然资源资产清查，摸清资产经济价值底数，探索建立统一的全民所有自然资源资产清查制度，完成省级自然资源确权登记重点区域范围内58个自然保护地自然资源资产清查，以铜仁为第二批试点有序推进市、县级单元全民所有土地、矿产、森林、草原和湿地等自然资源资产清查。建设全省全民所有自然资源资产清查管理系统，实行“一张图”管理，实现清查统计、数据管理、分析及应用，支撑编制国有自然资源资产年度报告。

推动生态系统价值核算及应用。开展生态系统价值核算试点，基于生态资源基础数据，综合考虑生态系统服务价值、生态保护成本、发展机会成本等，加快建立反映市场供求和资源稀缺程度、体现自然价值的生态资产价值估算体系。探索开展重点领域生态价值估算和生态系统服务价值核算专题研究。在自然资源实物量核算的基础上，进一步修订完善全省生态系统服务价值评估指南，构建科学完善的指标体系和评估方法。探索建立较为完善的价格调查体系，掌握自然资本和生态系统服务价值的年度变化情况。推动生态系统价值评估结果在环境政策制定、生产生活布局、生态环境补偿等决策领域的应用。探索生态资产转化与生态产品培育机制，制定生态产品价值总值核算方法。

（二）健全生态文明法治保障机制

建立健全具有地方特色的生态文明法治保障机制。深化落实贵州省环境资源保护司法机构全覆盖方案、贵州省环保机构监测监察执法垂直管理实施方案、全面试行生态环境损害赔偿制度等，全面落实《中华人民共和国乡村振兴促进法》《贵州省水污染防治条例》《贵州省节约用水条例》《贵州省水土保持条例》，修订完善《贵州省生态文明建设促进条例》《贵州省生态环境保护条例》《贵州省森林条例》，加强生态环境监测、再生资源回收利用、生态环境分区治理等制度研究，探索推进《贵州省乡村清洁条例》《贵州省土壤污染防治条例》。

实行生态环境损害赔偿制度。建立健全生态环境损害评估制度，制定污染损害修复与生态恢复、评估与监测等方面的技术规范与标准。建立健全磋商、司法确认和概括性授权等制度，开展生态环境损害赔偿制度法制化研究，推进生态环境损害赔偿制度地方立法。惩戒不承担生态环境损害赔偿责任的违法行为，纳入生态环境保护失信黑名单，构建责任明确、途径畅通、技术规范、保障有力、赔偿到位、修复有效的生态环境损害赔偿制度。完善生态环境损害鉴定评估制度，明确损害赔偿量化标准，逐步完善环境公益诉讼、生态环境损害赔偿诉讼程序和配套机制。健全生态损害的民事公益诉讼流程，深入推进非法占用耕地等方面的民事公益诉讼试点。建立健全社会组织和第三方参与生态环境损害赔偿诉讼机制。

（三）加强大数据建设制度创新

建立生态文明领域数据管理制度。充分利用全省政府数据资源共享交换平台，推动生态文明领域数据资源共享交换，在生态文明建设相关部门和机构之间推动形成长效数据共享交换机制。制定生态文明数据开放计划，推动水利、气象等部门数据共享，优先向社会公开大气、水等生态环境质量监测数据和区域、行业污染物排放数据，提升生态文明建设领域数据管理能力和水平。优化“三线一单”数据应用管理平台功能，以“一云一网一平台”为依托，推动完善生态文明建设相关数据业务中台建设。建设贵州省生态环境数字化管理体系，建成以自然生态资源“一张图”为基础的自然资源大数据体系，为推动“在生态文明建设上出新绩”奠定信息化基础。

加快大数据与实体经济融合发展。推动实体经济数字化、网络化、智能化转型，助力新型工业化、新型城镇化、农业现代化、旅游产业化建设。大力发展智能制造、工业互联网，推动数据赋能全产业链协同转型，打造一批“数字车间”“智慧工厂”“智慧园区”。实施“智慧黔城”工程，探索建设数字孪生城市，开展智慧管网、智慧水务等智慧城市应用，建设智慧街区、智慧商圈，培育“云经济”等新型消费。大力发展智慧农业，推广农业科技平台，加强农产品质量追溯和品牌保护，强化产销智慧对接，提升农业企业电商应用水平。发展“大数据+文旅”产业，完善提升全域智慧旅游服务平台，提升智慧旅游服务水平，推动智慧旅游景区建设。到2025年，国家大数据综合试验区建设取得新的重大突破，数字经济占地区生产总值比重达到40%以上。

（四）加大乡村振兴制度衔接力度

加大单株碳汇精准帮扶机制推广力度。建立单株碳汇精准服务平台，深入推进“互联网+生态建设+精准帮扶”新模式，在碳达峰战略目标推进过程中，探索建立长效碳汇交易机制，推动树林生态价值转化成经济价值，打造一条稳定持久的促进农村脱贫户增收、保护林业资源和调动全社会积极参与乡村振兴的有效途径。

加强政府购买护林服务机制。进一步发挥生态护林员作用，过渡期内落实“四个不摘”要求，助推生态保护和护林员家庭稳定就业增收。充分发挥生态护林员的作用，在保持生态护林员队伍总体稳定的基础上，加强护林员技能培训，提升管护水平。鼓励生态护林员积极参与林下经济和其他林业工程项目，不断提升护林员收入水平和增收渠道，助力乡村振兴。

推广脱贫地区资源开发收益机制。建立集体股权参与项目分红的资产收益帮扶长效机制。深入推广资源变资产、资金变股金、农民变股东“三变”改革经验，推动符合条件的农村土地资源、集体所有森林资源、旅游文化资源通过存量折股、增量配股、土地使用权入股等多种方式，转变为企业、合作社或其他经济组织的股权，推动农村资产股份化、土地使用权股权化，盘活农村资源资产资金，建立农民长期分享股权收益机制。

充分发挥村级光伏扶贫电站收益作用。落实《贵州省村级光伏扶贫电站收益分配管理实施办法》，进一步规范村级光伏扶贫电站运维管理、收益分配、资产管理，建立村级光伏扶贫电站发电收益结转工作机制，通过提供公益岗位、实施小型公益事业、发放奖励补助等形式，建立电站收益分配使用机制。

探索财政金融帮扶振兴新路径。建设绿色财政金融改革创新试验区，推动村镇银行全覆盖，推进农信社改制农商行工作，建立完善的县域金融机构体系，提升市场竞争力。充分发挥农业现代化基金作用，聚焦产业帮扶的私募股权投资基金，积极吸引社会资本参与乡村振兴建设。加大保险支持力度，丰富商业保险类型，提升乡村振兴建设风险保障能力。

（五）创新绿色开放合作机制

开展生态文明领域关键共性技术研究。针对喀斯特地区环境保护和资源开发等关键共性问题，布局生态环境治理、地下水系保护、地质灾害防治、矿产资源利用等领域多学科交叉前沿研究，支持省内高校、科研院所申报国家重点研发计划项目，实施国家及省级科技计划项目研究，推动中科院地化所组建喀斯特生态环境领域国家重点实验室，推进贵州师范大学“国家喀斯特石漠化防治工程技术研究中心”建设，推动省级重点实验室、技术创新中心等科技创新平台建设。鼓励企业加强绿色低碳技术创新研发，创建一批绿色低碳技术产学研创新平台。

健全生态文明贵阳国际论坛运行机制。优化论坛运作机制，推动建立由省政府主办，国家发展改革委、外交部、自然资源部、生态环境部等国家部委共同指导的管理新机制，建立健全论坛统筹协调机制。坚持“政府引导、市场运作”的核心理念，强化贵阳市生态文明基金会资金支持作用，拓宽资金筹集渠道，逐步建立市场运作机制。积极探索创新运营模式，加强运营体系建设，依托拟筹建的专业化会展集团服务办会，充分发挥专业会展集团对论坛的保障作用，创新建立办会保障机制，以实现国家一类论坛和专业化峰会的发展目标。

全力打造生态文明国际合作展示区。巩固政产学研的全球合作伙伴网络，构建生态文明领域项目建设、技术引进、人才培养、交流培训等长效机制。建设生态文明政策试验基地，持续落实国家及地方政策试点，以生态文明贵阳国际论坛等为契机进行试点创新成果的展示与评估，为推进国家生态文明试验区建设提供典型经验与模式。深化省际协商合作，围绕生态环境、基础设施、公共服务、旅游发展等领域，推动长江上游地区生态文明建设一体化。加强与战略区域对接，深入开发文化价值，着力发展特色旅游产业，全力建设贵州侗乡大健康示范区及肇兴侗寨，积极推动“黎从榕”建成融入粤港澳大湾区桥头堡，增强区域间生态文明合作展示辐射力度。打造生态文明知名试点示范项目，围绕联合国2030年可持续发展议程、2030年碳达峰与2060年碳中和目标以及长江经济带国家战略等焦点议题，推动生态文明建设理论和实践创新，持续打造生态文明国际交流合作“国家级平台、世界级品牌”。

第二节 保障措施

一、坚持生态优先绿色发展

构建国土空间开发保护新格局。立足资源环境承载能力，科学有序统筹布局生态、农业、城镇等功能空间，严守生态保护红线、永久基本农田、城镇开发边界等控制线，建立健全国土空间规划体系。强化山地和地下空间开发利用，提升自然资源节约集约利用水平。优化重大基础设施、重大生产力和公共资源布局，科学构建各类主体功能区。

加强生态环境治理和保护修复。坚持山水林田湖草系统治理，加强生物多样性保护，筑牢长江、珠江上游生态安全屏障。落实长江十年禁渔，实施乌江流域、赤水河流域生态保护修复工程。推进退耕还林还草，开展大规模国土绿化行动，创新石漠化综合治理模式。推进绿色生态廊道建设。推行草原森林河流湖泊休养生息，健全耕地休耕轮作制度。对易地扶贫搬迁迁出地实施生态恢复。推进历史遗留矿山生态修复。加强外来物种管控。推进小水电绿色改造。强化水资源刚性约束，建设节水型社会。强化河湖长制和林长制。

深入打好污染防治攻坚战。健全源头预防、过程控制、损害赔偿、责任追究的污染防治体系，巩固生态环境质量。深入推进“双十工程”。推进县级以上集中式饮用水水源地规范化建设。全面消除城市黑臭水体，推进城镇污水处理设施和污水收集管网全覆盖。加强地下水污染防治。加强细颗粒物和臭氧协同控制，推进挥发性有机物综合治理。推行垃圾分类和减量化、资源化。深入实施磷化工企业“以渣定产”，推动大宗工业固体废物综合利用。重视新污染物治理，加强塑料等污染治理。提高危险废物和医疗废物收集处置能力。推进规模化畜禽养殖污染防治。实施以排污许可制为核心的固定污染源监管制度。严格落实生态环境保护督察制度。健全完善环境公益诉讼和执法司法制度，推进污染防治区域联动。加强土壤环境监测、评估、预防和执法体系建设。加强农业面源污染综合防治，推进化肥农药减量化和土壤污染治理。

大力发展绿色经济。深入实施可持续发展战略，构建生态产业化、产业生态化为主体的生态经济体系。深入实施绿色制造专项行动，培育绿色企业。支持绿色技术创新，开展重点行业和领域绿色化改造。健全资源循环利用政策体系，扎实推进清洁生产与节能降耗。加大节能环保产业技术创新，强化能源高效利用、污染物防治与安全处置、资源回收利用与循环利用，增强资源利用能力。大力发展绿色建筑。推行绿色生产生活方式，推广绿色包装、绿色物流，倡导绿色出行，建立绿色消费激励机制。

全面构建生态文明制度体系。探索建立生态产品价值实现机制。建立健全资源总量管理和全面节约制度。巩固完善森林生态效益补偿机制，实施资源有偿使用和生态补偿制度，加快推动建立珠江上游生态补偿机制，将南北盘江纳入省级生态补偿范围。加快完善生态文明绩效评价考核和责任追究制度。完善自然保护地、生态保护红线监管制度，开展生态系统保护成效监测评估。创新和完善促进绿色发展价格机制。健全生态环境保护法规标准制度体系，推进跨区域污染防治、环境监管和应急处置联动。推进环境资源审判和区域协作，完善生态环境损害赔偿磋商、调解、惩戒机制。探索实施环境污染强制责任保险。推动排污权、碳排放权等市场化交易，积极应对气候变化。

二、增强高质量发展支撑能力

加快解决区域性水资源短缺和工程性缺水。推进传统水利向绿色现代水利转型发展，多渠道扩大水域面积。规划建设贵州大水网，通过连通江河湖库等工程措施解决水资源时空分布不均的问题，提升水资源优化配置和水保障能力。开展水利“百库大会战”，建成夹岩、黄家湾、凤山等大型水库和一批中小型水库及输配水网，因地制宜实施引提水工程。规划建设经济适用、水源可靠的小山塘，推进人口分散区域小型标准化供水设施建设。实施水土保持、农村水系综合整治、河道治理、山洪灾害防治、病险水库除险加固等工程，健全河湖健康保障体系，提高水旱灾害防御能力。加强水利信息化建设，逐步建立江河湖库水网监控体系。

加快构建综合立体交通枢纽。深入开展交通强国建设试点，发展智慧交通，统筹铁路、公路、水运、民航、管道、邮政等基础设施规划建设，构筑多层级综合交通枢纽体系。实施国家高速公路"补断畅卡"建设工程，推进贵阳至重庆、贵阳至昆明等国家高速公路繁忙路段扩容改造，加快省际高速公路通道建设，加快普通国省道和农村公路改造，加快构建"四好农村路"高质量发展体系，有序推进乡镇通三级及以上公路工程，形成互联互通、更加畅通的公路交通网。加快实现与相邻省会高铁互联互通和"市市通高铁"，建成贵阳至南宁、铜仁至吉首、盘州至兴义等高铁，规划建设新渝贵、遵泸、六威昭等高铁项目。全面提升贵阳机场综合服务水平和开放程度，推进具备条件的通用机场建设和部分军队停用机场的民用化改造应用。加快补齐水运短板，提升"北上长江、南下珠江"水运大通道的运输能力。加快城市轨道交通骨干网建设。加强慢行交通、无障碍和适老化设施建设。建设综合客运、货运枢纽，发展城镇公共交通，推进多种交通方式一站式"零换乘"无缝衔接。

加快推进现代化能源基础设施建设。深入实施国家"西电东送"战略，建成"三横一中心"的500千伏骨干电网网架。加快城市配电网改造，实现城乡用电服务均等化。推动燃煤发电机组改造升级，淘汰能耗和排放不达标机组。优化调整水电布局。全面实现"县县通"天然气，建成完善国家级干线、省级支线和县级联络线三级输配体系。健全政府储备与企业储备相结合的石油战略储备体系，建设西南地区成品油战略基地。加快电动汽车充电基础设施建设及配套电网改造，推动城区、高速公路服务区和具备建设条件的加油站充换电设施全覆盖。构建"贵州能源云"智慧管理系统，申建国家新型综合能源战略基地和国家数字能源基地。

加快新型基础设施建设。推动新型基础设施建设和创新能级迈向国内一流水平，基本形成高速、泛在、融合、智能的发展格局。加快5G、数据中心等数字基建，完善人工智能等基础设施，建设全国一体化国家大数据中心体系主节点。推进全省骨干网、城域网和接入网升级改造，争取建设新型互联网交换中心，实现“百兆乡村、千兆城区”光纤覆盖格局，完成5G全面商用，扩大物联网示范应用。深入实施数据中心绿色化节能技术改造。加快传统基础设施数字化改造、智能化升级。推进北斗卫星大数据基础设施和新型基础测绘体系建设。

三、加大重点领域改革力度

深化要素市场化配置改革。推进自然资源产权制度改革，完善自然资源资产有偿使用制度和收益管理制度。深化矿产资源管理制度改革。推进公共资源交易平台整合共享改革，健全全民所有的自然资源、特许经营权、水权等市场化交易体制机制，推进水价改革和水利投融资体制改革。深入推进电力体制改革，进一步降低产业用电价。推动数据资源化、资产化、证券化，构建数据要素市场化配置机制和利益分配机制。深化财税体制改革，加快建立现代财政制度。推进统计现代化改革。深化农村信用社改革，加强村镇银行管理。加快推进农村信用工程建设。探索推进低空空域协同管理改革。

激发各类市场主体活力。毫不动摇巩固和发展公有制经济，毫不动摇鼓励、支持、引导非公有制经济发展。深入实施国企改革三年行动计划，完善以管资本为主的国有资产管理制度，积极稳妥深化混合所有制改革，有效发挥国有企业在优化结构、畅通循环、稳定增长中的引领带动作用，推动国有资本向重要行业和关键领域集中，推进一般性竞争领域国有资本有序退出。发展壮大民营经济，深入实施市场主体培育工程，鼓励民营企业依法进入更多领域，打造一批全国民企500强企业。制定贵商扶持计划。构建亲清政商关系，促进非公有制经济健康发展和非公有制经济人士健康成长，依法平等保护民营企业产权和企业家权益，完善促进中小微企业和个体工商户的法律环境和政策体系。深化商事制度改革，加强和改善市场监管。完善社会信用体系，建设重要产品追溯体系，建立健全以信用为基础的新型监管机制。

深化农村改革。扎实推进农业供给侧结构性改革。深化农村“三变”改革。落实第二轮土地承包到期后再延长三十年政策，探索承包地“三权分置”多种实现形式。深化农村集体产权制度改革，深入实施农村集体经济振兴计划。推进新一轮农村宅基地制度改革试点，积极探索宅基地所有权、资格权、使用权分置实现形式。保障进城落户农民土地承包权、宅基地使用权、集体收益分配权，鼓励依法自愿有偿转让。健全城乡统一的建设用地市场，积极探索实施农村集体经营性建设用地入市制度。健全农村公共基础设施管护体制机制。推进供销社改革。深化农业综合行政执法改革。

加快转变政府职能。持续开展营商环境大提升行动和营商环境评价，大力优化市场化法治化国际化营商环境，打造国内一流营商环境。建设职责明确、依法行政的政府治理体系。深化“放管服”改革，提高行政审批和服务的透明度和便利度，全面实行政府权责清单制度，拓展“贵人服务”品牌。实施涉企经营许可事项清单管理，加强事中事后监管，对新产业新业态实行包容审慎监管。健全重大政策事前评估和事后评价制度，畅通参与政策制定的渠道，提高决策科学化、民主化、法治化水平。推进政务服务标准化、规范化、便利化，深化政务公开。加快行业协会、商会和中介机构改革。

四、营造高质量发展良好环境

坚持系统治理、依法治理、综合治理、源头治理，落实国家安全战略，着力防范化解重大风险，促进社会治理体系和工作格局更加成熟定型。

建设更高水平的平安贵州。坚持和发展新时代“枫桥经验”，健全党组织领导、村（居）委会主导、人民群众为主体的新型基层社会治理框架，建设人人有责、人人尽责、人人享有的社会治理共同体。落实总体国家安全观，加强国家安全工作机制建设，强化反恐维稳工作，严厉防范和坚决打击各种渗透颠覆破坏活动，加强境外非政府组织管理。完善突出违法犯罪打击整治长效机制，强化社会治安问题突出地区整治和命案防控治理，常态化推进扫黑除恶专项斗争，健全立体化智能化社会治安防控体系。完成国防动员体制改革，深化“双应”一体化建设。深化民兵和征兵调整改革，促进民兵应急力量建设与应急管理体系有效衔接。创新社会治理专业化人才队伍建设政策。深化易地扶贫搬迁安置区社会治理，实现全国市域社会治理现代化试点全覆盖。

大力推进法治贵州建设。加强科学立法、严格执法、公正司法、全民守法。加强和改进地方立法工作，健全地方立法体制机制。深化综合行政执法体制改革，健全综合行政执法联动协调机制和行政执法、国家监察与刑事司法衔接机制。健全完善法治监督保障体系。深化司法体制综合配套改革，加强政法领域监督制约体系建设。强化全民自觉守法意识，提升“八五”普法实效。加强同民法典相关联、相配套的法规制度建设。推广“法治毕节”创建经验。

加快推进社会治理模式创新。推进社会治理重心向基层下移，向基层放权赋能。强化城乡社区网格化管理和服务，大力培育发展与社会治理事务相关的社会组织，探索建立社区社会组织孵化基地机制。建立健全人民意见征集制度。创新完善科技支撑社会治理机制，建设社会治理智能化平台，构建基层社会治理信息综合、指挥调度、联动处置体系。

防范化解重大风险。加强经济安全风险预警、防控机制和能力建设。严格落实政府债务管理系列政策，健全地方政府债务管理机制，形成良性的可持续政府投资机制。加强金融风险隐患盘查摸底，牢牢守住不发生系统性金融风险的底线。防范化解社会领域重大风险，健全重大决策社会稳定风险评估制度，完善社会矛盾纠纷多元预防调处化解综合机制，做好信访维稳工作。建立公共安全隐患排查和安全预防控制体系，健全突发公共卫生事件社会预警机制和重大疫情响应机制，完善军地联动处置突发公共安全事件机制。切实防范生物安全、数据安全风险。防范化解地质灾害、自然灾害风险。健全防灾减灾救灾管理体制和运行机制，实施地质灾害避险移民工程，形成省市县乡村五级灾害应急救助体系。保障人民生命财产安全，提高食品药品等关系人民健康产品和服务的安全保障水平，实施安全生产专项整治三年行动计划，防范化解交通、煤矿等领域安全生产重大风险，坚决遏制重特大事故发生。

参考文献

[1] 明庆忠，郑伯铭 . 山地景区旅游高质量发展驱动系统构建及水平测度研究 [J]. 华中师范大学学报（自然科学版）.2022（01）

[2] 张祝平 . 以文旅融合理念推动乡村旅游高质量发展：形成逻辑与路径选择 [J]. 南京社会科学 .2021（07）

[3] 周程明 . 基于熵权 TOPSIS 法的城市旅游高质量发展评价研究——以广东省 21 个城市为例 [J]. 西南师范大学学报（自然科学版）.2021（07）

[4] 龚梅 . 乡村旅游体育要素及其高质量发展 [J]. 中国果树 .2021（07）

[5] 周丽，蔡张瑶，黄德平 . 西部民族地区乡村旅游高质量发展的现实需求、丰富内涵和实现路径 [J]. 农村经济 .2021（06）

[6] 雷莹，杨红 . 红色旅游景区高质量发展影响因素研究——基于 DEMATEL-ISM-MICMAC 方法 [J]. 云南财经大学学报 .2021（06）

[7] 崔健，王丹 . 乡村旅游高质量发展的“三重论域”透视 [J]. 农业经济 .2021（05）

[8] 唐业喜，左鑫，伍招妃，马艳，任启宇，吴吉林 . 旅游经济高质量发展评价指标体系构建与实证——以湖南省为例 [J]. 资源开发与市场 .2021（06）

[9] 伍向阳，易魁，谢远健 . 新时代旅游审视：文化赋能、品牌塑造与高质量发展 [J]. 企业经济 .2021（03）

[10] 张跃胜，李思蕊，李朝鹏 . 为城市发展定标：城市高质量发展评价研究综述 [J]. 管理学刊 .2021（01）

[11] 刘怡君，方子扬 . 长江经济带城市群制造业高质量发展评析 [J]. 生态经济 .2021（02）

[12] 江晓晗，任晓璐 . 长江经济带文化产业高质量发展水平测度 [J]. 统计与

决策 .2021（02）

[13] 卢青 . 新发展理念与“十四五”经济社会全面发展 [J]. 理论视野 .2021（01）

[14] 王青 . 新时代人与自然和谐共生观的哲学意蕴 [J]. 山东社会科学 .2021（01）

[15] 周清香，何爱平 . 环境规制对长江经济带高质量发展的影响研究 [J]. 经济问题探索 .2021（01）

[16] 长卢小兰，张可意 . 江经济带高质量发展测度及时空演变特点研究 [J]. 数学的实践与认识 .2020（24）

[17] 庞金友 . 大变局时代国家治理能力的谱系与方略 [J]. 人民论坛 · 学术前沿 .2020（22）

[18] 潘桔，郑红玲 . 区域经济高质量发展水平的测度与差异分析 [J]. 统计与决策 .2020（23）

[19] 王伟 . 我国经济高质量发展评价体系构建与测度研究 [J]. 宁夏社会科学 .2020（06）

[20] 林善浪 . 在新发展格局下推进长三角一体化高质量发展 [J]. 人民论坛 .2020（32）

[21] 张新成，梁学成，宋晓，刘军胜 . 黄河流域旅游产业高质量发展的失配度时空格局及成因分析 [J]. 干旱区资源与环境 .2020（12）

[22] 岳瑞波，韩子贵 . 黄河中下游沿岸景点汛期生态旅游高质量发展研究 [J]. 社会科学家 .2020（11）

[23] 侯兵，杨君，余凤龙 . 面向高质量发展的文化和旅游深度融合：内涵、动因与机制 [J]. 商业经济与管理 .2020（10）

[24] 严旭阳 . 中国旅游发展笔谈——以“两山论”为指导，推动旅游业高质量发展 [J]. 旅游学刊 .2020（10）

[25] 周四军，戴思琪 . 长江经济带能源高质量发展的测度与聚类分析 [J]. 工业技术经济 .2020（10）

[26] 于法稳，黄鑫，岳会 . 乡村旅游高质量发展：内涵特征、关键问题及对策建议 [J]. 中国农村经济 .2020（08）

[27] 杜宇，黄成，吴传清 . 长江经济带工业高质量发展指数的时空格局演变 [J].

经济地理 .2020（08）

[28] 张静晓，候丹丹，彭劲松，李林，唐于渝 .“十四五”时期长江经济带发展的重点、难点及建议 [J]. 企业经济 .2020（08）

[29] 王儒奇，余思勇，胡绪华 . 技术创新、城市群一体化与经济高质量发展 [J]. 金融与经济 .2020（07）

[30] 戴斌 . 高质量发展是旅游业振兴的主基调 [J]. 人民论坛 .2020（22）

[31] 余奕杉，高兴民，卫平生产性服务业集聚对城市群经济高质量发展的影响——以长江经济带三大城市群为例 [J].. 城市问题 .2020（07）

[32] 科技宋子千 . 引领“十四五”旅游业高质量发展 [J]. 旅游学刊 .2020（06）

[33] 宋瑞 .“十四五”时期我国旅游业的发展环境与核心命题 [J]. 旅游学刊 .2020（06）

[34] 周畅 . 助力长三角一体化高质量发展的金融策略 [J]. 银行家 .2020（06）

[35] 龙志，曾绍伦 . 生态文明视角下旅游发展质量评估及高质量发展路径实证研究 [J]. 生态经济 .2020（04）

[36] 肖金成，李清娟 . 促进长三角经济一体化高质量发展 [J]. 宏观经济管理 .2020（04）

[37] 黄庆华，时培豪，胡江峰 . 产业集聚与经济高质量发展：长江经济带 107 个地级市例证 [J]. 社会科学文摘 .2020（03）

[38] 汪侠，徐晓红 . 长江经济带经济高质量发展的时空演变与区域差距 [J]. 经济地理 .2020（03）

[39] 刘英基，韩元军 . 要素结构变动、制度环境与旅游经济高质量发展 [J]. 旅游学刊 .2020（03）

[40] 曾贤刚，牛木川 . 高质量发展下长江经济带生态效率及影响因素 [J]. 中国环境科学 .2020（02）

[41] 孙久文，苏玺鉴 . 新时代区域高质量发展的理论创新和实践探索 [J]. 经济纵横 .2020（02）

[42] 李储，徐泽 . 改革开放以来长江经济带的政策变迁：脉络、机制与模式 [J]. 华东经济管理 .2020（02）

[43] 杨柳青青，李小平 . 基于“五大发展理念”的中国少数民族地区高质量

发展评价 [J]. 中央民族大学学报（哲学社会科学版）.2020（01）

[44] 白柠瑞，闫强明，郝超鹏，曲扶摇 . 长江经济带高质量发展问题探究 [J]. 宏观经济管理 .2020（01）

[45] 徐翠蓉 . 基于 DEA-Malmquist 模型的我国旅游产业效率特征及其演进模式研究 [J]. 青岛科技大学学报（社会科学版）.2019（04）

[46] 经苏永伟，陈池波 . 济高质量发展评价指标体系构建与实证 [J]. 统计与决策 .2019（24）

[47] 鲁亚运，原峰，李杏筠 . 我国海洋经济高质量发展评价指标体系构建及应用研究——基于五大发展理念的视角 [J]. 企业经济 .2019（12）

[48] 谢珈，马晋文，朱莉 . 乡村振兴背景下我国乡村文化旅游高质量发展的思考 [J]. 企业经济 .2019（11）

[49] 刘海霞 . 我国经济高质量发展的内涵与本质 [J]. 现代管理科学 .2019（11）

[50] 王慧艳，李新运，徐银良 . 科技创新驱动我国经济高质量发展绩效评价及影响因素研究 [J]. 经济学家 .2019（11）

[51] 邢夫敏，孙琳 . 基于旅游效率的江苏省旅游业高质量发展 [J]. 企业经济 .2019（10）

[52] 杨仁发，杨超 . 长江经济带高质量发展测度及时空演变 [J]. 华中师范大学学报（自然科学版）.2019（05）

[53] 李光龙，范贤贤 . 财政支出、科技创新与经济高质量发展——基于长江经济带 108 个城市的实证检验 [J]. 上海经济研究 .2019（10）

[54] 李培园，成长春，严翔 . 科技人才流动与经济高质量发展互动关系研究——以长江经济带为例 [J]. 科技进步与对策 .2019（19）

[55] 何立峰 . 扎实推动长江经济带高质量发展 [J]. 宏观经济管理 .2019（10）

[56] 汪宗顺，郑军，汪发元 . 产业结构、金融规模与经济高质量发展——基于长江经济带 11 省市的实证 [J]. 统计与决策 .2019（19）

[57] 史丹，李鹏 . 我国经济高质量发展测度与国际比较 [J]. 东南学术 .2019(05）

[58] 洪银兴 . 改革开放以来发展理念和相应的经济发展理论的演进——兼论高质量发展的理论渊源 [J]. 经济学动态 .2019（08）

[59] 戴国宝，王雅秋 . 民营中小微企业高质量发展：内涵、困境与路径 [J].

经济问题.2019（08）

[60] 周文，李思思．高质量发展的政治经济学阐释 [J]. 政治经济学评论.2019（04）

[61]Environment Agency.Water for life and livelihoods–River Basin Management Plan：Thames River Basin District.（2009–12–20）. http：//wfdconsultation. Environment–agency.gov.uk/wfdcms/en/thames/Intro.aspx.

[62]Ephriam Clark，Gerard Mondello. Water Management in France：Delegation Auto–Regulation International[J].Journal of Public Administration London，2017（3）.

[63]Provence，B.Oscar.A private property rights regime for the commons：the case of groundwater[J].American Journal of Agricultural Economics，2014，76.

[64]D.Conyers，P.J.Hills. An Introduction to Development Planning in the Third World[J]. International Journal of Gynecology&Obstetrics，2014，58（3）.

[65]S.E.Dotto，E.D.M.Singer，R.F.D.Santos.The selection and the hierarchical classification of water quality parameters for irrigated crops through a Electre I and II[J]. Annals of the Lyceum of Natural History of New，2019，11（1）.

[66]Karin Ingold，Andreas Moser，Florence Metz，Laura Herzog，Hans–Peter Bader Ruth Scheidegger，Christian Stamm.Misfit between physical affectedness and regulatory embeddedness：The case of drinking water supply along the Rhine River[J]. Global Environmental Change，2018，48.

[67]J.S.Sayles，J.A.Baggio.Social–ecological network analysis of scale mismatches in estuary watershed restoration[J].Proc.Natl.Acad.Sci.，2017，114（10）.

[68]R.Berardo，M.Lubell. Understanding what shapes a polycentric governance system[J].PublicAdm.Rev.，2016，76（5）.

[69]Gao Yun，Stewart Williams，Dai Wenbin. WATER MANAGEMENT OF THE MEKONG RIVER[J].Water Conservation and Management（WCM），2017，1（2）.

[70]Madlene Pfeiffer，Monica Ionita. Assessment of Hydrologic Alterations in Elbe and Rhine Rivers，Germany[J].Water，2017，9（9）.

[71]Lynn，M. M.，Evolution and Application of Urban Watershed Management Planning[D]，Virginia Tech，2018.